高等数学解题方法

修订版

上　　册

邱忠文　杨则燊　主编

天津大学出版社

图书在版编目（CIP）数据

高等数学解题方法·上/邱忠文，杨泽粲主编.—天津：天津大学出版社，1996.10(2022.8重印)

ISBN 978-7-5618-0908-2

Ⅰ.高… Ⅱ.邱… Ⅲ.高等数学-解题-方法
Ⅳ.013

中国版本图书馆CIP数据核字(2002)第012749号

出版发行 天津大学出版社
地　　址 天津市卫津路92号天津大学内（邮编:300072）
电　　话 发行部:022-27403647
印　　刷 天津泰宇印务有限公司
经　　销 全国各地新华书店
开　　本 148mm × 210mm
印　　张 9.375
字　　数 280千
版　　次 1996年10月第1版 2002年3月第2版
印　　次 2022年8月第28次
定　　价 28.00元

再版前言

为了适应高等工科院校本科生学习高等数学课程的需要，结合当前教学改革的实际，我们编写了《高等数学解题方法》，分上、下册。本书包括了高等数学全部内容，可以作为工科院校本科生学习高等数学课程的参考用书。

本书每章均由两部分组成：1. 重要概念、公式与结论的归纳总结。使读者明确各章的重点、难点及基本要求，搞清各知识点之间的相互联系，以便对各章内容有更深入的认识和理解。2. 例题选讲。编者根据长期教学实践与体会，结合多年期中、期末考试的基本要求和常见题型的归纳及分类，总结了各种题型的分析过程、解题方法及要注意的问题，以期开阔学生的解题思路，使所学知识能融会贯通，并能综合灵活地解决各种题型。

针对当前学生学习高等数学中的共性问题，如高等数学有些题目难做、解题方法不易掌握等困难，本书侧重于提高学生的解题能力。通过对本书例题选解的阅读，可以启发学生的解题思路，提高解题能力，收到举一反三的效果。本书主要特点是：概念清楚、重点突出、例题丰富、解法新颖。

为了使准备报考研究生的学生对高等数学的考研试题的综合要求、题目的类型以及深浅程度有所了解，本书特地增加了附录。附录部分整理了全国攻读硕士学位研究生入学考试数学试题 2011 年至 2015 年的数学一、数学二(高等数学部分)共十套试题及参考答案。这些内容可以作为准备报考研究生的学生学习高等数学的参考。

参加本书编写工作的有杨则燊、邱忠文、朱静、李君湘，另外韩健及孙秀萍等老师为本书的修改再版也做了不少工作，一并表示感谢。限于编者的水平，对本书的疏误之处，恳请读者指正。

编者

2016.7

目　　录

第 1 章　函数与极限

1.1　函数

重要概念、公式与结论

一、函数的定义

设有两个数集 A 与 B，f 是一个确定的对应规律，如果对于 A 中的每一个数 x，通过 f，B 中都有惟一的数 y 和它对应，记为

$$x \xrightarrow{f} y \text{ 或 } f(x)=y,$$

这时，称 f 是 A 到 B 的函数，或 f 是 A 上的函数，并称 A 为函数的定义域.

当 x 遍取 A 中的一切数时，与它对应的数 y 组成的数集

$$B_f=\{y \mid y=f(x), x\in A\},$$

称 B_f 为函数的值域，并称变数 x 为自变量；变数 y 为因变量.

二、复合函数及反函数的定义

1. 复合函数

设 $y=f(u)$ 是数集 B 上的函数，$u=\varphi(x)$ 是由数集 A 到 B 的一个非空子集 B_φ 的函数，因此，对于每一个 $x\in A$，通过 u，都有惟一的 y 与它对应，这时就在 A 上产生了一个新的函数，用 $f\circ\varphi$ 表示，函数 $f\circ\varphi$ 称为 A 上的复合函数，记作

$$x \xrightarrow{f\circ\varphi} y, \text{或} \quad y=f[\varphi(x)], x\in A.$$

其中 u 叫做中间变量，A 是复合函数的定义域，$f\circ\varphi$ 表示由自变量 x 产生函数 y 的对应规律.

2. 反函数

设函数 $y=f(x)$，f 是一个由数集 A 到数集 B 上的一一映射，则它的逆映射 f^{-1} 所确定的函数就叫做 $y=f(x)$ 的反函数，并记为

$$y\xrightarrow{f^{-1}}x \quad \text{或} \quad x=f^{-1}(y).$$

三、函数的性质

1. 有界性

若有正数 M 使函数 $f(x)$ 在某区间 I 上恒满足不等式

$$|f(x)|\leqslant M,$$

则称 $f(x)$ 在区间 I 上有界.

2. 单调性

严格的单调增(减)函数 $f(x)$：任给 x_1、$x_2\in I$，当 $x_1<x_2$ 时，必有 $f(x_1)<f(x_2)$ $(f(x_1)>f(x_2))$.

广义的单调增(减)函数 $f(x)$：任给 x_1、$x_2\in I$，当 $x_1<x_2$ 时，必有 $f(x_1)\leqslant f(x_2)$ $(f(x_1)\geqslant f(x_2))$.

3. 奇偶性

奇函数 $f(x)$：任给 x、$-x\in I$，有 $f(-x)=-f(x)$ 成立.

偶函数 $f(x)$：任给 x、$-x\in I$，有 $f(-x)=f(x)$ 成立.

4. 周期性

周期函数 $f(x)$：若存在一个非零的常数 T，x、$x+T\in I$，在区间 I 内恒有 $f(x+T)=f(x)$.

四、初等函数

1. 基本初等函数

幂函数：$y=x^{\alpha}$ $(\alpha\in\mathbf{R},\alpha\neq0)$.

指数函数：$y=a^{x}$ $(a>1,a\neq1)$.

对数函数：$y=\log_a x$ $(a>0,a\neq1)$.

三角函数：$y=\sin x$，$y=\cos x$，$y=\tan x$，$y=\cot x$，$y=\sec x$，$y=\csc x$.

反三角函数：$y=\arcsin x$，$y=\arccos x$，$y=\arctan x$，$y=\operatorname{arccot} x$.

2.初等函数

由常数和基本初等函数经过有限次四则运算和有限次的复合步骤所构成的并用一个解析式表达的函数,叫做初等函数.

五、函数图形的对称性质

①奇函数的图形关于原点对称.

②偶函数的图形关于 y 轴对称.

③直接函数 $y=f(x)$ 与其反函数 $y=f^{-1}(x)$ 的图形对称于直线 $y=x$.

六、数学归纳法

设 P 是一个与自然数 n 有关的命题,当 $n=1$ 时,P 成立;若当 $n=k$ 时,P 成立并能推导出 $n=k+1$ 时,P 也成立;则命题 P 对一切自然数 n 均成立.

例题选解

一、函数的定义域与函数值

(一)选择题

1.函数 $f(x)=\arcsin(2x-1)$ 的定义域为

(A) $x\in(-\infty,+\infty)$.　　(B) $x\in\left[0,\frac{1}{2}\right]$.

(C) $x\in[0,1]$.　　(D) $x\in[0,+\infty]$.

答(C)

2.函数 $f(x)=\sqrt{\frac{3-x}{x+2}}$ 的定义域为

(A) $x\in[3,+\infty]$.　　(B) $x\in(-\infty,-2)$.

(C) $x\in[-2,3)$.　　(D) $x\in(-2,3]$.

答(D)

3.设 $f(x)=\frac{1}{x^2}\left(1-\frac{3-x}{\sqrt{9-6x+x^2}}\right)$,则 $f\left(\frac{3}{2}\right)$ 的值等于

(A) $\frac{2}{9}$.　　(B) 0.

(C) $-\frac{2}{9}$.　　　　(D) 3.

答(B)

(二)计算题

4.求函数 $y=\sqrt{16-x^2}+\lg\sin x$ 的定义域.

解　函数在 $\begin{cases}16-x^2\geqslant 0,\\ \sin x>0\end{cases}$ 时有意义,即

$$\begin{cases}-4\leqslant x\leqslant 4,\\ 2n\pi<x<(2n+1)\pi \quad (n=0,\pm 1,\pm 2,\cdots).\end{cases}$$

故函数的定义域 $D_f=[-4,-\pi)\cup(0,\pi)$.

5.求函数 $y=\lg\left(\sin\frac{\pi}{x}\right)$ 的定义域.

解　函数在 $\sin\frac{\pi}{x}>0$ 时有意义,即

$$2n\pi<\frac{\pi}{x}<(2n+1)\pi \quad (n=0,\pm 1,\pm 1,\cdots).$$

当 $n\neq 0$ 时,$2n<\frac{1}{x}<(2n+1)$,知 $x\in\left(\frac{1}{2n+1},\frac{1}{2n}\right)$.

当 $n=0$ 时,$0<\frac{1}{x}<1$,知 $x>1$.

故函数的定义域 $D_f=\left(\frac{1}{2n+1},\frac{1}{2n}\right)\cup(1,+\infty)$

$(n=\pm 1,\pm 2,\cdots)$.

6.设 $f(x)=\frac{1}{\sqrt{3-x}}+\lg(x-2)$,求:

(1) $f(x)$ 的定义域;

(2) $f(\ln x)$ 的定义域;

(3) $f(x+a)+f(x-a)$ 的定义域 $(a>0)$.

解　(1) $\frac{1}{\sqrt{3-x}}$ 的定义域是 $3-x>0$,即 $3>x$;$\lg(x-2)$ 的定义

域是 $x-2>0$,即 $x>2$.故函数 $f(x)=\dfrac{1}{\sqrt{3-x}}+\lg(x-2)$的定义域

$$D_f=(2,3).$$

(2)$f(\ln x)$的定义域是 $2<\ln x<3$,即 $e^2<x<e^3$.

(3)$f(x+a)$的定义域是 $2-a<x<3-a$;

$f(x-a)$的定义域是 $2+a<x<3+a$.

故 $f(x+a)+f(x-a)\quad(a>0)$的定义域是

$$2+a<x<3-a\left(0<a<\frac{1}{2}\right).$$

7.设 $f(x)=\dfrac{1+x}{1-x}$,求 $f(-x),f(x+1),f\left(\dfrac{1}{x}\right)$.

解　$f(-x)=\dfrac{1+(-x)}{1-(-x)}=\dfrac{1-x}{1+x}$,

$$f(x+1)=\frac{1+(x+1)}{1-(x+1)}=-\frac{x+2}{x},$$

$$f\left(\frac{1}{x}\right)=\frac{1+\frac{1}{x}}{1-\frac{1}{x}}=\frac{x+1}{x-1}.$$

8.设 $f(x)=\begin{cases}1+x^2, & x\leqslant 0,\\ 2^x, & x>0.\end{cases}$ 求 $f(-2),f(0),f(2)$.

解　$f(-2)=1+(-2)^2=5$,

$f(0)=1+0^2=1$,

$f(2)=2^2=4$.

9.若 $f(x)=x^2\ln(1+x)$,求 $f(e^{-x})$.

解　$f(e^{-x})=(e^{-x})^2\ln(1+e^{-x})=e^{-2x}\ln(1+e^{-x})$.

10.设 $f\left(x+\dfrac{1}{x}\right)=x^2+\dfrac{1}{x^2}$,求 $f(x),f\left(x-\dfrac{1}{x}\right)$.

解　因为 $f\left(x+\dfrac{1}{x}\right)=\left(x+\dfrac{1}{x}\right)^2-2$,

所以 $$f(x)=x^2-2,$$

$$f\left(x-\frac{1}{x}\right)=\left(x-\frac{1}{x}\right)^2-2=x^2+\frac{1}{x^2}-4.$$

11. 若 $f\left(\frac{1}{x}\right)=x+\sqrt{1+x^2}\quad(x>0)$,求 $f(x)$.

解 令 $u=\frac{1}{x}$,则 $f(u)=\frac{1}{u}+\sqrt{1+\frac{1}{u^2}}$,

即
$$f(x)=\frac{1}{x}+\sqrt{1+\frac{1}{x^2}}=\frac{1+\sqrt{x^2+1}}{x}.$$

12. 若 $y=f(u)=\begin{cases}2u, & u\leqslant 0,\\ 0, & u>0,\end{cases}$ $u=\varphi(x)=x^2-1$,求 $y=f[\varphi(x)]$.

解 当 $u=x^2-1\leqslant 0$ 时,$|x|\leqslant 1$,此时 $f[\varphi(x)]=2(x^2-1)$,而当 $u=x^2-1>0$ 时,$|x|>1$,有 $f[\varphi(x)]=0$,于是有

$$y=f[\varphi(x)]=\begin{cases}2(x^2-1), & |x|\leqslant 1,\\ 0, & |x|>1.\end{cases}$$

13. 设 $f(x)=\begin{cases}2-x^2, & |x|\leqslant 2,\\ 2, & |x|>2.\end{cases}$求 $F(x)=f[f(x)]$.

解 当 $|x|\leqslant 2$ 时,$F(x)=2-(2-x^2)^2$.当 $|x|>2$ 时,$F(x)=-2$.故有

$$F(x)=f[f(x)]=\begin{cases}-x^4+4x^2-2, & |x|\leqslant 2,\\ -2, & |x|>2.\end{cases}$$

14. 设 $f(x)=\frac{x}{x-1}(x\neq 0,1)$,求 $f\left[\frac{1}{f(x)}\right]$,$f[f(x)]$.

解 由 $f(x)=\frac{x}{x-1}$,有 $\frac{1}{f(x)}=\frac{x-1}{x}=1-\frac{1}{x}$.于是

$$f\left[\frac{1}{f(x)}\right]=f\left(1-\frac{1}{x}\right)=\frac{1-\frac{1}{x}}{\left(1-\frac{1}{x}\right)-1}=1-x(x\neq 0,1),$$

$$f[f(x)]=\frac{\frac{x}{x-1}}{\left(\frac{x}{x-1}\right)-1}=x.$$

15. 设 $\varphi(x)=x^2,\psi(x)=2^x$，求 $\varphi[\psi(x)],\psi[\varphi(x)],\varphi[\varphi(x)],\psi[\psi(x)]$.

解　$\varphi[\psi(x)]=(2^x)^2=2^{2x}$，

$\psi[\varphi(x)]=2^{x^2}$，

$\varphi[\varphi(x)]=(x^2)^2=x^4$，

$\psi[\psi(x)]=2^{2^x}$.

16. 设 $f(x)=\frac{1}{2}(x+|x|),g(x)=\begin{cases}x, & x<0,\\ x^2, & x\geqslant 0.\end{cases}$

求 $f[g(x)],g[f(x)]$.

解　$f[g(x)]=\begin{cases}\frac{1}{2}(x+|x|), & x<0,\\ \frac{1}{2}(x^2+|x^2|), & x\geqslant 0.\end{cases}$

即

$$f[g(x)]=\begin{cases}0, & x<0,\\ x^2, & x\geqslant 0.\end{cases}$$

同理

$$g[f(x)]=\begin{cases}0, & x<0,\\ x^2, & x\geqslant 0.\end{cases}$$

17. 若对任意的实数 x、y 有

$$|f(x)-f(y)|=|x-y|，且\ f(0)=0.$$

证明：(1) $f(x)f(y)=xy$；(2) $f(x+y)=f(x)+f(y)$.

证明　(1)令 $y=0$，有 $|f(x)|=|x|$，从而 $f^2(x)=x^2$，由

$$|f(x)-f(y)|^2=|x-y|^2,$$

可得　$f^2(x)-2f(x)f(y)+f^2(y)=x^2-2xy+y^2$，

即　$f(x)f(y)=xy$.

(2)令 $y=1$ 代入 $f(x)f(y)=xy$，有

$$f(x)f(1)=x.$$

$$f(x+y)f(1)=(x+y)\cdot 1=f(x)f(1)+f(y)f(1)$$

$$=[f(x)+f(y)]f(1),$$

注意到 $f^2(1)=1\neq 0$,故有

$$f(x+y)=f(x)+f(y).$$

二、函数的性质、复合函数与反函数

(一)选择题

18. 设 $f(x)=\dfrac{\sin(x+1)}{x^2+1}, x\in(-\infty,+\infty)$. 则此函数是

(A) 奇函数.　　(B) 偶函数.

(C) 有界函数.　　(D) 周期函数.

答(C)

19. 下列函数中,是奇函数的为

(A) $f(x)=\dfrac{x^2-x}{x-1}$.　　(B) $f(x)=\dfrac{x}{1+x^2}(x>0)$.

(C) $f(x)=\lg(x+\sqrt{x^2+1})$.

(D) $f(x)=\sqrt[3]{(1-x)^2}+\sqrt[3]{(1+x)^2}$.

答(C)

20. 设 $f(x)=\dfrac{|x|}{x}, g(x)=\begin{cases}1, x<10,\\ 5, x>10.\end{cases}$ 则 $g(x)$ 等于

(A) $2f(x-10)-3$.　　(B) $2f(x-10)+3$.

(C) $f(x-10)+3$.　　(D) $f(x-10)-3$.

答(B)

21. 设 $f(x)=4x^3-3x, \varphi(x)=\sin 2x$,则 $\varphi[f(x)]$ 等于

(A) $\sin(8x^3-6x)$.　　(B) $4\sin^3 2x-3\sin 2x$.

(C) $\sin(4x^3-3x)$.　　(D) $4\sin^3 x-3\sin x$.

答(A)

(二)计算题

22. 设 $f(x)=2x^4-3x^3-5x^2+6x-10$,求

$$\varphi(x)=\frac{1}{2}[f(x)+f(-x)],$$

$$\psi(x)=\frac{1}{2}[f(x)-f(-x)].$$

解　$\varphi(x)=\frac{1}{2}[(2x^4-3x^3-5x^2+6x-10)+(2x^4+3x^3-5x^2-6x-10)]$

$=2x^4-5x^2-10,$

$\psi(x)=\frac{1}{2}[(2x^4-3x^3-5x^2+6x-10)-(2x^4+3x^3-5x^2-6x-10)]$

$=-3x^3+6x.$

23. 设 $F(x)=\lg(x+1)$，证明 $F(y^2-2)-F(y-2)=F(y)$.

证明

$$F(y^2-2)-F(y-2)=\lg[(y^2-2)+1]-\lg[(y-2)+1]$$
$$=\lg(y^2-1)-\lg(y-1)$$
$$=\lg(y+1)=F(y).$$

24. 证明定义在 $[-l,l]$ 上的任何函数 $f(x)$ 都可以表示为一个偶函数与一个奇函数的和，并且表示法是惟一的.

证明　存在性.

由于　$\varphi(x)=\frac{1}{2}[f(x)+f(-x)]$

是偶函数，而

$$\psi(x)=\frac{1}{2}[f(x)-f(-x)]$$

是奇函数，且有

$$f(x)=\varphi(x)+\psi(x)$$
$$=\frac{1}{2}[f(x)+f(-x)]+\frac{1}{2}[f(x)-f(-x)],$$

这说明 $f(x)$ 可以表示成为一个偶函数 $\varphi(x)$ 与一个奇函数 $\psi(x)$ 之和.

下面证明表示法是惟一的. 设 $\varphi_1(x)$ 是偶函数，$\psi_1(x)$ 为奇函数，

且亦有

$$f(x)=\varphi_1(x)+\psi_1(x), \quad ①$$

于是

$$f(-x)=\varphi_1(-x)+\psi_1(-x)=\varphi_1(x)-\psi_1(x). \quad ②$$

由①、②两式,有

$$\varphi_1(x)=\frac{1}{2}[f(x)+f(-x)]=\varphi(x),$$

$$\psi_1(x)=\frac{1}{2}[f(x)-f(-x)]=\psi(x),$$

所以表示法是惟一的.

25. 设 $f(x)$满足条件 $2f(x)+f\left(\frac{1}{x}\right)=\frac{a}{x}$($a$ 为常数),且$f(0)=0$,证明 $f(x)$是奇函数.

证明 因为 $$2f(x)+f\left(\frac{1}{x}\right)=\frac{a}{x}, \quad ①$$

所以 $$2f\left(\frac{1}{x}\right)+f(x)=ax. \quad ②$$

由①与②有

$$f(x)=\begin{cases}\dfrac{a(2-x^2)}{3x}, & x\neq 0,\\ 0, & x=0.\end{cases}$$

显然,$f(x)$是奇函数.

26. 设 $f(x)$满足关系式

$$af(x)+bf\left(\frac{1}{x}\right)=\frac{c}{x} \quad (a,b,c\text{ 为常数}),$$

且$|a|\neq|b|$,求 $f(x)$.

解 由 $$af(x)+bf\left(\frac{1}{x}\right)=\frac{c}{x}, \quad ①$$

有 $$af\left(\frac{1}{x}\right)+bf(x)=cx. \quad ②$$

从①和②得

$$f(x)=\frac{c(a-bx^2)}{(a^2-b^2)x}.$$

27. 设 $f(x)=\dfrac{1}{1-x}$，求 $f[f(x)]$，$f\{f[f(x)]\}$.

解　$f[f(x)]=f\left(\dfrac{1}{1-x}\right)=\dfrac{x-1}{x}$，

$$f\{f[f(x)]\}=f\left(\frac{x-1}{x}\right)=x.$$

28. 设单值函数 $f(x)$ 满足关系式

$$f^2(\ln x)-2xf(\ln x)+x^2\ln x=0\quad(0<x<\mathrm{e}),$$

且 $f(0)=0$，求 $f(x)$.

解　由 $f^2(\ln x)-2xf(\ln x)+x^2\ln x=0$，

有
$$\begin{aligned}f(\ln x)&=x(1\pm\sqrt{1-\ln x})\\&=\mathrm{e}^{\ln x}(1\pm\sqrt{1-\ln x}),\end{aligned}$$

得
$$f(x)=\mathrm{e}^x(1\pm\sqrt{1-x}).$$

由 $f(0)=0$，知

$$f(x)=\mathrm{e}^x(1-\sqrt{1-x}).$$

29. 设 $\varphi(x)$、$\psi(x)$ 及 $f(x)$ 都是单调增函数，且 $\varphi(x)\leqslant f(x)\leqslant\psi(x)$. 证明 $\varphi[\varphi(x)]\leqslant f[f(x)]\leqslant\psi[\psi(x)]$.

证明　由于 $\varphi(x)$、$\psi(x)$、$f(x)$ 都是单调增函数，且有

$$\varphi(x)\leqslant f(x)\leqslant\psi(x),$$

可得

$$f[\varphi(x)]\leqslant f[f(x)]\leqslant f[\psi(x)],$$

而
$$\varphi[\varphi(x)]\leqslant f[\varphi(x)],\ f[\psi(x)]\leqslant\psi[\psi(x)].$$

从而有
$$\varphi[\varphi(x)]\leqslant f[f(x)]\leqslant\psi[\psi(x)].$$

30. 若 $f(x)=a+bx$，设 $f_n(x)=\underbrace{f\{f[\cdots f}_{n\text{次}}(x)]\}$，证明

$$f_n(x)=a\frac{b^n-1}{b-1}+b^nx.$$

证明　用数学归纳法.

当 $n=1$ 时，$f_1(x)=f(x)=a+bx$.

设 $n=k$ 时，有 $f_k(x)=a\dfrac{b^k-1}{b-1}+b^kx$，

则当 $n=k+1$ 时，$f_{k+1}(x)=f[f_k(x)]=a+bf_k(x)$

$$=a+b\left(a\frac{b^k-1}{b-1}+b^kx\right)$$

$$=a\frac{b^{k+1}-1}{b-1}+b^{k+1}x.$$

故有

$$f_n(x)=a\frac{b^n-1}{b-1}+b^nx.$$

31. 若 $f(x)=\dfrac{x}{\sqrt{1+x^2}}$，设 $f_n(x)=\underbrace{f\{f[\cdots f}_{n\text{次}}(x)]\}$，证明

$$f_n(x)=\frac{x}{\sqrt{1+nx^2}}.$$

证明 当 $n=1$ 时，$f_1(x)=f(x)=\dfrac{x}{\sqrt{1+x^2}}$，

设 $n=k$ 时，有 $f_k(x)=\dfrac{x}{\sqrt{1+kx^2}}$.

则当 $n=k+1$ 时，$f_{k+1}(x)=f[f_k(x)]=\dfrac{f_k(x)}{\sqrt{1+f_k^2(x)}}$

$$=\frac{\dfrac{x}{\sqrt{1+kx^2}}}{\sqrt{1+\dfrac{x^2}{1+kx^2}}}=\frac{x}{\sqrt{1+(k+1)x^2}}.$$

故有

$$f_n(x)=\frac{x}{\sqrt{1+nx^2}}.$$

32. 设 $u_1=1,u_2=1$，且 $u_{n+1}=u_n+u_{n-1}(n=2,3,\cdots)$，称 u_n 为斐波那契(Fibonacci)数列.

证明　$u_n=\frac{1}{\sqrt{5}}\left[\left(\frac{1+\sqrt{5}}{2}\right)^n-\left(\frac{1-\sqrt{5}}{2}\right)^n\right]$.

证明　当 $n=1$ 时,

$$u_1=\frac{1}{\sqrt{5}}\left[\frac{1+\sqrt{5}}{2}-\frac{1-\sqrt{5}}{2}\right]=1,$$

设当 $n=k$ 时,有

$$u_k=\frac{1}{\sqrt{5}}\left[\left(\frac{1+\sqrt{5}}{2}\right)^k-\left(\frac{1-\sqrt{5}}{2}\right)^k\right],$$

则当 $n=k+1$ 时,有

$$\begin{aligned}u_{k+1}&=u_k+u_{k-1}\\&=\frac{1}{\sqrt{5}}\left[\left(\frac{1+\sqrt{5}}{2}\right)^k+\left(\frac{1+\sqrt{5}}{2}\right)^{k-1}-\left(\frac{1-\sqrt{5}}{2}\right)^k-\left(\frac{1-\sqrt{5}}{2}\right)^{k-1}\right]\\&=\frac{1}{\sqrt{5}}\left[\left(\frac{1+\sqrt{5}}{2}\right)^{k-1}\left(1+\frac{1+\sqrt{5}}{2}\right)-\left(\frac{1-\sqrt{5}}{2}\right)^{k-1}\left(1+\frac{1-\sqrt{5}}{2}\right)\right]\\&=\frac{1}{\sqrt{5}}\left[\left(\frac{1+\sqrt{5}}{2}\right)^{k-1}\frac{3+\sqrt{5}}{2}-\left(\frac{1-\sqrt{5}}{2}\right)^{k-1}\frac{3-\sqrt{5}}{2}\right]\\&=\frac{1}{\sqrt{5}}\left[\left(\frac{1+\sqrt{5}}{2}\right)^{k+1}-\left(\frac{1-\sqrt{5}}{2}\right)^{k+1}\right].\end{aligned}$$

故有

$$u_n=\frac{1}{\sqrt{5}}\left[\left(\frac{1+\sqrt{5}}{2}\right)^n-\left(\frac{1-\sqrt{5}}{2}\right)^n\right].$$

33.若函数 $f(x)$在定义域上对一切 x 均有$f(x)=f(2a-x)$,则称 $f(x)$对称于 $x=a$.当函数 $f(x)$对称于 $x=a$ 及$x=b(a<b)$时,$f(x)$必为周期函数.

证明　因为 $f(x)$对称于 $x=a$ 及$x=b$,所以有

$$f(x)=f(2a-x),\qquad ①$$

$$f(x)=f(2b-x).\qquad ②$$

由②知

$$f(2a-x)=f[2b-(2a-x)]=f(2b-2a+x),$$

即

$$f(x)=f(2a-x)=f[(2b-2a)+x].$$

这就证得 $f(x)$是以$(2b-2a)>0$ 为周期的周期函数.

34. 证明 $f(x)=x\cos x$ 不是周期函数.

证明　用反证法. 设 $f(x)=x\cos x$ 是以 $T>0$ 为周期的周期函数,则有

$$(x+T)\cos(x+T)=x\cos x.$$

令 $x=0$ 及 $x=\frac{\pi}{2}$,有

$$T\cos T=0, \qquad ①$$

$$\left(T+\frac{\pi}{2}\right)\cos\left(T+\frac{\pi}{2}\right)=0. \qquad ②$$

综合①与②,得

$$\begin{cases}\cos T=0,\\ \sin T=0.\end{cases}$$

而这样的 T 是不存在的,故 $f(x)=x\cos x$ 不是周期函数.

35. 求 $f(x)=\begin{cases}\frac{x}{2}, & -2<x<1,\\ x^2, & 1\leqslant x\leqslant 2,\\ 2^x, & 2<x\leqslant 4\end{cases}$ 的反函数.

解　当$-2<x<1$ 时,$y=\frac{x}{2}$. 故有 $x=2y$, $-1<y<\frac{1}{2}$. 类似地,有 $x=\sqrt{y}$, $1\leqslant y\leqslant 4$; $x=\log_2 y$, $4<y\leqslant 16$. 因此 $f(x)$的反函数为

$$y=f^{-1}(x)=\begin{cases}2x, & -1<x<\frac{1}{2},\\ \sqrt{x}, & 1\leqslant x\leqslant 4,\\ \log_2 x, & 4<x\leqslant 16.\end{cases}$$

36. 求函数 $y=\begin{cases}x, & -\infty<x<-1,\\ -x^2, & -1\leqslant x\leqslant 0,\\ \ln(x+1), & 0<x\leqslant \mathrm{e}\end{cases}$ 的反函数.

解　当 $-\infty<x<-1$ 时，$x=y$，$-\infty<y<-1$；当 $-1\leqslant x\leqslant 0$ 时，$x=-\sqrt{-y}$，$-1\leqslant y\leqslant 0$；当 $0<x\leqslant \mathrm{e}$ 时，$x=\mathrm{e}^y-1$，$0<y\leqslant \ln(1+\mathrm{e})$.

因此，y 的反函数

$$f^{-1}(x)=\begin{cases}x, & -\infty<x<-1,\\ -\sqrt{-x}, & -1\leqslant x\leqslant 0,\\ \mathrm{e}^x-1, & 0<x\leqslant \ln(1+\mathrm{e}).\end{cases}$$

1.2　极限

重要概念、公式与结论

一、极限的定义

1.数列极限的定义

已给数列 $\{u_n\}$ 及常数 A，若对于任意给定的正数 ε，都存在着正整数 N，使得对于 $n>N$ 时的一切 u_n，不等式

$$|u_n-A|<\varepsilon$$

都成立，则称数列 $\{u_n\}$ 当 $n\to\infty$ 时以 A 为极限，记为

$$\lim_{n\to\infty}u_n=A.$$

2.函数极限的定义

定义 1　设函数 $f(x)$ 在点 x_0 的某一个去心邻域内有定义，A 为常数.若对于任意给定的正数 ε，都存在着正数 δ，使适合不等式

$$0<|x-x_0|<\delta$$

的一切 x 所对应的函数值 $f(x)$ 都满足不等式

$$|f(x)-A|<\varepsilon,$$

则称 A 为 $f(x)$ 当 $x\to x_0$ 时的极限，记为

$$\lim_{x\to x_0}f(x)=A.$$

定义 2　设函数 $f(x)$ 在 $|x|$ 充分大时有定义，A 为常数，若对于任意给定的正数 ε，总存在着正数 N，使适合不等式

$$|x|>N$$

的一切 x 所对应的函数值 $f(x)$ 都满足不等式

$$|f(x)-A|<\varepsilon,$$

则称函数 $f(x)$ 当 $x\to\infty$ 时以 A 为极限,记为

$$\lim_{x\to\infty}f(x)=A.$$

3. 函数的左、右极限的定义

定义 1 设函数 $f(x)$ 在 $x<x_0$ 时有定义,A 为常数,若对于任意给定的正数 ε,都存在着正数 δ,使适合不等式

$$0<x_0-x<\delta$$

的一切 x 所对应的函数值 $f(x)$ 都满足不等式

$$|f(x)-A|<\varepsilon,$$

则称 A 为 $f(x)$ 当 $x\to x_0$ 时的左极限,记为

$$\lim_{x\to x_0^-}f(x)=A,\text{或 } f(x_0-0)=A.$$

定义 2 设函数 $f(x)$ 在 $x>x_0$ 时有定义,A 为常数,若对于任意给定的正数 ε,都存在着正数 δ,使适合不等式

$$0<x-x_0<\delta$$

的一切 x 所对应的函数值 $f(x)$ 都满足不等式

$$|f(x)-A|<\varepsilon,$$

则称 A 为 $f(x)$ 当 $x\to x_0$ 时的右极限,记为

$$\lim_{x\to x_0^+}f(x)=A,\text{或 } f(x_0+0)=A.$$

二、无穷小及无穷大的定义、无穷小的运算性质

1. 无穷小

若 $\lim\limits_{\substack{x\to x_0\\(x\to\infty)}}f(x)=0$,则称 $f(x)$ 当 $x\to x_0$(或 $x\to\infty$)时为无穷小量,简称为无穷小.

2. 无穷大

若 $\lim\limits_{\substack{x\to x_0\\(x\to\infty)}}f(x)=\infty$,则称 $f(x)$ 当 $x\to x_0$(或 $x\to\infty$)时为无穷大量,

简称为无穷大.

3. 无穷小的运算性质

①有限个无穷小的和仍是无穷小.

②有界函数与无穷小的乘积是无穷小.

③有限个无穷小的乘积仍是无穷小.

④常数与无穷小的乘积是无穷小.

⑤极限不为零的函数 $f(x)$ 除无穷小 $\alpha(x)$ 所得的商 $\dfrac{\alpha(x)}{f(x)}$ 是无穷小.

三、极限存在的充分必要条件与极限的惟一性

1. 极限存在的充分必要条件

①函数 $f(x)$ 当 $x\to x_0$ 时,极限存在的充分必要条件是函数 $f(x)$ 在点 x_0 处的左、右极限存在且相等,即 $f(x_0-0)=f(x_0+0)$.

②函数 $f(x)$ 当 $x\to\infty$ 时,极限存在的充分必要条件是 $\lim\limits_{x\to+\infty}f(x)=\lim\limits_{x\to-\infty}f(x)$.

2. 极限的惟一性

若 $\lim\limits_{\substack{x\to x_0\\(x\to\infty)}}f(x)=A$,则极限值 A 是惟一的.

四、函数极限与函数值之间在邻域内的关系

1. 函数极限与函数值之间的关系

若 $\lim\limits_{\substack{x\to x_0\\(x\to\infty)}}f(x)=A$,则在 $0<|x-x_0|<\delta$(或 $|x|>N$)内,有

$$f(x)=A+\alpha(x),$$

其中 $\lim\limits_{\substack{x\to x_0\\(x\to\infty)}}\alpha(x)=0$.

2. 同号性定理

若 $\lim\limits_{x\to x_0}f(x)=A$,且 $A>0$(或 $A<0$),则在 $0<|x-x_0|<\delta$ 内,恒有 $f(x)>0$(或 $f(x)<0$).

若在 $0<|x-x_0|<\delta$ 内,恒有 $f(x)\geqslant0$(或 $f(x)\leqslant0$),且

$\lim\limits_{x \to x_0} f(x) = A$,则必有 $A \geqslant 0$(或 $A \leqslant 0$).

3. 有界性定理

若 $\lim\limits_{\substack{x \to x_0 \\ (x \to \infty)}} f(x) = A$,则在 $0 < |x - x_0| < \delta$(或 $|x| > N$)内,存在 $M > 0$,恒有

$$|f(x)| \leqslant M.$$

五、等价无穷小的定义及代换定理

1. 等价无穷小的定义

设 α、β 是两个无穷小,若 $\lim \dfrac{\beta}{\alpha} = 1$.则称 α 与 β 是等价无穷小,记为 $\alpha \sim \beta$.

等价无穷小在极限计算中有下面的代换定理.

2. 无穷小的代换定理

设无穷小 α、α'、β、β' 满足 $\alpha \sim \alpha'$,$\beta \sim \beta'$.若 $\lim \dfrac{\beta'}{\alpha'}$ 存在,则 $\lim \dfrac{\beta}{\alpha}$ 也存在,且有

$$\lim \frac{\beta}{\alpha} = \lim \frac{\beta'}{\alpha'} = \lim \frac{\beta}{\alpha'} = \lim \frac{\beta'}{\alpha}.$$

3. 当 $x \to 0$ 时,几个常用的等价无穷小

$x \sim \sin x \sim \tan x \sim \ln(1 + x) \sim e^x - 1$.

$1 - \cos x \sim \dfrac{1}{2}x^2$.

$a^x - 1 \sim x \ln a \ (a > 0, a \neq 1)$.

$(1 + x)^\alpha - 1 \sim \alpha x$.

六、高阶无穷小在极限计算中的应用

1. 高阶无穷小的定义

设 α、β 是两个无穷小,若 $\lim \dfrac{\beta}{\alpha} = 0$,则称 β 是比 α 更高阶的无穷小,通常记为

$$\beta = o(\alpha).$$

2.高阶无穷小在极限计算中的应用

$\lim \dfrac{o(\alpha)}{\alpha} = 0$;

$\lim \dfrac{\alpha}{o(\alpha)} = \infty$;

若 $\alpha \sim \beta$,则 $\alpha - \beta = o(\alpha)$;

$o(\alpha^n) \cdot o(\alpha^m) = o(\alpha^{m+n})(m>0, n>0)$;

$o(\alpha^n) + o(\alpha^m) = o(\alpha^m)(n>m>0)$;

$\lim \dfrac{o(\alpha^m) + o(\alpha^n)}{\alpha^m} = 0(n>m>0)$.

七、海涅(Heine)定理

$\lim\limits_{\substack{x \to x_0 \\ (x \to \infty)}} f(x) = A$ 存在的充分必要条件是对任选数列$\{x_n\}$,当 $n \to \infty$时,$x_n \to x_0$,但 $x_n \neq x_0$(或 $x_n \to \infty$),有

$$\lim_{n \to \infty} f(x_n) = A.$$

八、极限四则运算定理、极限存在的准则和两个重要的极限

1.极限的运算定理

若 $\lim f(x) = A$,$\lim g(x) = B$,则

$\lim[f(x) + g(x)] = \lim f(x) + \lim g(x) = A + B$;

$\lim[f(x) - g(x)] = \lim f(x) - \lim g(x) = A - B$;

$\lim[f(x) \cdot g(x)] = \lim f(x) \cdot \lim g(x) = AB$;

$\lim \dfrac{f(x)}{g(x)} = \dfrac{A}{B}(B \neq 0)$;

$\lim f[\varphi(x)] = f[\lim \varphi(x)]$.

2.极限存在的准则

(1)夹挤准则

若在点 x_0 的某个去心邻域内(或$|x|>N$ 时)有不等式

$$F(x) \leqslant f(x) \leqslant G(x)$$

成立,且有

$$\lim_{\substack{x \to x_0 \\ (x \to \infty)}} F(x) = \lim_{\substack{x \to x_0 \\ (x \to \infty)}} G(x) = A,$$

则

$$\lim_{\substack{x \to x_0 \\ (x \to \infty)}} f(x) = A.$$

(2)单调有界准则

若数列$\{u_n\}$是单调增加的数列,即 $u_n \leqslant u_{n+1}$,且 $u_n < M$,则$\lim\limits_{n \to \infty} u_n$存在;若数列$\{u_n\}$是单调减少的数列,即 $u_n \geqslant u_{n+1}$且 $u_n > m$,则$\lim\limits_{n \to \infty} u_n$存在.

3.两个重要的极限

$\lim\limits_{x \to 0} \dfrac{\sin x}{x} = 1$;

$\lim\limits_{x \to \infty} \left(1 + \dfrac{1}{x}\right)^x = \mathrm{e}$.

例题选解

一、极限的概念

(一)选择题

1.极限$\lim\limits_{x \to 0} \dfrac{\mathrm{e}^{|x|} - 1}{x}$的结果是

(A)1. (B)−1.

(C)0. (D)不存在.

答(D)

2.若$\lim\limits_{x \to x_0} f(x)$有极限值,$\lim\limits_{x \to x_0} g(x)$无极限值,则$\lim\limits_{x \to x_0} [f(x)g(x)]$的正确结论为

(A)必不存在. (B)必存在.

(C)若存在则值为零.

(D)可能存在,也可能不存在.

答(D)

3. 当 $x\to 0$ 时，$\frac{2}{3}(\cos x-\cos 2x)$ 是 x^2 的

(A)高阶无穷小.　　(B)同阶无穷小，但不是等价无穷小.

(C)低阶无穷小.　　(D)等价无穷小.

答(B)

4. 设数列 x_n 与 y_n 满足 $\lim\limits_{n\to\infty}x_ny_n=0$，则下列断言正确的是

(A)若 x_n 发散，则 y_n 必发散.

(B)若 x_n 无界，则 y_n 必无界.

(C)若 x_n 有界，则 y_n 必为无界.

(D)若 $\frac{1}{x_n}$ 为无穷小，则 y_n 必为无穷小.

答(D)

5. $\lim\limits_{x\to 0}\sqrt[x]{1-5x}$ 的值为

(A)1.　　(B)不存在.　　(C)e^{-5}.　　(D)e^{5}.

答(C)

6. 下列结果不成立的是

(A) $\lim\limits_{x\to\infty}x\sin\frac{1}{x}=1$.　　(B) $\lim\limits_{x\to\frac{\pi}{2}}\frac{\cos x}{x-\frac{\pi}{2}}=1$.

(C) $\lim\limits_{x\to 0}\frac{\tan x}{\sin x}=1$.　　(D) $\lim\limits_{x\to 0}\frac{\sin(\tan x)}{x}=1$.

答(B)

7. 若 $\lim\limits_{x\to 1}\frac{x^m-1}{x^n-1}=a$，$\lim\limits_{x\to 1}\frac{\sqrt[m]{x}-1}{\sqrt[n]{x}-1}=b\,(m、n\in\mathbf{N})$，则有

(A) $a=b$.　　(B) $a>b$.

(C) $a<b$.　　(D) a、b 的大小与 m、n 的值有关.

答(D)

8. 当 $x\to 0$ 时，为无穷小量的是

(A) $\ln|\sin x|$.　　(B) $\cos\frac{1}{x}$.

(C)$\sin\frac{1}{x}$.　　(D)$e^{-\frac{1}{x^2}}$.

答(D)

9.设 $f(x)=\frac{1-x}{1+x}$,$g(x)=1-\sqrt[3]{x}$,则当 $x\to1$ 时,$f(x)$与$g(x)$为

(A)等价无穷小.　　(B)同阶无穷小,但不是等价无穷小.

(C)$f(x)=o(g(x))$.　　(D)$g(x)=o(f(x))$

答(B)

10.$\lim\limits_{x\to\infty}\left(\frac{x+3}{x+1}\right)^{4x+4}$的值为

(A)e.　　(B)e^3.　　(C)e^4.　　(D)e^8.

答(D)

11.设 $0<a<b$,则数列极限$\lim\limits_{n\to\infty}\sqrt[n]{a^n+b^n}$等于

(A)a.　　(B)b.　　(C)1.　　(D)$a+b$.

答(B)

12.若$\lim\limits_{x\to0}\frac{x}{f(3x)}=2$,则$\lim\limits_{x\to0}\frac{f(2x)}{x}$的值为

(A)3.　　(B)$\frac{1}{3}$.　　(C)1.　　(D)$\frac{1}{2}$.

答(B)

(二)极限的证明

13.用 ε—N 定义证明$\lim\limits_{n\to\infty}\frac{\sqrt{n^2-n}}{n}=1$.

证明　由于

$$\left|\frac{\sqrt{n^2-n}}{n}-1\right|=\left|\frac{\sqrt{n^2-n}-n}{n}\right|=\left|\frac{n^2-n-n^2}{n(\sqrt{n^2-n}+n)}\right|$$

$$=\frac{1}{\sqrt{n^2-n}+n}\leqslant\frac{1}{n}.$$

因此,任给 $\varepsilon>0$,取 $N=\left[\frac{1}{\varepsilon}\right]$,当 $n>N$ 时,恒有

$$\left|\frac{\sqrt{n^2-n}}{n}-1\right|<\varepsilon$$

成立,故有

$$\lim_{n\to\infty}\frac{\sqrt{n^2-n}}{n}=1.$$

14. 设数列$\{a_n\}$有界,又$\lim\limits_{n\to\infty}b_n=0$. 证明$\lim\limits_{n\to\infty}a_nb_n=0$.

证明　任给$\varepsilon>0$,存在$N>0$,当$n>N$时,有$|a_n|<M$,$|b_n|<\frac{\varepsilon}{M+1}$. 于是

$$|a_nb_n-0|=|a_nb_n|=|a_n||b_n|<M\cdot\frac{\varepsilon}{M+1}<\varepsilon,$$

故有

$$\lim_{n\to\infty}a_nb_n=0.$$

15. 证明如果$\lim\limits_{n\to\infty}u_n=a$,则$\lim\limits_{n\to\infty}|u_n|=|a|$.

证明　因为$\lim\limits_{n\to\infty_0}u_n=a$,任给$\varepsilon>0$,存在$N>0$,当$n>N$时,恒有$|u_n-a|<\varepsilon$,又由于$||u_n|-|a||<|u_n-a|$[附]. 所以有

$$\lim_{n\to\infty}|u_n|=|a|.$$

附　关于$||u_n|-|a||<|u_n-a|$的证明.

由　　$|u_n|=|u_n-a+a|\leqslant|u_n-a|+|a|$,

有　　$|u_n-a|\geqslant|u_n|-|a|$.

而　　$|a|=|a-u_n+u_n|\leqslant|a-u_n|+|u_n|$.

同理有　$|u_n-a|=|a-u_n|\geqslant|a|-|u_n|$,

从而有　　$-(|u_n|-|a|)\leqslant|u_n-a|$,

及　　$(|u_n|-|a|)\leqslant|u_n-a|$.

即　　$||u_n|-|a||\leqslant|u_n-a|$.

16. 证明若$\lim\limits_{n\to\infty}x_n=a$,且$a>b$,则一定存在一个正整数$N$,使得当$n>N$时,$x_n>b$恒成立.

证明　因为 $\lim\limits_{n\to\infty}x_n=a$，所以存在一个正整数 N，当 $n>N$ 时，取 $\varepsilon=\frac{a-b}{2}>0$，恒有

$$|x_n-a|<\frac{a-b}{2}=\varepsilon,$$

即
$$a-\varepsilon<x_n<a+\varepsilon.$$

有
$$x_n>a-\varepsilon=a-\frac{a-b}{2}=\frac{a}{2}+\frac{b}{2},$$

故
$$x_n>b.$$

17. 证明 $\lim\limits_{n\to\infty}\sqrt[n]{a}=1(a>1)$.

证明　由 $a>1$，可令 $\lambda_n=\sqrt[n]{a}-1>0$，知

$$a=(1+\lambda_n)^n=1+n\lambda_n+\frac{n(n-1)}{2}\lambda_n^2+\cdots+\lambda_n^n>1+n\lambda_n,$$

故有
$$\lambda_n<\frac{a-1}{n}.$$

任给 $\varepsilon>0$，要使 $|\sqrt[n]{a}-1|=\lambda_n<\varepsilon$ 只要 $\frac{a-1}{n}<\varepsilon$，即 $n>\frac{a-1}{\varepsilon}$. 这时取 $N=\left[\frac{a-1}{\varepsilon}\right]$ 即可，也就是说，当 $n>N=\left[\frac{a-1}{\varepsilon}\right]$ 时，

$$|\sqrt[n]{a}-1|<\varepsilon\quad(a>1)$$

恒成立，故有
$$\lim_{n\to\infty}\sqrt[n]{a}=1\quad(a>1).$$

应当指出，对于 $a>0$ 结论 $\lim\limits_{n\to\infty}\sqrt[n]{a}=1$ 仍然成立.

18. 证明 $\lim\limits_{n\to\infty}\frac{n}{2^n}=0$.

证明　因为 $2^n=(1+1)^n=1+n+\frac{n(n-1)}{2!}+\cdots+1$，

所以 $2^n>\frac{n(n-1)}{2!}$，即 $0<\frac{n}{2^n}<\frac{2}{n-1}$.

任给 $\varepsilon>0$，要使 $\left|\frac{n}{2^n}-0\right|=\frac{n}{2^n}<\varepsilon$，只需 $n>\frac{2}{\varepsilon}+1$，即取 $N=$

$\left[\dfrac{2}{\varepsilon}\right]+1$.当 $n>N$,恒有 $\left|\dfrac{n}{2^n}-0\right|<\varepsilon$,于是

$$\lim_{n\to\infty}\frac{n}{2^n}=0.$$

19.证明 $\lim\limits_{n\to\infty}\sqrt[n]{n}=1$.

证明　设 $a_n=\sqrt[n]{n}$,则 $a_n>1(n>1)$,取 $\lambda_n=\sqrt[n]{n}-1=a_n-1>0$,有 $a_n=1+\lambda_n$,于是

$$a_n^n=(1+\lambda_n)^n=1+n\lambda_n+\frac{n(n-1)}{2}\lambda_n^2+\cdots+\lambda_n^n>\frac{n(n-1)}{2}\lambda_n^2.$$

当 $n>2$ 时,有 $n-1>\dfrac{n}{2}$,故

$$a_n^n>\frac{n(n-1)}{2}\lambda_n^2>\frac{n^2}{4}\lambda_n^2.$$

即
$$a_n^n=n>\frac{n^2}{4}(\sqrt[n]{n}-1)^2$$

有
$$\sqrt[n]{n}-1<\frac{2}{\sqrt{n}}.$$

任给 $\varepsilon>0$,只要 $n>N=\left[\dfrac{4}{\varepsilon^2}\right]+1$,就有

$$|\sqrt[n]{n}-1|<\frac{2}{\sqrt{n}}<\varepsilon,$$

即
$$\lim_{n\to\infty}\sqrt[n]{n}=1.$$

20.证明:设 $\lim\limits_{x\to x_0}f(x)=A>0$,则存在 x_0 的某一邻域,当 x 在该邻域($0<|x-x_0|<\delta$)内时,有 $f(x)>0$ 成立.

证明　因为 $\lim\limits_{x\to x_0}f(x)=A>0$,故取 $\varepsilon=\dfrac{A}{2}$时,存在 $\delta>0$,当 $0<|x-x_0|<\delta$ 时,有

$$|f(x)-A|<\frac{A}{2},$$

即 $$-\frac{A}{2}<f(x)-A<\frac{A}{2}.$$

所以 $$f(x)>A-\frac{A}{2}=\frac{A}{2}>0.$$

21. 设 $f(x)$ 在 x_0 的某一邻域内有界，且 $\lim\limits_{x\to x_0}g(x)=0$. 证明

$$\lim_{x\to x_0}f(x)g(x)=0.$$

证明 任给 $\varepsilon>0$，在 $0<|x-x_0|<\delta$ 内，因为 $|f(x)|<M$，$|g(x)-0|=|g(x)|<\frac{\varepsilon}{M}$. 故有

$$|f(x)g(x)-0|=|f(x)g(x)|<M\cdot\frac{\varepsilon}{M}=\varepsilon,$$

即 $$\lim_{x\to x_0}f(x)g(x)=0.$$

22. 证明 $\lim\limits_{x\to a}\cos x=\cos a$.

证明 首先证明不等式 $|x|\geqslant|\sin x|$. 考虑圆心角为 x，半径为 R 的圆扇形 AOB 及三角形 AOB（图 1-1），显然，它们的面积 S 满足不等式

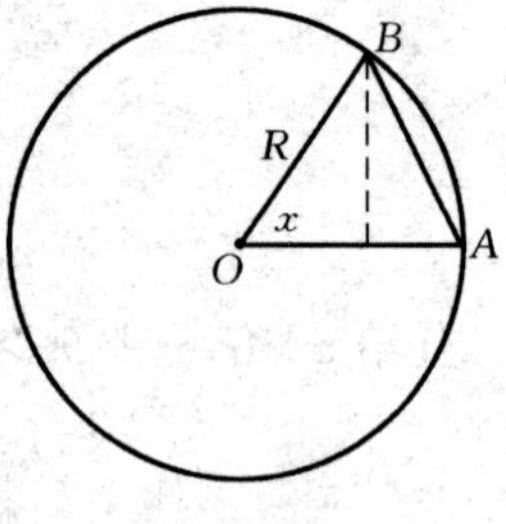

图 1-1

$$S_{\text{扇}AOB}=\frac{1}{2}R^2x\geqslant S_{\triangle AOB}=\frac{1}{2}R^2\sin x\geqslant 0,$$

即 $$x\geqslant\sin x\geqslant 0,$$

$$|x|\geqslant|\sin x|.$$

任给 $\varepsilon>0$，取 $\delta=\varepsilon$，当 $0<|x-a|<\delta$ 时，

$$\begin{aligned}|\cos x-\cos a|&=2\left|\sin\frac{x+a}{2}\right|\left|\sin\frac{x-a}{2}\right|\\&\leqslant 2\left|\sin\frac{x-a}{2}\right|\leqslant 2\left|\frac{x-a}{2}\right|\\&=|x-a|<\varepsilon,\end{aligned}$$

故 $$\lim_{x\to a}\cos x=\cos a.$$

23. 设 $\lim\limits_{x\to x_0} f(x)=a$，且 $a>0$，证明 $\lim\limits_{x\to x_0}\sqrt{f(x)}=\sqrt{a}$.

证明　由 $\lim\limits_{x\to x_0} f(x)=a>0$，知对任意的 $\varepsilon>0$，存在着 $\delta>0$，当 $0<|x-x_0|<\delta$ 时，有

$$|f(x)-a|<\sqrt{a}\,\varepsilon.$$

而同在 $0<|x-x_0|<\delta$ 内，由于

$$|\sqrt{f(x)}-\sqrt{a}|=\left|\frac{f(x)-a}{\sqrt{f(x)}+\sqrt{a}}\right|<\frac{|f(x)-a|}{\sqrt{a}}<\varepsilon,$$

故
$$\lim_{x\to x_0}\sqrt{f(x)}=\sqrt{a}.$$

二、求极限的 12 种方法

(一)利用初等数学的公式求极限

24. 计算 $\lim\limits_{n\to\infty}\dfrac{1+3+5+\cdots+(2n-1)}{n^2}$.

解　因为 $1+3+5+\cdots+(2n-1)=n^2$，

所以
$$\lim_{n\to\infty}\frac{1+3+5+\cdots+(2n-1)}{n^2}=\lim_{n\to\infty}\frac{n^2}{n^2}=1.$$

25. 计算
$$\lim_{n\to\infty}\frac{1+\frac{1}{2}+\left(\frac{1}{2}\right)^2+\cdots+\left(\frac{1}{2}\right)^n}{1+\frac{1}{3}+\left(\frac{1}{3}\right)^2+\cdots+\left(\frac{1}{3}\right)^n}$$

解　因为 $1+\dfrac{1}{2}+\left(\dfrac{1}{2}\right)^2+\cdots+\left(\dfrac{1}{2}\right)^n=\dfrac{1-\left(\frac{1}{2}\right)^{n+1}}{1-\frac{1}{2}}$，

而
$$1+\frac{1}{3}+\left(\frac{1}{3}\right)^2+\cdots+\left(\frac{1}{3}\right)^n=\frac{1-\left(\frac{1}{3}\right)^{n+1}}{1-\frac{1}{3}}.$$

所以

$$\lim_{n\to\infty}\frac{1+\frac{1}{2}+\left(\frac{1}{2}\right)^2+\cdots+\left(\frac{1}{2}\right)^n}{1+\frac{1}{3}+\left(\frac{1}{3}\right)^2+\cdots+\left(\frac{1}{3}\right)^n}=\lim_{n\to\infty}\frac{2\left[1-\left(\frac{1}{2}\right)^{n+1}\right]}{\frac{3}{2}\left[1-\left(\frac{1}{3}\right)^{n+1}\right]}=\frac{4}{3}.$$

26. 计算

$$\lim_{n\to\infty}\frac{1}{n}\left[\left(x+\frac{a}{n}\right)+\left(x+\frac{2a}{n}\right)+\cdots+\left(x+\frac{n-1}{n}a\right)\right].$$

解 原式 $=\lim\limits_{n\to\infty}\frac{1}{n}\{(n-1)x+\frac{a}{n}[1+2+\cdots+(n-1)]\}$

$$=\lim_{n\to\infty}\frac{(n-1)}{n}\left(x+\frac{a}{2}\right)=x+\frac{a}{2}.$$

27. 计算 $\lim\limits_{n\to\infty}\left(1-\frac{1}{2^2}\right)\left(1-\frac{1}{3^2}\right)\cdots\left(1-\frac{1}{n^2}\right)$.

解 原式 $=\lim\limits_{n\to\infty}\left(\frac{1\cdot 3}{2^2}\right)\left(\frac{2\cdot 4}{3^2}\right)\cdots\frac{(n-1)(n+1)}{n^2}$

$$=\lim_{n\to\infty}\left(\frac{1}{2}\cdot\frac{3}{2}\cdot\frac{2}{3}\cdot\frac{4}{3}\cdot\frac{3}{4}\cdot\frac{5}{4}\cdots\frac{n-1}{n}\cdot\frac{n+1}{n}\right)$$

$$=\lim_{n\to\infty}\frac{n+1}{2n}=\frac{1}{2}.$$

28. 计算 $\lim\limits_{h\to 0}\frac{(x+h)^n-x^n}{h}$ （n 为自然数）.

解 原式 $=\lim\limits_{h\to 0}\dfrac{x^n+nhx^{n-1}+\frac{n(n-1)}{2}x^{n-2}h^2+\cdots+h^n-x^n}{h}$

$$=\lim_{h\to 0}(nx^{n-1}+\cdots+h^{n-1})$$

$$=nx^{n-1}.$$

29. 计算 $\lim\limits_{x\to 1}\frac{x^m-1}{x^n-1}$ （m,n 为自然数）.

解 当 $m=n$ 时，原式 $=1$.

当 $m\neq n$ 时，

原式 $=\lim\limits_{x\to 1}\dfrac{(x-1)(x^{m-1}+x^{m-2}+\cdots+x+1)}{(x-1)(x^{n-1}+x^{n-2}+\cdots+x+1)}=\dfrac{m}{n}$.

故
$$\lim_{x\to 1}\frac{x^m-1}{x^n-1}=\begin{cases}1\,(m=n),\\ \frac{m}{n}\,(m\neq n).\end{cases}$$

30. 设 $|x|<1$，计算 $\lim\limits_{n\to\infty}(1+x)(1+x^2)\cdots(1+x^{2^n})$.

解　原式 $=\lim\limits_{n\to\infty}\dfrac{(1-x)(1+x)(1+x^2)(1+x^4)\cdots(1+x^{2^n})}{1-x}$

$$=\lim_{n\to\infty}\frac{(1-x^2)(1+x^2)(1+x^4)\cdots(1+x^{2^n})}{1-x}$$

$$=\lim_{n\to\infty}\frac{1-x^{2^{n+1}}}{1-x}=\frac{1}{1-x}(|x|<1).$$

31. 设 $f(x)=2^{1-x}$，求 $\lim\limits_{n\to\infty}[f^2(1)+f^2(2)+\cdots+f^2(n)]$.

解　原式 $=\lim\limits_{n\to\infty}\left[1+\left(\dfrac{1}{2}\right)^2+\cdots+\left(\dfrac{1}{2^{n-1}}\right)^2\right]$

$$=\lim_{n\to\infty}\frac{1-\left(\frac{1}{2}\right)^{2n}}{1-\frac{1}{4}}=\frac{1}{\frac{3}{4}}=\frac{4}{3}.$$

32. 计算　$\lim\limits_{n\to\infty}[\sqrt{2}\cdot\sqrt[4]{2}\cdots\sqrt[2^n]{2}]$.

解　原式 $=\lim\limits_{n\to\infty}[2^{\frac{1}{2}}\cdot 2^{\frac{1}{4}}\cdots 2^{\frac{1}{2^n}}]$

$$=\lim_{n\to\infty}2^{\frac{1}{2}+\frac{1}{4}+\cdots+\frac{1}{2^n}}=\lim_{n\to\infty}2^{1-\left(\frac{1}{2}\right)^n}$$

$$=2.$$

33. 计算　$\lim\limits_{n\to\infty}\sum\limits_{k=1}^{n}\dfrac{1}{1+2+3+\cdots+k}$.

解　因为 $1+2+\cdots+k=\dfrac{1}{2}k(k+1)$，所以

$$\sum_{k=1}^{n}\frac{1}{1+2+\cdots+k}=\sum_{k=1}^{n}\frac{2}{k(k+1)}$$

$$=2\left[\left(1-\frac{1}{2}\right)+\left(\frac{1}{2}-\frac{1}{3}\right)+\cdots+\left(\frac{1}{n}-\frac{1}{n+1}\right)\right]$$

$$=2\left(1-\frac{1}{n+1}\right).$$

故

$$\text{原式}=\lim_{n\to\infty}2\left(1-\frac{1}{n+1}\right)=2.$$

34. 计算 $\lim\limits_{n\to\infty}\cos\dfrac{x}{2}\cos\dfrac{x}{4}\cdots\cos\dfrac{x}{2^n}$.

解 当 $x=0$ 时，原式$=1$；当 $x=2^n\left(\dfrac{\pi}{2}\right)$时，原式$=0$；当 $x\neq 0,2^n\left(\dfrac{\pi}{2}\right)$时，

$$原式=\lim_{n\to\infty}\frac{\sin x\cdot\cos\dfrac{x}{2}\cdot\cos\dfrac{x}{4}\cdots\cos\dfrac{x}{2^n}}{2\sin\dfrac{x}{2}\cdot\cos\dfrac{x}{2}}$$

$$=\lim_{n\to\infty}\frac{\sin x\cdot\cos\dfrac{x}{4}\cdots\cos\dfrac{x}{2^n}}{2^2\sin\dfrac{x}{4}\cdot\cos\dfrac{x}{4}}=\cdots$$

$$=\lim_{n\to\infty}\frac{\sin x\cdot\cos\dfrac{x}{2^n}}{2^n\sin\dfrac{x}{2^n}\cdot\cos\dfrac{x}{2^n}}=\lim_{n\to\infty}\frac{\sin x}{2^n\sin\dfrac{x}{2^n}}$$

$$=\lim_{n\to\infty}\frac{\dfrac{\sin x}{x}}{\dfrac{\sin\dfrac{x}{2^n}}{\dfrac{x}{2^n}}}=\frac{\sin x}{x}.$$

故
$$原式=\begin{cases}1, & x=0,\\ 0, & x=2^n\left(\dfrac{\pi}{2}\right),\\ \dfrac{\sin x}{x}, & x\neq 0及2^n\left(\dfrac{\pi}{2}\right).\end{cases}$$

35. 计算 $\lim\limits_{x\to 1}\dfrac{x+x^2+\cdots+x^n-n}{x-1}$.

解 原式$=\lim\limits_{x\to 1}\dfrac{(x-1)+(x^2-1)+\cdots+(x^n-1)}{x-1}$

$=\lim\limits_{x\to 1}[1+(x+1)+(x^2+x+1)+\cdots+(x^{n-1}+x^{n-2}+\cdots+1)]$

$$=1+2+3\cdots+(n-1)+n=\frac{n(n+1)}{2}.$$

36. 计算　$\lim\limits_{n\to\infty}\frac{1+p+p^2+\cdots+p^n}{1+q+q^2+\cdots+q^n}(|p|<1,|q|<1)$.

解　原式 $=\lim\limits_{n\to\infty}\left(\frac{1-p^{n+1}}{1-p}\right)\left(\frac{1-q}{1-q^{n+1}}\right)=\frac{1-q}{1-p}$.

37. 计算　$\lim\limits_{x\to1}\frac{(1-\sqrt{x})(1-\sqrt[3]{x})(1-\sqrt[4]{x})\cdots(1-\sqrt[n]{x})}{(1-x)^{n-1}}$.

解　原式 $=\lim\limits_{x\to1}\frac{(1-\sqrt{x})(1-\sqrt[3]{x})(1-\sqrt[4]{x})\cdots(1-\sqrt[n]{x})}{(1-x)(1-x)(1-x)\cdots(1-x)}$

$$=\lim_{x\to1}\frac{1}{(1+\sqrt{x})(\sqrt[3]{x^2}+\sqrt[3]{x}+1)\cdots(x^{\frac{n-1}{n}}+x^{\frac{n-2}{n}}+\cdots+x^{\frac{1}{n}}+1)}$$

$$=\frac{1}{2\cdot3\cdot4\cdots n}=\frac{1}{n!}.$$

(二)利用两个重要极限及变量代换求极限

38. 计算　$\lim\limits_{x\to\infty}\left(1+\frac{k}{x}\right)^x$（$k$ 为常数）.

解　令 $x=ku$，当 $x\to\infty$ 时，$u\to\infty$，于是

$$\lim_{x\to\infty}\left(1+\frac{k}{x}\right)^x=\lim_{u\to\infty}\left[\left(1+\frac{1}{u}\right)^u\right]^k=\mathrm{e}^k.$$

39. 计算　$\lim\limits_{x\to1}(1-x)\tan\frac{\pi x}{2}$.

解　令 $x=1-y$，当 $x\to1$ 时 $y\to0$，于是

$$\lim_{x\to1}(1-x)\tan\frac{\pi}{2}x=\lim_{y\to0}y\tan\frac{\pi}{2}(1-y)$$

$$=\lim_{y\to0}y\cdot\cot\frac{\pi}{2}y=\lim_{y\to0}\frac{y}{\tan\frac{\pi}{2}y}$$

$$=\lim_{y\to0}\frac{1}{\frac{\tan\frac{\pi}{2}y}{\frac{\pi}{2}y}}\cdot\frac{2}{\pi}=\frac{2}{\pi}.$$

40. 计算 $\lim\limits_{x\to 0}\dfrac{n(\sqrt[n]{1+x}-1)}{x}$.

解 令 $y=\sqrt[n]{1+x}$，则 $x=y^n-1$. 当 $x\to 0$ 时，$y\to 1$. 于是

$$原式=\lim_{y\to 1}\frac{n(y-1)}{y^n-1}$$

$$=\lim_{y\to 1}\frac{n}{y^{n-1}+y^{n-2}+\cdots+y+1}$$

$$=1.$$

41. 计算 $\lim\limits_{x\to 0}\sqrt[x]{1-2x}$.

解 设 $y=2x$，当 $x\to 0$ 时，$y\to 0$. 于是

$$原式=\lim_{x\to 0}(1-2x)^{\frac{1}{x}}=\lim_{y\to 0}[(1-y)^{\frac{1}{y}}]^2$$

$$=e^{-2}.$$

42. 计算 $\lim\limits_{x\to \frac{\pi}{2}}(1+\cos x)^{3\sec x}$.

解 令 $y=\cos x$，当 $x\to\dfrac{\pi}{2}$时，$y\to 0$. 于是

$$原式=\lim_{y\to 0}(1+y)^{3\cdot\frac{1}{y}}=\lim_{y\to 0}[(1+y)^{\frac{1}{y}}]^3$$

$$=e^3.$$

43. 计算 $\lim\limits_{x\to\infty}\left(\dfrac{x+2}{x+1}\right)^{x+1}$.

解 令 $y=x+1$，当 $x\to\infty$时，$y\to\infty$. 于是

$$原式=\lim_{y\to\infty}\left(1+\frac{1}{y}\right)^y=e.$$

44. 计算 $\lim\limits_{x\to 0}(\cos^2 x)^{\frac{1}{\sin^2 x}}$.

解
$$原式=\lim_{x\to 0}\left(\frac{1}{\sec^2 x}\right)^{\csc^2 x}=\lim_{x\to 0}\left(\frac{1}{1+\tan^2 x}\right)^{\frac{1}{\tan^2 x}+1}$$

$$=\lim_{x\to 0}\frac{1}{(1+\tan^2 x)^{\frac{1}{\tan^2 x}}(1+\tan^2 x)}.$$

令 $y=\dfrac{1}{\tan^2 x}$，当 $x\to 0$ 时，$y\to\infty$，于是

$$原式=\lim_{x\to 0}\frac{1}{(1+\tan^2 x)^{\frac{1}{\tan^2 x}}(1+\tan^2 x)}$$

$$=\lim_{y\to\infty}\frac{1}{\left(1+\frac{1}{y}\right)^y\cdot\left(1+\frac{1}{y}\right)}=e^{-1}.$$

45. 计算　$\lim\limits_{x\to\pi}\dfrac{\sin mx}{\sin nx}$，($m,n$ 为自然数)．

解　令 $y=x-\pi$，当 $x\to\pi$ 时，$y\to 0$．于是

$$原式=\lim_{y\to 0}\frac{\sin m(\pi+y)}{\sin n(\pi+y)}=\lim_{y\to 0}\frac{(-1)^m\sin my}{(-1)^n\sin ny}$$

$$=(-1)^{m-n}\lim_{y\to 0}\frac{\sin my}{my}\frac{1}{\frac{\sin ny}{ny}}\frac{m}{n}$$

$$=(-1)^{m-n}\frac{m}{n}.$$

46. 计算　$\lim\limits_{x\to 0}\dfrac{a^x-1}{x}$（$a>0$ 为实数）．

解　令代换 $y=a^x-1$，当 $x\to 0$ 时，$y\to 0$．于是

$$原式=\lim_{y\to 0}\frac{y}{\log_a(1+y)}=\lim_{y\to 0}\frac{1}{\log_a(1+y)^{\frac{1}{y}}}$$

$$=\frac{1}{\log_a e}=\ln a.$$

47. 计算　$\lim\limits_{x\to 0}\dfrac{\tan x-\sin x}{x^3}$．

解　$$原式=\lim_{x\to 0}\frac{\sin x}{x}\cdot\frac{1-\cos x}{x^2}\cdot\frac{1}{\cos x}$$

$$=\lim_{x\to 0}\frac{\sin x}{x}\cdot\frac{2\sin^2\frac{x}{2}}{x^2}\cdot\frac{1}{\cos x}$$

$$=\lim_{x\to 0}\frac{2\sin^2\frac{x}{2}}{x^2}=\lim_{x\to 0}\frac{1}{2}\cdot\frac{\sin^2\frac{x}{2}}{\left(\frac{x}{2}\right)^2}$$

$$=\frac{1}{2}.$$

(三)利用极限存在的准则求极限

48. 设 $a>b>c>0$，求 $\lim\limits_{n\to\infty}(a^n+b^n+c^n)^{\frac{1}{n}}$.

解 设 $u_n=(a^n+b^n+c^n)^{\frac{1}{n}}$，由于 $a>b>c>0$，故有

$$(a^n)^{\frac{1}{n}}<u_n<(3a^n)^{\frac{1}{n}}.$$

而
$$\lim_{n\to\infty}(a^n)^{\frac{1}{n}}=a,\ \lim_{n\to\infty}(3a^n)^{\frac{1}{n}}=a.$$

由夹挤准则有

$$\lim_{n\to\infty}u_n=\lim_{n\to\infty}(a^n+b^n+c^n)^{\frac{1}{n}}=a.$$

由本例的结果，不难得出 $\lim\limits_{n\to\infty}(1+2^n+3^n)^{\frac{1}{n}}=3$.

49. 求 $\lim\limits_{n\to\infty}\left(\frac{k}{\sqrt{n^2+1}}+\frac{k}{\sqrt{n^2+2}}+\cdots+\frac{k}{\sqrt{n^2+n}}\right)(k>0)$.

解 令 $u_n=\frac{k}{\sqrt{n^2+1}}+\frac{k}{\sqrt{n^2+2}}+\cdots+\frac{k}{\sqrt{n^2+n}}$，则有

$$\frac{kn}{\sqrt{n^2+n}}<u_n<\frac{kn}{\sqrt{n^2+1}}.$$

而
$$\lim_{n\to\infty}\frac{kn}{\sqrt{n^2+n}}=\lim_{n\to\infty}\frac{k}{\sqrt{1+\frac{1}{n}}}=k,$$

$$\lim_{n\to\infty}\frac{kn}{\sqrt{n^2+1}}=\lim_{n\to\infty}\frac{k}{\sqrt{1+\frac{1}{n^2}}}=k.$$

由夹挤准则有

$$\lim_{n\to\infty}\left(\frac{k}{\sqrt{n^2+1}}+\frac{k}{\sqrt{n^2+2}}+\cdots+\frac{k}{\sqrt{n^2+n}}\right)=k.$$

50. 求$\lim\limits_{n\to\infty}\frac{n!}{n^n}$.

解　因为$0<\frac{n!}{n^n}=\frac{1}{n}\cdot\frac{2}{n}\cdot\frac{3}{n}\cdots\frac{n-1}{n}\cdot\frac{n}{n}\leqslant\frac{1}{n}$，且有$\lim\limits_{n\to\infty}\frac{1}{n}=0$，所以由夹挤准则知

$$\lim_{n\to\infty}\frac{n!}{n^n}=0.$$

51. 设$u_n=\frac{1}{3+1}+\frac{1}{3^2+1}+\cdots+\frac{1}{3^n+1}$，证明$\lim\limits_{n\to\infty}u_n$存在.

证明　因为$u_n-u_{n-1}=\frac{1}{3^n+1}>0$，所以$u_n>u_{n-1}$. 从而知数列$\{u_n\}$是一个单调增加的数列. 另一方面，由于

$$u_n<\frac{1}{3}+\frac{1}{3^2}+\cdots+\frac{1}{3^n}<3.$$

知$\{u_n\}$是一个单调增加且有上界的数列，由单调有界准则知$\lim\limits_{n\to\infty}u_n$存在.

52. 证明$\lim\limits_{n\to\infty}\left(1+\frac{1}{n}\right)^n$存在.

证明　当$0\leqslant a<b$时，有不等式

$$b^n[b-(n+1)(b-a)]<a^{n+1}. \qquad ①$$

因为
$$\frac{b^{n+1}-a^{n+1}}{b-a}=b^n+ab^{n-1}+a^2b^{n-2}+\cdots+a^{n-1}b+a^n$$
$$<b^n+bb^{n-1}+b^2b^{n-2}+\cdots+b^{n-1}b+b^n$$
$$=(n+1)b^n,$$

所以
$$b^{n+1}-a^{n+1}<(n+1)b^n(b-a).$$

移项后，即有①式：

$$b^n[b-(n+1)(b-a)]<a^{n+1}.$$

在①式中，令$a=1+\frac{1}{n+1}$，$b=1+\frac{1}{n}$，有

$$\left(1+\frac{1}{n}\right)^n\left[1+\frac{1}{n}-(n+1)\left(\frac{1}{n}-\frac{1}{n+1}\right)\right]<\left(1+\frac{1}{n+1}\right)^{n+1},$$

即
$$\left(1+\frac{1}{n}\right)^n<\left(1+\frac{1}{n+1}\right)^{n+1},$$
这就证得数列 $u_n=\left(1+\frac{1}{n}\right)^n$ 是单调增加的数列.

另一方面,若令 $a=1,b=1+\frac{1}{2n}$,代入①式则有
$$\left(1+\frac{1}{2n}\right)^n\left[1+\frac{1}{2n}-\frac{n+1}{2n}\right]<1,$$
即
$$\left(1+\frac{1}{2n}\right)^n<2.$$
由
$$\left(1+\frac{1}{n}\right)^n<\left(1+\frac{1}{2n}\right)^{2n}<4,$$
知 $u_n=\left(1+\frac{1}{n}\right)^n$ 是一个单调增加且有上界的数列,由单调有界准则知 $\lim\limits_{n\to\infty}\left(1+\frac{1}{n}\right)^n$ 存在.

53. 设 $u_0=1,u_1=1+\frac{u_0}{1+u_0},\cdots,u_n=1+\frac{u_{n-1}}{1+u_{n-1}}$,证明 $\lim\limits_{n\to\infty}u_n$ 存在.

证明　由于 $u_1=1+\frac{u_0}{1+u_0}=1+\frac{1}{2}>u_0$,设 $n=k$ 时,$u_k>u_{k-1}$ 成立.则当 $n=k+1$ 时,因为
$$u_{k+1}-u_k=\left(1+\frac{u_k}{1+u_k}\right)-\left(1+\frac{u_{k-1}}{1+u_{k-1}}\right)$$
$$=\frac{u_k-u_{k-1}}{(1+u_k)(1+u_{k-1})}>0,$$
所以 $u_{k+1}>u_k$.

知数列 $\{u_n\}$ 是一个单调增加的数列;另一方面,由 $u_n>0$,且 $u_n=1+\frac{u_{n-1}}{1+u_{n-1}}<2$,知 $\{u_n\}$ 是一个单调增加且有上界的数列.由单调有界准则可得 $\lim\limits_{n\to\infty}u_n$ 存在.不难求出 $\lim\limits_{n\to\infty}u_n=\frac{\sqrt{5}+1}{2}$.

54. 设 $u_1=\sqrt{a}, u_2=\sqrt{a+\sqrt{a}}=\sqrt{a+u_1}, \cdots, u_n=\sqrt{a+u_{n-1}}$ $(a>0)$. 求 $\lim\limits_{n\to\infty} u_n$

解　因为 $0<a<a+\sqrt{a}$,所以 $u_2>u_1$.

设 $n=k$ 时,有 $u_k<u_{k+1}$.

则当 $n=k+1$ 时,因为 $a+u_k<a+u_{k+1}$,所以 $u_{k+1}=\sqrt{a+u_k}<u_{k+2}=\sqrt{a+u_{k+1}}$.

故数列 $\{u_n\}$ 是单调增加的.

另一方面,当 $n=1$ 时,$u_1=\sqrt{a}<\sqrt{a}+1$.

若设 $n=k$ 时,$u_k<\sqrt{a}+1$.

则当 $n=k+1$ 时,$u_{k+1}=\sqrt{a+u_k}<\sqrt{a+2\sqrt{a}+1}=\sqrt{a}+1$.
知数列 $\{u_n\}$ 是单调增加且有上界的数列,由单调有界准则可知 $\lim\limits_{n\to\infty} u_n$ 存在,若设其极限值为 $A>0$,则由 $u_n=\sqrt{a+u_{n-1}}$ 等式两边取极限有

$$A=\sqrt{a+A}, A^2=a+A,$$

知

$$A=\frac{1\pm\sqrt{1+4a}}{2},\text{舍去负值后,有}$$

$$A=\frac{1+\sqrt{1+4a}}{2}.$$

即

$$\lim_{n\to\infty} u_n=\frac{1+\sqrt{1+4a}}{2}.$$

类似地,当 $u_1=\sqrt{2}, u_2=\sqrt{2+\sqrt{2}}, \cdots, u_n=\sqrt{2+u_{n-1}}$,有

$$\lim_{n\to\infty} u_n=2.$$

55. 设 $u_1=2, u_{n+1}=\frac{1}{2}\left(u_n+\frac{1}{u_n}\right)(n=1,2,\cdots)$. 求 $\lim\limits_{n\to\infty} u_n$.

解　因为 $u_n>0$,且当 $n>1$ 时,有

$$u_n=\frac{1}{2}\left(u_{n-1}+\frac{1}{u_{n-1}}\right)\geqslant\frac{1}{2}\cdot 2\sqrt{u_{n-1}\cdot\frac{1}{u_{n-1}}}=1.$$

另外

$$u_{n+1}-u_n=\frac{1}{2}\left(u_n+\frac{1}{u_n}\right)-u_n$$

$$=\frac{1-u_n^2}{2u_n}\leqslant 0.$$

可知$\{u_n\}$是一个单调减少且有下界的数列,由单调有界准则知,$\lim\limits_{n\to\infty}u_n$存在.设$\lim\limits_{n\to\infty}u_n=A$,则有$A=\frac{1}{2}\left(A+\frac{1}{A}\right)$,可知$A=\pm 1$.由于$u_n\geqslant 1$,故有$\lim\limits_{n\to\infty}u_n=1$.

(四)利用等价无穷小代换求极限

56.计算 $\lim\limits_{x\to 0}\cot 2x\cdot\cot\left(\frac{\pi}{2}-x\right)$.

解 原式$=\lim\limits_{x\to 0}\frac{\tan x}{\tan 2x}=\lim\limits_{x\to 0}\frac{x}{2x}=\frac{1}{2}$.

57.计算 $\lim\limits_{x\to 0}\frac{\ln\cos ax}{\ln\cos bx}(b\neq 0)$.

解 原式$=\lim\limits_{x\to 0}\frac{\ln\sqrt{1-\sin^2 ax}}{\ln\sqrt{1-\sin^2 bx}}=\lim\limits_{x\to 0}\frac{\ln(1-\sin^2 ax)}{\ln(1-\sin^2 bx)}$

$$=\lim_{x\to 0}\frac{-\sin^2 ax}{-\sin^2 bx}=\lim_{x\to 0}\frac{(ax)^2}{(bx)^2}$$

$$=\frac{a^2}{b^2}.$$

58.计算 $\lim\limits_{x\to 0}\frac{\sqrt{1+x\sin x}-1}{e^{x^2}-1}$.

解 原式$=\lim\limits_{x\to 0}\frac{\frac{1}{2}x\sin x}{x^2}=\frac{1}{2}$.

59.计算 $\lim\limits_{x\to 0}\frac{\sqrt[n]{1-ax}-\sqrt[m]{1+bx}}{x}$.

解 原式$=\lim\limits_{x\to 0}\frac{(\sqrt[n]{1-ax}-1)-(\sqrt[m]{1+bx}-1)}{x}$

$$=\lim_{x\to 0}\frac{\frac{1}{n}(-ax)-\frac{1}{m}(bx)+o(x)}{x}$$

$$=-\left(\frac{a}{n}+\frac{b}{m}\right).$$

60. 计算　$\lim\limits_{x\to 0}\frac{\cos x-\cos 2x}{x^2}$.

解　原式 $=\lim\limits_{x\to 0}\frac{-(1-\cos x)+1-\cos 2x}{x^2}$

$$=\lim_{x\to 0}\frac{-\frac{1}{2}x^2+\frac{1}{2}(2x)^2+o(x^2)}{x^2}$$

$$=\frac{3}{2}.$$

61. 计算　$\lim\limits_{x\to 0}\frac{e^x-e^{\sin x}}{x-\sin x}$.

解　原式 $=\lim\limits_{x\to 0}\frac{e^{\sin x}(e^{x-\sin x}-1)}{x-\sin x}=\lim\limits_{x\to 0}\frac{e^{\sin x}(x-\sin x)}{x-\sin x}$

$$=\lim_{x\to 0}e^{\sin x}=1.$$

62. 计算　$\lim\limits_{x\to+\infty}x[\ln(1+2x)-\ln(2x)]$.

解　原式 $=\lim\limits_{x\to+\infty}\frac{\ln\left(1+\frac{1}{2x}\right)}{\frac{1}{x}}=\lim\limits_{x\to+\infty}\frac{\frac{1}{2x}}{\frac{1}{x}}=\frac{1}{2}$.

63. 计算　$\lim\limits_{x\to+\infty}(x-1)(e^{\frac{1}{x}}-1)$.

解　原式 $=\lim\limits_{x\to+\infty}(x-1)\cdot\frac{1}{x}=1$.

64. 计算　$\lim\limits_{x\to 0}\left(\frac{\pi}{4x}-\frac{\pi}{2x(e^{\pi x}+1)}\right)$.

解　原式 $=\pi\lim\limits_{x\to 0}\frac{e^{\pi x}-1}{4x(e^{\pi x}+1)}=\pi\lim\limits_{x\to 0}\frac{\pi x}{4x(e^{\pi x}+1)}$

$$=\pi^2\lim_{x\to 0}\frac{1}{4(e^{\pi x}+1)}=\frac{\pi^2}{8}.$$

65. 求$\lim\limits_{n\to\infty}\left(1+\dfrac{1}{n}+\dfrac{1}{n^2}\right)^n$.

解　原式$=e^{\lim\limits_{n\to\infty} n\ln\left(1+\frac{1}{n}+\frac{1}{n^2}\right)}$

$$=e^{\lim\limits_{n\to\infty}\frac{\ln\left(1+\frac{1}{n}+\frac{1}{n^2}\right)}{\frac{1}{n}}}$$

$$=e^{\lim\limits_{n\to\infty}\frac{\frac{1}{n}+\frac{1}{n^2}}{\frac{1}{n}}}=e.$$

(五)利用函数的连续性求极限

66. 求$\lim\limits_{x\to\frac{\pi}{2}}\lg\sin x$.

解　$\lg\sin x$ 的连续区间为

$$(2k\pi,(2k+1)\pi)(k=0,\pm1,\pm2,\cdots).$$

$\dfrac{\pi}{2}$在 $\lg\sin x$ 的连续区间$(0,\pi)$内,则$\lim\limits_{x\to\frac{\pi}{2}}\lg\sin x=\lg\sin\dfrac{\pi}{2}=0$.

67. 设$\lim\limits_{n\to\infty}x_n=a$,求$\lim\limits_{n\to\infty}\left(1+\dfrac{x_n}{n}\right)^n$.

解　由指数函数的连续性,可得

$$原式=\lim_{n\to\infty}\left[\left(1+\frac{1}{\frac{n}{x^n}}\right)^{\frac{n}{x_n}}\right]^{x_n}=e^a.$$

68. 求$\lim\limits_{x\to0}\dfrac{(1+\alpha x)^\beta-1}{x}$($\alpha,\beta$为常数).

解　当α,β中至少有一个为零时,显然有

原式$=0$.

当α,β均不为零时,令 $y=(1+\alpha x)^\beta-1$.于是有 $x\to0,y\to0$.故

$$原式=\lim_{x\to0}\frac{y}{x}=\lim_{x\to0}\frac{y}{\ln(1+y)}\alpha\beta\frac{\ln(1+\alpha x)}{\alpha x}$$

$$=\alpha\beta\lim_{y\to0}\frac{y}{\ln(1+y)}\lim_{x\to0}\frac{\ln(1+\alpha x)}{\alpha x}=\alpha\beta.$$

综合起来,有

$$\lim_{x\to0}\frac{(1+\alpha x)^{\beta}-1}{x}=\begin{cases}0 & (\alpha\beta=0),\\ \alpha\beta & (\alpha\beta\neq0).\end{cases}$$

69. 设$\lim\limits_{x\to a}u(x)=1,\lim\limits_{x\to a}v(x)=\infty$. 证明

$$\lim_{x\to a}u(x)^{v(x)}=e^{\lim\limits_{x\to a}[u(x)-1]v(x)}.$$

证明　因为 $u(x)^{v(x)}=\{[1+(u(x)-1)]^{\frac{1}{u(x)-1}}\}^{[u(x)-1]v(x)}$. 由指数函数的连续性,所以

$$\begin{aligned}\lim_{x\to a}u(x)^{v(x)}&=\lim_{x\to a}\{[1+(u(x)-1)]^{\frac{1}{u(x)-1}}\}^{[u(x)-1]v(x)}\\&=e^{\lim\limits_{x\to a}[u(x)-1]v(x)}.\end{aligned}$$

应当注意的是 69 题的结论,对于求 1^{∞} 型的幂指函数的待定式是经常用到的,通常称为利用幂指函数的公式求极限.

(六)利用幂指函数的公式求极限

70. 求$\lim\limits_{x\to0}(1+3x)^{\frac{1-2x}{x}}$.

解　因为 $u(x)=1+3x,v(x)=\dfrac{1-2x}{x}$,所以

$$\begin{aligned}\text{原式}&=e^{\lim\limits_{x\to0}(1+3x-1)\frac{1-2x}{2}}=e^{\lim\limits_{x\to0}3(1-2x)}\\&=e^{3}.\end{aligned}$$

71. 求$\lim\limits_{x\to1}(2-x)^{\tan\frac{\pi x}{2}}$.

解　因为 $u(x)=2-x,v(x)=\tan\dfrac{\pi x}{2}$,所以

$$\begin{aligned}\text{原式}&=e^{\lim\limits_{x\to0}(2-x-1)\tan\frac{\pi x}{2}}=e^{\lim\limits_{x\to1}(1-x)\tan\frac{\pi x}{2}}\\&\xlongequal{y=1-x}e^{\lim\limits_{y\to0}\frac{y}{\tan\frac{\pi y}{2}}}=e^{\frac{2}{\pi}}.\end{aligned}$$

72. 求$\lim\limits_{x\to\infty}\left(\dfrac{x^2+1}{x^2-1}\right)^{x^2}$.

解　因为 $u(x)=\dfrac{x^2+1}{x^2-1},v(x)=x^2$,所以

$$\text{原式}=e^{\lim\limits_{x\to\infty}\left(\frac{x^2+1}{x^2-1}-1\right)x^2}=e^{\lim\limits_{x\to\infty}\frac{2x^2}{x^2-1}}=e^{2}.$$

73. 求$\lim\limits_{x\to0}\left(\dfrac{\tan x}{\sin x}\right)^{\frac{1}{x^2}}$.

解 原式$=e^{\lim\limits_{x\to0}\left(\frac{\tan x}{\sin x}-1\right)\cdot\frac{1}{x^2}}=e^{\lim\limits_{x\to0}\frac{\tan x-\sin x}{\sin x\cdot x^2}}$

$=e^{\lim\limits_{x\to0}\frac{\tan x-\sin x}{x^3}}=e^{\frac{1}{2}}$.

74. 求$\lim\limits_{x\to0}\left(\dfrac{1+\tan x}{1+\sin x}\right)^{\frac{1}{\sin^3 x}}$.

解 原式$=e^{\lim\limits_{x\to0}\left(\frac{1+\tan x}{1+\sin x}-1\right)\cdot\frac{1}{\sin^3 x}}$

$=e^{\lim\limits_{x\to0}\frac{\tan x-\sin x}{\sin^3 x}\cdot\frac{1}{1+\sin x}}=e^{\frac{1}{2}}$.

75. 求$\lim\limits_{x\to1}x^{\frac{1}{x-1}}$.

解 原式$=e^{\lim\limits_{x\to1}(x-1)\cdot\frac{1}{x-1}}=e$.

76. 求$\lim\limits_{x\to1}\left(\dfrac{2x}{x+1}\right)^{\frac{2x}{x-1}}$.

解 原式$=e^{\lim\limits_{x\to1}\left[\frac{2x}{x+1}-1\right]\cdot\frac{2x}{x-1}}$

$=e^{\lim\limits_{x\to1}\frac{x-1}{x+1}\cdot\frac{2x}{x-1}}$

$=e$.

(七)利用洛必达(L'Hospital)法则求极限

77. 求$\lim\limits_{x\to0}\dfrac{x-\sin x}{x^3}$.

解 原式$=\lim\limits_{x\to0}\dfrac{1-\cos x}{3x^2}=\lim\limits_{x\to0}\dfrac{\sin x}{6x}=\dfrac{1}{6}$.

78. 求$\lim\limits_{t\to0}\left[\dfrac{2}{\ln(1+t)}-\dfrac{2}{t}\right]$.

解 原式$=\lim\limits_{t\to0}\dfrac{2[t-\ln(1+t)]}{t\ln(1+t)}=\lim\limits_{t\to0}\dfrac{2[t-\ln(1+t)]}{t^2}$

$=\lim\limits_{t\to0}\dfrac{2\left[1-\dfrac{1}{1+t}\right]}{2t}=\lim\limits_{t\to0}\dfrac{1}{1+t}=1$.

79. 求$\lim\limits_{x\to0}\left(\dfrac{a^x-x\ln a}{b^x-x\ln b}\right)^{\frac{1}{x^2}}(a>0,b>0)$.

解　因为

$$\lim_{x\to 0}\frac{\ln(a^x-x\ln a)-\ln(b^x-x\ln b)}{x^2}$$

$$=\lim_{x\to 0}\frac{\dfrac{(a^x-1)\ln a}{a^x-x\ln a}-\dfrac{(b^x-1)\ln b}{b^x-x\ln b}}{2x}$$

$$=\lim_{x\to 0}\frac{1}{2}\frac{\dfrac{a^x-1}{x}\ln a}{a^x-x\ln a}-\lim_{x\to 0}\frac{1}{2}\frac{\dfrac{b^x-1}{x}\ln b}{b^x-x\ln b}$$

$$=\frac{1}{2}\lim_{x\to 0}\frac{\ln^2 a}{a^x-x\ln a}-\frac{1}{2}\lim_{x\to 0}\frac{\ln^2 b}{b^x-x\ln b}$$

$$=\frac{1}{2}(\ln^2 a-\ln^2 b),$$

所以

$$原式=e^{\lim\limits_{x\to 0}\frac{\ln(a^x-x\ln a)-\ln(b^x-x\ln b)}{x^2}}=e^{\frac{1}{2}(\ln^2 a-\ln^2 b)}.$$

80. 设 $f(x)$ 在 $(-\infty,+\infty)$ 内具有二阶连续导数 $f''(x)$，试证明

$$f''(x)=\lim_{h\to 0}\frac{f(x+h)+f(x-h)-2f(x)}{h^2}.$$

证明　用洛必达法则，对等式右边的分子、分母对 h 求导，有

$$右边=\lim_{h\to 0}\frac{f'(x+h)-f'(x-h)}{2h}$$

$$=\lim_{h\to 0}\frac{f''(x+h)+f''(x-h)}{2}$$

$$=\frac{f''(x)+f''(x)}{2}$$

$$=f''(x).$$

(八)利用海涅(Heine)定理求极限

81. 求 $\lim\limits_{n\to\infty}n^2(a^{\frac{1}{n}}+a^{-\frac{1}{n}}-2)(a>0,a\neq 1)$.

解　因为

$$\lim_{x\to\infty}x^2(a^{\frac{1}{x}}+a^{-\frac{1}{x}}-2)\xlongequal{y=\frac{1}{x}}\lim_{y\to 0}\frac{a^y+a^{-y}-2}{y^2}$$

$$=\lim_{y\to 0}\frac{a^y\ln a-a^{-y}\ln a}{2y}=\lim_{y\to 0}\frac{a^y\ln^2 a+a^{-y}\ln^2 a}{2}$$

$$=\ln^2 a.$$

所以 $\lim\limits_{n\to\infty}n^2(a^{\frac{1}{n}}+a^{-\frac{1}{n}}-2)=\ln^2 a.$

82. 求 $\lim\limits_{n\to\infty}\left[n-n^2\ln\left(1+\dfrac{1}{n}\right)\right]$.

解 因为

$$\lim_{x\to\infty}\left[x-x^2\ln\left(1+\frac{1}{x}\right)\right]=\lim_{x\to\infty}\frac{\frac{1}{x}-\ln\left(1+\frac{1}{x}\right)}{\frac{1}{x^2}}$$

$$=\lim_{x\to\infty}\frac{-\frac{1}{x^2}-\frac{1}{1+\frac{1}{x}}\cdot\left(-\frac{1}{x^2}\right)}{-\frac{2}{x^3}}=\lim_{x\to\infty}\frac{1-\frac{x}{1+x}}{\frac{2}{x}}$$

$$=\lim_{x\to\infty}\frac{x}{2(1+x)}=\frac{1}{2}.$$

所以

$$\lim_{n\to\infty}\left[n-n^2\ln\left(1+\frac{1}{n}\right)\right]=\frac{1}{2}.$$

83. 求 $\lim\limits_{n\to\infty}\left(\dfrac{1^{\frac{1}{n}}+3^{\frac{1}{n}}+9^{\frac{1}{n}}}{3}\right)^n$.

解 因为

$$\lim_{x\to\infty}\ln\left(\frac{1^{\frac{1}{x}}+3^{\frac{1}{x}}+9^{\frac{1}{x}}}{3}\right)^x=\lim_{x\to\infty}x[\ln(1^{\frac{1}{x}}+3^{\frac{1}{x}}+9^{\frac{1}{x}})-\ln3]$$

$$\xlongequal{y=\frac{1}{x}}\lim_{y\to 0}\frac{\ln(1^y+3^y+9^y)-\ln3}{y}=\lim_{y\to 0}\frac{1^y\ln 1+3^y\ln 3+9^y\ln 9}{(1^y+3^y+9^y)}$$

$$=\frac{\ln3+\ln9}{3}=\ln3.$$

所以
$$\lim_{x\to\infty}\left(\frac{1^{\frac{1}{x}}+3^{\frac{1}{x}}+9^{\frac{1}{x}}}{3}\right)^x=3,$$

故

$$\lim_{n\to\infty}\left(\frac{1^{\frac{1}{n}}+3^{\frac{1}{n}}+9^{\frac{1}{n}}}{3}\right)^n=3.$$

84. 求 $\lim\limits_{n\to\infty}\left(1+\dfrac{\sqrt[n]{b}-1}{a}\right)^n (a>0,b>0)$.

解　当 $b=1$ 时，原式 $=1$；

当 $b\neq 1$ 时，令 $t_n=\dfrac{\sqrt[n]{b}-1}{a}$，则当 $n\to\infty$ 时，$t_n\to 0$，且 $n=\dfrac{\ln b}{\ln(1+at_n)}$，于是

$$\left(1+\frac{\sqrt[n]{b}-1}{a}\right)^n=(1+t_n)^{\frac{\ln b}{\ln(1+at_n)}}.$$

故所求数列的极限化为函数的极限

$$\lim_{t\to 0}(1+t)^{\frac{\ln b}{\ln(1+at)}}=\lim_{t\to 0}\left[(1+t)^{\frac{1}{t}}\right]^{\frac{at}{\ln(1+at)}\cdot\frac{\ln b}{a}}=e^{\frac{\ln b}{a}}=b^{\frac{1}{a}}.$$

综上所述，有

$$\lim_{n\to\infty}\left(1+\frac{\sqrt[n]{b}-1}{a}\right)^n=\begin{cases}1, & \text{当 } b=1 \text{ 时},\\ b^{\frac{1}{a}}, & \text{当 } b\neq 1 \text{ 时}.\end{cases}$$

(九)利用中值定理求极限

85. 求 $\lim\limits_{n\to\infty}n^2\left(\arctan\dfrac{a}{n}-\arctan\dfrac{a}{n+1}\right)(a>0)$.

解　设 $f(x)=\arctan x$，在 $\left[\dfrac{a}{n+1},\dfrac{a}{n}\right]$ 上应用拉格朗日中值定理得

$$f\left(\frac{a}{n}\right)-f\left(\frac{a}{n+1}\right)=\frac{1}{1+\xi^2}\left(\frac{a}{n}-\frac{a}{n+1}\right),$$

其中 $\dfrac{a}{n+1}<\xi<\dfrac{a}{n}$.

故当 $n\to\infty$ 时，$\xi\to 0$，可知

$$\text{原式}=\lim_{n\to\infty}n^2\frac{1}{1+\xi^2}\left(\frac{a}{n}-\frac{a}{n+1}\right)$$

$$=\lim_{n\to\infty}\frac{n^2}{1+\xi^2}\cdot\frac{a}{n(n+1)}=a.$$

当 $a<0$ 亦可同样证之.

86.求 $\lim\limits_{x\to 0^+}\dfrac{2^x-2^{\sin x}}{x-\sin x}$.

解 对 $f(x)=2^x$ 在$[\sin x,x]$上应用拉格朗日中值定理得

$$2^x-2^{\sin x}=2^\xi\ln 2(x-\sin x)(\sin x<\xi<x).$$

当 $x\to 0^+$ 时,$\xi\to 0^+$,可知

$$原式=\lim_{\substack{x\to 0^+\\(\xi\to 0^+)}}2^\xi\ln 2=\ln 2.$$

87.求 $\lim\limits_{n\to\infty}n^2(\sqrt[n]{a}-\sqrt[n+1]{a})(a>0)$.

解 设 $f(x)=a^x$,在$\left[\dfrac{1}{n+1},\dfrac{1}{n}\right]$上应用拉格朗日中值定理得

$$(\sqrt[n]{a}-\sqrt[n+1]{a})=a^\xi\ln a\cdot\left(\frac{1}{n}-\frac{1}{n+1}\right)$$

其中$\dfrac{1}{n+1}<\xi<\dfrac{1}{n}$.

故当 $n\to\infty$时,$\xi\to 0$,可知

$$\begin{aligned}原式&=\lim_{n\to\infty}n^2\cdot a^\xi\ln a\cdot\left(\frac{1}{n}-\frac{1}{n+1}\right)\\&=\lim_{n\to\infty}a^\xi\cdot\ln a\cdot\frac{n^2}{n(n+1)}\\&=\ln a.\end{aligned}$$

88.求$\lim\limits_{x\to 0}\dfrac{e^{-\frac{x^2}{2}}-\cos x}{x^4}$.

解 由泰勒公式知

$$e^{-\frac{x^2}{2}}=1+\left(-\frac{1}{2}x^2\right)+\frac{1}{2!}\left(-\frac{1}{2}x^2\right)^2+o(x^4),$$

$$\cos x=1-\frac{1}{2!}x^2+\frac{1}{4!}x^4+o(x^4).$$

故 $$e^{-\frac{x^2}{2}}-\cos x=\frac{1}{8}x^4-\frac{1}{24}x^4+o(x^4)=\frac{1}{12}x^4+o(x^4),$$

可知　　原式 $=\lim\limits_{x\to 0}\dfrac{\frac{1}{12}x^4+o(x^4)}{x^4}=\dfrac{1}{12}.$

89. 求 $\lim\limits_{x\to 0}\dfrac{e^x\sin x-x(1+x)}{x^3}$.

解　由泰勒公式知，当 $x\to 0$ 时，

$$e^x=1+\frac{1}{1!}x+\frac{1}{2!}x^2+\frac{1}{3!}x^3+o(x^3),$$

$$\sin x=x-\frac{1}{3!}x^3+o(x^3),$$

于是
$$e^x\sin x-x(1+x)=x+x^2+\frac{1}{3}x^3+o(x^3)-x-x^2$$
$$=\frac{1}{3}x^3+o(x^3),$$

故　　原式 $=\lim\limits_{x\to 0}\dfrac{\frac{1}{3}x^3+o(x^3)}{x^3}=\dfrac{1}{3}.$

90. 求 $\lim\limits_{x\to 0}\dfrac{\cos(\sin x)-\cos x}{\sin^4 x}$.

解　由泰勒公式知：当 $x\to 0$ 时，

$$\cos(\sin x)=1-\frac{1}{2}\sin^2 x+\frac{1}{24}\sin^4 x+o(\sin^5 x)$$

$$=1-\frac{1}{2}\left(x-\frac{1}{3!}x^3+o(x^4)\right)^2+\frac{1}{24}\left(x-\frac{1}{3!}x^3+o(x^4)\right)^4+o(x^5)$$

$$=1-\frac{1}{2}x^2+\frac{5}{24}x^4+o(x^4),$$

$$\cos x=1-\frac{1}{2}x^2+\frac{1}{24}x^4+o(x^4),$$

故　　原式 $=\lim\limits_{x\to 0}\dfrac{\frac{5}{24}x^4-\frac{1}{24}x^4+o(x^4)}{\sin^4 x}=\lim\limits_{x\to 0}\dfrac{\frac{1}{6}x^4+o(x^4)}{x^4}=\dfrac{1}{6}.$

91. 求 $\lim\limits_{n\to\infty}\displaystyle\int_0^1 x^n\sin x\,dx$.

解　由积分第一中值定理,有

$$\int_0^1 x^n \sin x\,\mathrm{d}x = \sin\xi\int_0^1 x^n\,\mathrm{d}x = \frac{\sin\xi}{n+1}(0\leqslant\xi\leqslant 1).$$

故　　原式 $=\lim\limits_{n\to\infty}\dfrac{\sin\xi}{n+1}=0.$

92. 求 $\lim\limits_{n\to\infty}\int_n^{n+p}\dfrac{\sin x}{x}\mathrm{d}x\,(p>0).$

解　由积分第一中值定理,有

$$\int_n^{n+p}\frac{\sin x}{x}\mathrm{d}x = \sin\xi\int_n^{n+p}\frac{\mathrm{d}x}{x} = \sin\xi\cdot\ln\left(1+\frac{p}{n}\right)(n<\xi<n+p).$$

当 $n\to\infty$ 时,$|\sin\xi|\leqslant 1,\ln\left(1+\dfrac{p}{n}\right)\to 0$,故

$$\text{原式} = \lim_{n\to\infty}\sin\xi\cdot\ln\left(1+\frac{p}{n}\right)=0.$$

93. 求 $\lim\limits_{n\to\infty}\int_n^{n+1}x^k\mathrm{e}^{-x}\mathrm{d}x\,(k\in\mathbf{N},k>0).$

解　由积分中值定理,有

$$\int_n^{n+1}x^k\mathrm{e}^{-x}\mathrm{d}x = \xi^k\mathrm{e}^{-\xi}(n<\xi<n+1).$$

当 $n\to\infty$ 时,$\xi\to\infty$. 故

$$\text{原式} = \lim_{n\to\infty}\xi^k\mathrm{e}^{-\xi} = \lim_{\xi\to\infty}\frac{\xi^k}{\mathrm{e}^{\xi}}=0.$$

(十)利用定积分的定义求极限

94. 求 $\lim\limits_{n\to\infty}\left(\dfrac{1}{n+1}+\dfrac{1}{n+2}+\cdots+\dfrac{1}{n+n}\right).$

解　原式 $=\lim\limits_{n\to\infty}\sum\limits_{i=1}^{n}\dfrac{1}{n+i}=\lim\limits_{n\to\infty}\sum\limits_{i=1}^{n}\left(\dfrac{1}{1+\dfrac{i}{n}}\right)\dfrac{1}{n}$

$$=\int_0^1\frac{1}{1+x}\mathrm{d}x=\ln 2.$$

95. 求 $\lim\limits_{n\to\infty}\left(\dfrac{1}{n^2}+\dfrac{2}{n^2}+\cdots+\dfrac{n}{n^2}\right).$

解　原式$=\lim\limits_{n\to\infty}\sum\limits_{i=1}^{n}\dfrac{i}{n^2}=\lim\limits_{n\to\infty}\sum\limits_{i=1}^{n}\left(\dfrac{i}{n}\right)\cdot\dfrac{1}{n}$

$=\int_0^1 x\mathrm{d}x=\dfrac{1}{2}$.

96. 求$\lim\limits_{n\to\infty}\left(\dfrac{1}{\sqrt{4n^2-1^2}}+\dfrac{1}{\sqrt{4n^2-2^2}}+\cdots+\dfrac{1}{\sqrt{4n^2-n^2}}\right)$.

解　原式$=\lim\limits_{n\to\infty}\sum\limits_{i=1}^{n}\dfrac{1}{\sqrt{4n^2-i^2}}=\lim\limits_{n\to\infty}\sum\limits_{i=1}^{n}\dfrac{1}{\sqrt{4-\left(\dfrac{i}{n}\right)^2}}\cdot\dfrac{1}{n}$

$=\int_0^1\dfrac{1}{\sqrt{4-x^2}}\mathrm{d}x=\arcsin\dfrac{1}{2}$

$=\dfrac{\pi}{6}$.

97. 求$\lim\limits_{n\to\infty}\dfrac{1^p+2^p+\cdots+n^p}{n^{p+1}}(p>0)$.

解　原式$=\lim\limits_{n\to\infty}\sum\limits_{i=1}^{n}\left(\dfrac{i}{n}\right)^p\cdot\dfrac{1}{n}=\int_0^1 x^p\mathrm{d}x=\dfrac{1}{p+1}$.

98. 求$\lim\limits_{n\to\infty}\left(\dfrac{1}{n^2+1^2}+\dfrac{2}{n^2+2^2}+\cdots+\dfrac{n}{n^2+n^2}\right)$.

解　原式$=\lim\limits_{n\to\infty}\sum\limits_{i=1}^{n}\dfrac{i}{n^2+i^2}=\lim\limits_{n\to\infty}\sum\limits_{i=1}^{n}\dfrac{\left(\dfrac{i}{n}\right)}{1+\left(\dfrac{i}{n}\right)^2}\cdot\dfrac{1}{n}$.

$=\int_0^1\dfrac{x}{1+x^2}\mathrm{d}x=\dfrac{1}{2}\ln 2$.

99. 求$\lim\limits_{n\to\infty}\left(\dfrac{n}{n^2+1^2}+\dfrac{n}{n^2+2^2}+\cdots+\dfrac{n}{n^2+n^2}\right)$.

解　原式$=\lim\limits_{n\to\infty}\sum\limits_{i=1}^{n}\dfrac{n}{n^2+i^2}=\lim\limits_{n\to\infty}\sum\limits_{i=1}^{n}\left[\dfrac{1}{1+\left(\dfrac{i}{n}\right)^2}\right]\cdot\dfrac{1}{n}$

$=\int_0^1\dfrac{1}{1+x^2}\mathrm{d}x=\dfrac{1}{4}\pi$.

100. 求$\lim\limits_{n\to\infty}\dfrac{1}{n}\left(\sin\dfrac{\pi}{n}+\sin\dfrac{2\pi}{n}+\cdots+\sin\dfrac{n-1}{n}\pi\right)$.

解 原式$=\lim\limits_{n\to\infty}\sum\limits_{i=1}^{n-1}\left[\sin\left(\dfrac{i}{n}\right)\pi\right]\dfrac{1}{n}=\int_0^1\sin\pi x\,\mathrm{d}x$

$$=\frac{2}{\pi}.$$

(十一)利用斯特林(Stirling)公式求极限

101. 求$\lim\limits_{n\to\infty}(n!)^{\frac{1}{n^2}}$

解 由斯特林公式 $n!=\sqrt{2n\pi}\left(\dfrac{n}{\mathrm{e}}\right)^n\cdot\mathrm{e}^{\frac{\theta}{12n}}$(其中$0<\theta<1$),于是

$$(n!)^{\frac{1}{n^2}}=\left[(2\pi)^{\frac{1}{2}}\cdot n^{\frac{1}{2}}\cdot n^n\cdot\mathrm{e}^{-n+\frac{\theta}{12n}}\right]^{\frac{1}{n^2}}$$
$$=(2\pi)^{\frac{1}{2n^2}}\cdot n^{\frac{1}{2n^2}}\cdot n^{\frac{1}{n}}\cdot\mathrm{e}^{-\frac{1}{n}+\frac{\theta}{12n^3}}.$$

故

$$\text{原式}=\lim_{n\to\infty}(2\pi)^{\frac{1}{2n^2}}\cdot\lim_{n\to\infty}n^{\frac{1}{n}+\frac{1}{2n^2}}\cdot\lim_{n\to\infty}\mathrm{e}^{-\frac{1}{n}+\frac{\theta}{12n^3}}=1.$$

102. 求$\lim\limits_{n\to\infty}\dfrac{n}{\sqrt[n]{n!}}$.

解 由斯特林公式知

$$\text{原式}=\lim_{n\to\infty}\frac{n}{(2\pi n)^{\frac{1}{2n}}\left(\dfrac{n}{\mathrm{e}}\right)\mathrm{e}^{\frac{\theta}{12n^2}}}=\mathrm{e}.$$

103. 求$\lim\limits_{n\to\infty}\dfrac{n}{\sqrt[n]{(2n-1)!!}}$.

解 由$(2n-1)!!=\dfrac{(2n-1)!!\ (2n)!!}{(2n)!!}=\dfrac{(2n)!}{2^n\cdot n!}$.

$$\text{原式}=\lim_{n\to\infty}\frac{n}{\left(\dfrac{2n!}{2^n n!}\right)^{\frac{1}{n}}}=\lim_{n\to\infty}\frac{n}{\left[\sqrt{2}(2n)^n\mathrm{e}^{-n+\frac{\theta}{12n}}\right]^{\frac{1}{n}}}$$

$$=\lim_{n\to\infty}\frac{n}{2^{\frac{1}{2n}}\cdot(2n)\cdot\mathrm{e}^{-1}\cdot\mathrm{e}^{\frac{\theta}{12n^2}}}$$

$$=\frac{\mathrm{e}}{2}.$$

104. 求 $\lim\limits_{n\to\infty}\frac{\ln n!}{\ln n^{2n}}$.

解　由斯特林公式

$$原式=\lim_{n\to\infty}\frac{\frac{1}{2}\ln 2\pi n+n\ln n-n\ln \mathrm{e}+\frac{\theta}{12n}}{2n\ln n}=\frac{1}{2}.$$

(十二)利用级数收敛的必要条件求极限

105. 求 $\lim\limits_{n\to\infty}\frac{n}{2^n}$.

解　考虑正项级数 $\sum\limits_{n=1}^{\infty}\frac{n}{2^n}$. 因为

$$\lim_{n\to\infty}\frac{\frac{n+1}{2^{n+1}}}{\frac{n}{2^n}}=\frac{1}{2}<1,$$

由达朗贝尔(D'Alembert)判别法知级数 $\sum\limits_{n=1}^{\infty}\frac{n}{2^n}$ 收敛. 由级数收敛的必要条件得

$$\lim_{n\to\infty}\frac{n}{2^n}=0.$$

应当指出,本题若用海涅定理来解,则更便捷些. 因为

$$\lim_{n\to\infty}\frac{x}{2^x}=\lim_{n\to\infty}\frac{1}{2^x\ln 2}=0,$$

所以有

$$\lim_{n\to\infty}\frac{n}{2^n}=0.$$

106. 求 $\lim\limits_{n\to\infty}\frac{n^n}{(n!)^2}$.

解　考虑级数 $\sum\limits_{n=1}^{\infty}\frac{n^n}{(n!)^2}$,因为

$$\lim_{n\to\infty}\frac{\dfrac{(n+1)^{n+1}}{[(n+1)!]^2}}{\dfrac{n^n}{(n!)^2}}=\lim_{n\to\infty}\left(\frac{n+1}{n}\right)^n\cdot\frac{1}{n+1}$$

$$=0<1,$$

由达朗贝尔判别法知级数$\sum\limits_{n=1}^{n}\dfrac{n^n}{[n!]^2}$收敛,故有

原式$=0$.

107. 求$\lim\limits_{n\to\infty}\dfrac{n!}{n^n}$.

解 考虑级数$\sum\limits_{n=1}^{\infty}\dfrac{n!}{n^n}$,因为

$$\lim_{n\to\infty}\frac{\dfrac{(n+1)!}{(n+1)^{n+1}}}{\dfrac{n!}{n^n}}=\lim_{n\to\infty}\frac{n^n}{(n+1)^n}=\frac{1}{\mathrm{e}}<1,$$

由达朗贝尔判别法知级数$\sum\limits_{n=1}^{\infty}\dfrac{n!}{n^n}$收敛,故有

原式$=0$.

108. 求$\lim\limits_{n\to\infty}\dfrac{n^n}{3^n n!}$.

解 考虑级数$\sum\limits_{n=1}^{\infty}\dfrac{n^n}{3^n n!}$,因为

$$\lim_{n\to\infty}\left(\frac{n^n}{3^n n!}\right)^{\frac{1}{n}}=\lim_{n\to\infty}\frac{n}{3\cdot(2\pi n)^{\frac{1}{2n}}\cdot\dfrac{n}{\mathrm{e}}\cdot \mathrm{e}^{\frac{\theta}{12n}}}=\frac{\mathrm{e}}{3}<1,$$

由根值判别法及斯特林公式知级数$\sum\limits_{n=1}^{\infty}\dfrac{n^n}{3^n n!}$收敛,故有

原式$=0$.

1.3　函数的连续性

重要概念、公式与结论

一、函数连续的定义

1. 函数在点 x_0 连续的定义

若函数 $f(x)$ 在点 x_0 的某一邻域内有定义，且有 $\lim\limits_{x \to x_0} f(x) = f(x_0)$（或 $\lim\limits_{\Delta x \to 0} \Delta y = \lim\limits_{\Delta x \to 0} [f(x_0 + \Delta x) - f(x_0)] = 0$），则称函数 $f(x)$ 在点 x_0 处连续.

2. 开区间 (a,b) 内连续函数的定义

若函数 $f(x)$ 在开区间 (a,b) 内的每一点处都连续，则称 $f(x)$ 是 (a,b) 内的连续函数，并称 (a,b) 为 $f(x)$ 的连续区间.

3. 闭区间 $[a,b]$ 上连续函数的定义

若函数 $f(x)$ 在闭区间 $[a,b]$ 上有定义，在开区间 (a,b) 内连续，且满足

$$\lim_{x \to a^+} f(x) = f(a),\ \lim_{x \to b^-} f(x) = f(b),$$

则称 $f(x)$ 为闭区间 $[a,b]$ 上的连续函数.

二、函数的间断点

1. 函数的间断点

若函数 $f(x)$ 在点 x_0 处不连续，则称点 x_0 为 $f(x)$ 的间断点.

2. 点 x_0 为 $f(x)$ 的间断点的判定方法

$f(x)$ 在点 x_0 处没有定义.

极限 $\lim\limits_{x \to x_0} f(x)$ 不存在.

$\lim\limits_{x \to x_0} f(x) = A \neq f(x_0)$.

凡合于上面三条之中的任何一条者，均称点 x_0 为 $f(x)$ 的间断点.

3. 间断点的分类

第一类间断点：若点 x_0 是 $f(x)$的一个间断点，但是 $\lim\limits_{x\to x_0^-} f(x)$，$\lim\limits_{x\to x_0^-} f(x)$均存在，则称点 x_0 为 $f(x)$的一个第一类间断点.

在第一类间断点中，如果$\lim\limits_{x\to x_0} f(x)$存在，则称点 x_0 是可去间断点(可去间断点仍属于第一类间断点).

第二类间断点：若点 x_0 是 $f(x)$的一个间断点，但不是第一类间断点，则称它为 $f(x)$的第二类间断点(包括无穷型与振荡型的间断点).

三、连续函数的性质

①连续函数的和、差、积、商(当分母不为零时)仍是连续函数.

②单调连续函数的反函数是连续的.

③连续函数的复合函数是连续的.

④基本初等函数在其定义域内是连续的；初等函数在其定义区间内是连续的.

四、闭区间上连续函数的性质

①设 $f(x)$在闭区间$[a,b]$上连续，则 $f(x)$在$[a,b]$上有界. 即存在 $M>0$，使得当 $x\in[a,b]$时，恒有$|f(x)|\leqslant M$.

②设 $f(x)$在闭区间$[a,b]$上连续，则 $f(x)$在$[a,b]$上必有最大值 M 和最小值 m，即在闭区间$[a,b]$上必存在 m、M，使 $m\leqslant f(x)\leqslant M$ 恒成立.

③设 $f(x)$在闭区间$[a,b]$上连续，则有零值点定理：若$f(a)\cdot f(b)<0$，则在开区间(a,b)内至少存在一点 ξ，使 $f(\xi)=0$.

④设 $f(x)$在闭区间$[a,b]$上连续，则有介值定理：若 $f(a)=A\neq f(b)=B$，对于介于 A、B 之间的任意一个常数 C，在开区间(a,b)内至少存在一点 ξ，使得 $f(\xi)=C(a<\xi<b)$.

⑤设 $f(x)$在闭区间$[a,b]$上连续，若 M、m 分别是$f(x)$在$[a,b]$上的最大值与最小值. 当 μ 满足 $m<\mu<M$ 时，必存在一点 $\xi\in(a,b)$，使 $f(\xi)=\mu$ 成立.

例题选解

一、函数的连续性

(一)选择题

1. 下列函数,在定义域内处处连续的函数是

(A) $f(x)=\begin{cases}\dfrac{1-x}{1+x}, & x\neq -1,\\ 0, & x=-1.\end{cases}$　(B) $f(x)=\begin{cases}\ln x, & x>0,\\ x^2, & x\leqslant 0.\end{cases}$

(C) $f(x)=\begin{cases}\dfrac{\sqrt{1+x}-1}{\sqrt{x}}, & x>0,\\ 0, & x\leqslant 0.\end{cases}$

(D) $f(x)=\begin{cases}x^3+2x, & x\leqslant 0,\\ e^x, & x>0.\end{cases}$

答(C)

2. 设 $f(x)=\dfrac{x^2-x}{|x|(x^2-1)}$,则下列结论中错误的是

(A) $x=-1, x=0, x=1$ 为 $f(x)$ 的间断点.

(B) $x=-1$ 为 $f(x)$ 的无穷型间断点.

(C) $x=0$ 为 $f(x)$ 的可去间断点.

(D) $x=1$ 为 $f(x)$ 的第一类间断点.

答(C)

3. 设 $f(x)=\begin{cases}a, & x=0,\\ \dfrac{1-\sqrt{1-x}}{1-\sqrt[3]{1-x}}, & x\neq 0,\end{cases}$ 在 $x=0$ 处连续,则常数 a 等于

(A) $\dfrac{3}{2}$.　(B) $\dfrac{1}{2}$.　(C) 3.　(D) 1.

答(A)

4. 下列函数在点 $x=0$ 处均无定义,能够补充定义 $f(0)$ 的值,使函数在点 $x=0$ 处连续的函数为

(A) $f(x)=\mathrm{e}^{\frac{1}{x}}$.　　(B) $f(x)=x\sin\frac{1}{x}$.

(C) $f(x)=\sin\frac{1}{x}$.　　(D) $f(x)=\frac{1}{x}-\frac{x+1}{x^2}$.

答(B)

5. 函数 $f(x)=\frac{\sqrt{4-x^2}}{\sqrt{x^2-1}}$ 的连续区间为

(A) $(-\infty,-1)\cup(1,+\infty)$.

(B) $(-\infty,-1)\cup(-1,1)\cup(1,+\infty)$.

(C) $[-2,-1)\cup(-1,1)\cup(1,2]$.

(D) $[-2,-1)\cup(1,2]$.

答(D)

6. 函数 $f(x)=\mathrm{e}^{x+\frac{1}{x}}$ 在点 $x=0$ 处

(A)是连续的点.　　(B)是可去间断点.

(C)是第一类间断点.　　(D)是第二类间断点.

答(D)

7. 设 $f(x)$ 和 $\varphi(x)$ 在 $(-\infty,+\infty)$ 内有定义, $f(x)$ 为连续函数,且 $f(x)\neq 0$, $\varphi(x)$ 有间断点,则

(A) $\varphi[f(x)]$ 必有间断点.

(B) $[\varphi(x)]^2$ 必有间断点.

(C) $f[\varphi(x)]$ 必有间断点.

(D) $\frac{\varphi(x)}{f(x)}$ 必有间断点.

答(D)

8. 设函数 $f(x)=\lim\limits_{n\to\infty}\frac{1+x}{1+x^{2n}}$,讨论函数的间断点,其结论为

(A)不存在间断点.　　(B)存在间断点 $x=1$.

(C)存在间断点 $x=0$.　　(D)存在间断点 $x=-1$.

答(B)

(二)计算题

9. 设 $f(x)=\begin{cases} e^{\frac{1}{x}}+1, & x<0, \\ 1, & x=0, \\ 1+x\sin\dfrac{1}{x}, & x>0. \end{cases}$ 求 $f(x)$的连续区间.

解 $f(x)$在 $x\neq 0$ 处显然是连续的,考虑 $x=0$ 时,因为 $f(0)=1$,而 $\lim\limits_{x\to 0^-}f(x)=1$, $\lim\limits_{x\to 0^+}f(x)=1$. 故在点 $x=0$ 处,有

$$f(0)=\lim_{x\to 0}f(x)=1,$$

可知 $f(x)$在$(-\infty,+\infty)$内连续.

10. 讨论函数 $f(x)=\begin{cases} \dfrac{1}{x+5}, & x<-5, \\ \sqrt{25-x^2}, & -5\leqslant x<4, \\ 5, & x\geqslant 4 \end{cases}$ 的连续性.

解 显然,$f(x)$在$(-\infty,-5)$,$(-5,4)$及$(4,+\infty)$内连续,下面研究点 $x=-5$ 及 $x=4$ 的情形.

因为 $f(-5)=0$, $\lim\limits_{x\to -5^+}f(x)=0$. $\lim\limits_{x\to -5^-}f(x)=\infty$,所以 $x=-5$ 是第二类间断点(无穷型).

而 $f(4)=5$, $\lim\limits_{x\to 4^+}f(x)=5$, $\lim\limits_{x\to 4^-}f(x)=3$,可知 $x=4$ 是$f(x)$的第一类间断点.

11. 讨论 $f(x)=\begin{cases} \dfrac{\sin x}{x}, & x<0, \\ 1, & x=0, \\ \dfrac{2(\sqrt{1+x}-1)}{x}, & x>0 \end{cases}$ 的连续性.

解 显然 $f(x)$在 $x\neq 0$ 时是连续的,考虑在点 $x=0$ 的情形. 因为 $f(0)=1$, $\lim\limits_{x\to 0^-}f(x)=1$, $\lim\limits_{x\to 0^+}f(x)=1$. 所以 $f(x)$在 $x=0$ 处连续. 可知 $f(x)$在$(-\infty,+\infty)$内连续.

12. 讨论函数 $f(x)=\begin{cases}\dfrac{\sin 2x}{x}, & x>0,\\ \dfrac{x+1}{a}, & x\leqslant 0\end{cases}$ $(a\neq 0)$的连续性.

解 显然 $f(x)$在 $x\neq 0$ 时是连续的,考虑在点 $x=0$ 处,由于 $\lim\limits_{x\to 0^+}f(x)=2$,而

$$\lim_{x\to 0^-}f(x)=\frac{1}{a}=\begin{cases}2 & \left(a=\dfrac{1}{2}\right),\\ \dfrac{1}{a} & \left(a\neq\dfrac{1}{2}\right).\end{cases}$$

可知,当 $a=\dfrac{1}{2}$时,$f(x)$是$(-\infty,+\infty)$内的连续函数.

当 $a\neq\dfrac{1}{2}$时,$f(x)$在$(-\infty,0)\cup(0,+\infty)$内连续,$x=0$ 是$f(x)$的第一类间断点.

13. 设 $f(x)=\lim\limits_{n\to\infty}\dfrac{1}{1+x^n}$ $(x\geqslant 0)$,试求 $f(x)$的表达式,指出函数 $f(x)$的连续区间和间断点.

解 $f(x)=\begin{cases}1, & 0\leqslant x<1,\\ \dfrac{1}{2}, & x=1,\\ 0, & x>1.\end{cases}$

显然,$f(x)$在 $x\neq 1$ 时是连续的,由于 $\lim\limits_{x\to 1^+}f(x)=0$, $\lim\limits_{x\to 1^-}f(x)=1$,而 $f(1)=\dfrac{1}{2}$,知 $f(x)$的连续区间为$[0,1)\cup(1,+\infty)$,而 $x=1$ 是 $f(x)$ 的第一类间断点.

14. 设 $f(x)=\lim\limits_{n\to\infty}\dfrac{x^{2n-1}+ax^2+bx}{x^{2n}+1}$为连续函数,试确定 a 和 b 的值.

解　因为 $f(x)=\begin{cases} ax^2+bx, & |x|<1, \\ \dfrac{a-b-1}{2}, & x=-1, \\ \dfrac{a+b+1}{2}, & x=1, \\ \dfrac{1}{x}, & |x|>1. \end{cases}$

所以 $\lim\limits_{x\to1^+}f(x)=1$，$\lim\limits_{x\to1}f(x)=a+b$. 由于连续函数的极限存在，知

$$a+b=1. \qquad ①$$

另外，$\lim\limits_{x\to-1^+}f(x)=a-b$，$\lim\limits_{x\to-1^-}f(x)=-1$，可得

$$a-b=-1. \qquad ②$$

由①与②可解出 $a=0,b=1$.

15. 指出 $f(x)=\lim\limits_{n\to\infty}\dfrac{x^{2n}-1}{x^{2n}+1}x$ 间断点的类型.

解　由于 $f(x)=\begin{cases} x, & |x|>1, \\ 0, & |x|=1, \\ -x, & |x|<1. \end{cases}$

不难看出 $x=\pm1$ 是 $f(x)$的第一类间断点.

16. 讨论下列函数的连续性.

(1) $f(x)=\lim\limits_{n\to\infty}\dfrac{x^n}{1+x^n}\quad(x\geqslant0)$；

(2) $f(x)=\lim\limits_{n\to\infty}\dfrac{x^{n+2}}{\sqrt{2^{2n}+x^{2n}}}\quad(x\geqslant0)$.

解　(1)由于

$$f(x)=\begin{cases} 0, & 0\leqslant x<1, \\ \dfrac{1}{2}, & x=1, \\ 1, & x>1. \end{cases}$$

故知 $f(x)$在$[0,1)\cup(1,+\infty)$内连续，且 $x=1$ 为第一类间断点.

(2)由于

$$f(x)=\begin{cases}0, & 0\leqslant x<2,\\ 2\sqrt{2}, & x=2,\\ x^2, & x>2.\end{cases}$$

故知 $f(x)$在$[0,2)\cup(2,+\infty)$内连续,且 $x=2$ 为第一类间断点.

二、连续函数的性质

17. 设函数 $f(x)$在$[a,+\infty)$内连续,且 $\lim\limits_{x\to+\infty}f(x)$存在,试证明函数 $f(x)$在$[a,+\infty)$上有界.

证明 设 $\lim\limits_{x\to+\infty}f(x)=A$. 对任意的 $\varepsilon>0$,存在着 $N>0$,当 $x\geqslant N$ 时,取 $\varepsilon=\dfrac{1}{2}|A|$,有$|f(x)-A|<\varepsilon=\dfrac{1}{2}|A|$,

即
$$A-\frac{1}{2}|A|<f(x)<A+\frac{1}{2}|A|,$$

有
$$|f(x)|<\frac{3}{2}|A|.$$

知 $f(x)$在$(N,+\infty)$上有界. 而 $f(x)$在闭区间$[a,N]$上是连续函数,它是有界的,即存在 $M_0>0$,使得$|f(x)|\leqslant M_0$, $x\in[a,N]$. 于是 $|f(x)|\leqslant M\left(M=\max\left\{M_0,\dfrac{3}{2}|A|\right\}\right)$, $x\in[a,+\infty)$,证得 $f(x)$在$[a,+\infty)$上有界.

18. 设函数 $f(x)$在$[a,b]$上连续,且 $f(a)<a$, $f(b)>b$,试证明在(a,b)内至少存在一点 ξ,使得 $f(\xi)=\xi$.

证明 考虑函数 $F(x)=f(x)-x$, $x\in[a,b]$,则 $F(x)$是$[a,b]$上的连续函数. 因为

$$F(a)=f(a)-a<0,\ F(b)=f(b)-b>0.$$

由零值点定理知,存在一点 $\xi\in(a,b)$,使

$$F(\xi)=f(\xi)-\xi=0,$$

即
$$f(\xi)=\xi.$$

19. 设函数 $f(x)$在(a,b)内连续,且 $a<x_1<x_2<\cdots<x_n<b$. 证明在(a,b)内至少存在一点 ξ,使得

$$f(\xi)=\frac{1}{n}[f(x_1)+f(x_2)+\cdots+f(x_n)].$$

证明　由于函数 $f(x)$在闭区间$[x_1,x_n]\subset(a,b)$上连续,由最大值、最小值定理知,必存在 M 及 m,使不等式

$$m\leqslant f(x)\leqslant M,\quad x\in[x_1,x_n]$$

成立,因而有

$$m\leqslant f(x_i)\leqslant M(i=1,2,\cdots,n)$$

及

$$nm\leqslant f(x_1)+f(x_2)+\cdots+f(x_n)\leqslant nM,$$

即

$$m\leqslant\frac{1}{n}[f(x_1)+f(x_2)+\cdots+f(x_n)]\leqslant M.$$

根据闭区间上连续函数的介值定理知,必存在 $\xi\in[x_1,x_n]\subset(a,b)$,使得

$$f(\xi)=\frac{1}{n}[f(x_1)+f(x_2)+\cdots+f(x_n)],\xi\in(a,b).$$

20.证明方程 $x\ln x-2=0$ 在闭区间$[1,e]$上恰好只有一个实数根.

证明　设 $f(x)=x\ln x-2,x\in[1,e]$,则 $f(x)$是闭区间$[1,e]$上单调增加的连续函数.由于 $f(1)=-2<0,f(e)=e-2>0$,根据零值点定理知,至少存在一点 $\xi\in(1,e)$,使得

$$f(\xi)=\xi\ln\xi-2=0.$$

因为 $f(x)$是$[1,e]$上的单调增加的函数,所以 ξ 是惟一的.

21.证明方程 $x=a\sin x+b$,其中 $a>0,b>0$ 至少有一个不超过 $a+b$ 的正根.

证明　设 $f(x)=a\sin x+b-x,\ x\in[0,a+b]$,则 $f(x)$是$[0,a+b]$上的连续函数,且

$$f(0)=b>0,f(a+b)=a[\sin(a+b)-1].$$

(1)若 $\sin(a+b)=1$,则有$(a+b)=a\sin(a+b)+b$ 即方程 $x=$

$a\sin x+b$ 有一个根$(a+b)$.

(2)若 $\sin(a+b)<1$,可知 $f(a+b)<0$,由闭区间上连续函数的零值定理知,存在 ξ 使 $f(\xi)=a\sin\xi+b-\xi=0,\xi\in(0,a+b)$. 即

$$\xi=a\sin\xi+b,\xi\in(0,a+b).$$

综合(1)与(2)命题得证.

22. 设函数 $f(x)$在$[0,1]$上连续,且 $0<f(x)<1$,证明方程 $f(x)-x=0$ 在$(0,1)$内至少有一个实数根.

证明 设 $F(x)=f(x)-x$,则 $F(x)$是$[0,1]$上的连续函数,因为 $F(0)=f(0)>0,F(1)=f(1)-1<0$. 由闭区间上连续函数的零值点定理可知,至少存在一点 $\xi\in(0,1)$,使

$$F(\xi)=f(\xi)-\xi=0,$$

命题得证.

23. 设函数 $f(x)$在$[0,2a]$上连续,又 $f(0)=f(2a)$,证明在$(0,2a)$内至少存在一点 ξ,使得 $f(\xi)=f(a+\xi)$.

证明 设 $F(x)=f(x)-f(x+a),x\in[0,a]$. 则 $F(x)$是$[0,a]$上的连续函数,而

$$F(0)=f(0)-f(a),$$
$$F(a)=f(a)-f(2a)=f(a)-f(0).$$

(1)当 $f(a)\neq f(0)$时,因为 $F(0)F(a)<0$,故至少存在一点 $\xi\in(0,a)$,使

$$F(\xi)=f(\xi)-f(\xi+a)=0,$$

即

$$f(\xi)=f(\xi+a).$$

(2)当 $f(a)=f(0)$时,由于 $F(a)=0$,取 $a=\xi$,有

$$F(a)=f(a)-f(a+a)=0,$$
$$F(\xi)=f(\xi)+f(\xi+a)=0.$$

综合(1)与(2)命题得证.

24. 若 $f(x)$在 $x=0$ 点连续,$f(0)=0$, 且 $f(x+y)=f(x)+f(y)$,对于任意的 $x,y\in(-\infty,+\infty)$都成立,试证明 $f(x)$为$(-\infty,$

$+\infty)$上的连续函数.

证明　设 x 是$(-\infty,+\infty)$内的任意一点,则

$$\begin{aligned}\lim_{\Delta x\to 0}\Delta y&=\lim_{\Delta x\to 0}[f(x+\Delta x)-f(x)]\\&=\lim_{\Delta x\to 0}[f(x)+f(\Delta x)-f(x)]\\&=\lim_{\Delta x\to 0}f(\Delta x)=f(0)=0,\end{aligned}$$

由 x 的任意性,故 $f(x)$在$(-\infty,+\infty)$内连续.

25. 证明$\lim\limits_{x\to 0}(1+|x|)^{\frac{1}{x}}$不存在.

证明　由 $\lim\limits_{x\to 0^+}(1+|x|)^{\frac{1}{x}}=\lim\limits_{x\to 0^+}(1+x)^{\frac{1}{x}}=\mathrm{e}$,

而
$$\lim_{x\to 0^-}(1+|x|)^{\frac{1}{x}}=\lim_{x\to 0^-}(1-x)^{\frac{1}{x}}=\mathrm{e}^{-1}.$$

因为
$$\lim_{x\to 0^+}(1+|x|)^{\frac{1}{x}}\neq\lim_{x\to 0^-}(1+|x|)^{\frac{1}{x}},$$

所以$\lim\limits_{x\to 0}(1+|x|)^{\frac{1}{x}}$不存在.

26. 设 $f(x)=\lim\limits_{t\to x}\left(\dfrac{x-1}{t-1}\right)^{\frac{1}{x-t}}$,其中$(x-1)(t-1)>0$,试求$f(x)$的表达式,并求函数 $f(x)$在间断点处的左、右极限.

解　令 $y=x-t$,则当 $t\to x$ 时,$y\to 0$.有

$$f(x)=\lim_{t\to x}\left(\frac{x-1}{t-1}\right)^{\frac{1}{x-t}}=\lim_{y\to 0}\left(\frac{1}{1-\frac{y}{x-1}}\right)^{\frac{1}{y}}=\mathrm{e}^{\frac{1}{x-1}},$$

可知 $x=1$ 为 $f(x)$的间断点.

$$\lim_{x\to 1^-}f(x)=\lim_{x\to 1^-}\mathrm{e}^{\frac{1}{x-1}}=0,$$

$$\lim_{x\to 1^+}f(x)=\lim_{x\to 1^+}\mathrm{e}^{\frac{1}{x-1}}=+\infty.$$

第 2 章 单元函数微分学

2.1 导数与微分

重要公式与结论

一、导数定义 设函数 $y=f(x)$在点 x_0 的某邻域内有定义,$y=f(x)$在点 x_0 的导数定义为

$$f'(x_0)=\lim_{\Delta x\to 0}\frac{\Delta y}{\Delta x}=\lim_{\Delta x\to 0}\frac{f(x_0+\Delta x)-f(x_0)}{\Delta x}.$$

二、左、右导数

$$f'_+(x_0)=\lim_{x\to x_0^+}\frac{f(x)-f(x_0)}{x-x_0},$$

$$f'_-(x_0)=\lim_{x\to x_0^-}\frac{f(x)-f(x_0)}{x-x_0}.$$

分别称为函数 $f(x)$在点 x_0 的右导数与左导数.函数 $f(x)$在点 x_0 可导的充要条件是$f'_+(x_0)$和$f'_-(x_0)$存在且相等.

三、函数的连续性与可导性之间的关系

若函数 $f(x)$在点 x_0 可导,则函数 $f(x)$在点 x_0 必连续,但其逆不真.

四、微分定义 设函数 $y=f(x)$在点 x_0 的某邻域内有定义,函数的增量

$$\Delta y=f(x_0+\Delta x)-f(x_0)$$

可表示为

$$\Delta y=k\Delta x+\beta,$$

其中 k 为常数,β 是 Δx 的高阶无穷小($\Delta x\to 0$),则称 $f(x)$在点 x_0 可

微，且微分

$$dy = k\Delta x.$$

函数 $y=f(x)$ 在点 x 处可微的充分必要条件是 $f(x)$ 在该点可导，且

$$dy = f'(x)dx.$$

五、求导法则

1. 基本初等函数的导数公式

$(C)'=0.$　　$(x)'=1.$

$(x^{\mu})'=\mu x^{\mu-1}.$　　$(\sin x)'=\cos x.$

$(\cos x)'=-\sin x.$　　$(\tan x)'=\sec^2 x.$

$(\cot x)'=-\csc^2 x.$　　$(\sec x)'=\sec x\tan x.$

$(\csc x)'=-\csc x\cot x.$　　$(e^x)'=e^x.$

$(a^x)'=a^x\ln a(a>0,a\neq 1).$

$(\ln x)'=\dfrac{1}{x}.$　　$(\log_a x)'=\dfrac{1}{x\ln a}.$

$$(\arcsin x)'=\frac{1}{\sqrt{1-x^2}}.$$

$$(\arccos x)'=-\frac{1}{\sqrt{1-x^2}}.$$

$$(\arctan x)'=\frac{1}{1+x^2}.$$

$$(\operatorname{arccot} x)'=-\frac{1}{1+x^2}.$$

2. 函数和、差、积、商的求导公式

若函数 u、v 可导，则有

$$(u\pm v)'=u'\pm v'.$$

$$(cu)'=cu'(c\text{ 为常数}).$$

$$(u\cdot v)'=u'v+uv'.$$

$$\left(\frac{u}{v}\right)'=\frac{u'v-uv'}{v^2}\quad (v\neq 0).$$

例题选解

一、有关导数与微分的选择题

1. 设 $f(x)$在(a,b)内连续，且 $x_0\in(a,b)$，则在点 x_0 处

(A)$f(x)$的极限存在且可导.

(B)$f(x)$的极限存在，但不一定可导.

(C)$f(x)$的极限不存在，但可导.

(D)$f(x)$的极限不一定存在.

答(B)

2. $f(x)=|x|$，在 $x\neq0$ 点的导数 $f'(x)$为

(A)1.　(B)-1.　(C)不存在.　(D)$\frac{|x|}{x}$.

答(D)

3. 若 $f(x)$在 x_0 可导，则$|f(x)|$在 x_0 点处

(A)必可导.　(B)连续但不一定可导.

(C)一定不可导.　(D)不连续.

答(B)

4. 可微的周期函数其导数

(A)一定仍是周期函数，且周期相同.

(B)一定仍是周期函数，但周期不一定相同.

(C)一定不是周期函数.

(D)不一定是周期函数.　答(A)

5. 若 $f(x)$为$(-l,l)$内的可导奇函数，则 $f'(x)$

(A)必为$(-l,l)$内的奇函数.

(B)必为$(-l,l)$内的偶函数.

(C)必为$(-l,l)$内的非奇非偶函数.

(D)可能为奇函数，也可能为偶函数.

答(B)

6. 设函数 $f(x)$对任意 x 均满足等式 $f(1+x)=af(x)$，且有

$f'(0)=b$,其中 a、b 为非零常数,则

(A)$f(x)$在 $x=1$ 处不可导.

(B)$f(x)$在 $x=1$ 处可导,且 $f'(1)=a$.

(C)$f(x)$在 $x=1$ 处可导,且 $f'(1)=b$.

(D)$f(x)$在 $x=1$ 处可导,且 $f'(1)=ab$.

答(D)

7.设 $f(x)$为可导函数,且满足条件

$$\lim_{x\to 0}\frac{f(1)-f(1-x)}{2x}=-1,$$

则曲线 $y=f(x)$在点$(1,f(1))$处的切线斜率为

(A)2.　(B)-1.　(C)-2.　(D)$\frac{1}{2}$.

答(C)

8.若曲线 $y=x^2+ax+b$ 和 $2y=-1+xy^3$ 在点$(1,-1)$处相切,其中 a、b 是常数,则

(A)$a=0,b=-2$.　(B)$a=1,b=-3$.

(C)$a=-3,b=1$.　(D)$a=-1,b=-1$.

答(D)

9.设 $f(x)=\begin{cases}\dfrac{|x^2-1|}{x-1}, & x\neq 1,\\ 2, & x=1,\end{cases}$ 则在点 $x=1$ 处函数 $f(x)$

(A)不连续.　(B)连续,但不可导.

(C)可导,但导数不连续.　(D)可导,且导数连续.

答(A)

10.设函数 $f(x)$可导,$F(x)=f(x)(1+|\sin x|)$,则 $f(0)=0$ 是 $F(x)$在 $x=0$ 处可导的

(A)充分必要条件.

(B)充分条件,但非必要条件.

(C)必要条件,但非充分条件.

(D)既非充分条件,又非必要条件.

答(A)

二、复合函数的导数或微分

11. 设 $y=e^{\sin^2\frac{1}{x}}$,求 y'.

解 $y'=e^{\sin^2\frac{1}{x}}\cdot 2\sin\frac{1}{x}\cos\frac{1}{x}\cdot\left(-\frac{1}{x^2}\right)$

$$=-e^{\sin^2\frac{1}{x}}\frac{1}{x^2}\cdot\sin\frac{2}{x}.$$

12. 设 $y=\ln\sqrt{\frac{e^{4x}}{e^{4x}+1}}$,求 y'及$y'|_{x=0}$.

解 $y=\frac{1}{2}[4x-\ln(e^{4x}+1)]$,

$$y'=\frac{1}{2}\left(4-\frac{4e^{4x}}{e^{4x}+1}\right)=2-\frac{2e^{4x}}{e^{4x}+1}.$$

而 $y'|_{x=0}=1$.

13. 设 $y=f(e^x)e^{f(x)}$,且 $f'(x)$存在,求$\frac{dy}{dx}$.

解 $\frac{dy}{dx}=f'(e^x)e^x e^{f(x)}+f(e^x)e^{f(x)}f'(x)$

$$=e^{f(x)}[f'(e^x)e^x+f(e^x)f'(x)].$$

14. 设 $y=x^2\cdot\sqrt{1+\sqrt{x}}$,求 y'.

解 $y'=2x\sqrt{1+\sqrt{x}}+x^2\frac{1}{2\sqrt{1+\sqrt{x}}}\cdot\frac{1}{2\sqrt{x}}$

$$=\frac{8x+9x\sqrt{x}}{4\sqrt{1+\sqrt{x}}}.$$

15. 设 $y=\frac{x}{2}\sqrt{x^2-a^2}-\frac{a^2}{2}\ln(x+\sqrt{x^2-a^2})$,求 y'.

解 $y'=\frac{1}{2}\sqrt{x^2-a^2}+\frac{x}{2}\frac{x}{\sqrt{x^2-a^2}}-$

$$\frac{a^2}{2}\frac{1}{x+\sqrt{x^2-a^2}}\left(1+\frac{x}{\sqrt{x^2-a^2}}\right)$$

$$=\frac{1}{2}\sqrt{x^2-a^2}+\frac{1}{2}\frac{x^2}{\sqrt{x^2-a^2}}-\frac{1}{2}\frac{a^2}{\sqrt{x^2-a^2}}$$

$$=\sqrt{x^2-a^2}.$$

16. 设 $y=\sqrt[7]{x}+\sqrt[x]{7}+\sqrt[7]{7}$，求微分 $\mathrm{d}y|_{x=2}$.

解　$\mathrm{d}y=\left[\frac{1}{7}x^{-\frac{6}{7}}+\sqrt[x]{7}\ln 7\left(-\frac{1}{x^2}\right)\right]\mathrm{d}x$,

$$\mathrm{d}y|_{x=2}=\left[\frac{\sqrt[7]{2}}{14}-\ln 7\left(\frac{\sqrt{7}}{4}\right)\right]\mathrm{d}x.$$

17. 设 $y=a^x+\sqrt{1-a^{2x}}\arccos(a^x)$，求 $\mathrm{d}y$.

解　$y'=a^x\ln a-\frac{a^{2x}\ln a}{\sqrt{1-a^{2x}}}\arccos a^x-\sqrt{1-a^{2x}}\frac{a^x\ln a}{\sqrt{1-a^{2x}}}$,

$$\mathrm{d}y=y'\mathrm{d}x=-\frac{a^{2x}\ln a\cdot\arccos a^x}{\sqrt{1-a^{2x}}}\mathrm{d}x.$$

三、用导数定义求导数

在函数表达式中，含有抽象函数记号，仅知其连续，并不知其是否可导，求其函数导数时，必须用导数定义求；求分段函数交界点处导数也必须用导数定义. 另外，有些导数关系式的证明也必须用导数定义.

18. 设 $f(x)=(x^2-a^2)g(x)$，其中 $g(x)$ 在 $x=a$ 处连续，求 $f'(a)$.

解　$f'(a)=\lim\limits_{x\to a}\frac{f(x)-f(a)}{x-a}$

$$=\lim_{x\to a}\frac{(x^2-a^2)g(x)-0}{x-a}=2ag(a).$$

19. 已知 $f(x)=\begin{cases}\frac{\mathrm{e}^{x^2}-1}{x^2}, & x\neq 0,\\ 1, & x=0.\end{cases}$ 求 $f'(x)$.

解　当 $x\neq 0$ 时，

$$f'(x)=\frac{(2x^2-2)\mathrm{e}^{x^2}+2}{x^3},$$

当 $x=0$ 时，

$$f'(0)=\lim_{x\to0}\frac{f(x)-f(0)}{x-0}=\lim_{x\to0}\frac{\frac{e^{x^2}-1}{x^2}-1}{x}=0,$$

于是
$$f'(x)=\begin{cases}\frac{(2x^2-2)e^{x^2}+2}{x^3}, & x\neq0,\\ 0, & x=0.\end{cases}$$

20. 设 $f(x)=\begin{cases}e^x, & x<0,\\ a+bx, & x\geqslant0.\end{cases}$ 问 a 和 b 为何值时，$f(x)$在 $x=0$ 处可导？

解 因为 $\lim\limits_{x\to0^+}f(x)=\lim\limits_{x\to0^+}(a+bx)=a$,

$$\lim_{x\to0^-}f(x)=\lim_{x\to0^-}e^x=1,$$

所以 $a=1$.

又因为 $\lim\limits_{x\to0^+}\frac{f(x)-f(0)}{x-0}=\lim\limits_{x\to0^+}\frac{(1+bx)-1}{x}=b$,

$$\lim_{x\to0^-}\frac{f(x)-f(0)}{x-0}=\lim_{x\to0^-}\frac{e^x-1}{x}=1,$$

所以 $b=1$.

即
$$f(x)=\begin{cases}e^x, & x<0,\\ 1+x, & x\geqslant0.\end{cases}$$

21. 设 $f(x)$对任意的实数 x_1、x_2，有

$$f(x_1+x_2)=f(x_1)f(x_2),$$

且 $f'(0)=1$，试证 $f'(x)=f(x)$.

证明 由已知条件有 $f(x+0)=f(x)f(0)$.

因为 $f'(0)=1\neq0$，所以在零点某邻域内 $f(x)$一定不恒为零(若在零点某邻域内 $f(x)=0$，则必有 $f'(0)=0$，这与 $f'(0)=1$ 矛盾)，于是 $f(0)=1$. 又因为

$$f'(x)=\lim_{\Delta x\to0}\frac{f(x+\Delta x)-f(x)}{\Delta x}$$
$$=\lim_{\Delta x\to0}\frac{f(x)f(\Delta x)-f(x)f(0)}{\Delta x}$$

$$= f(x)\lim_{\Delta x\to 0}\frac{f(\Delta x)-f(0)}{\Delta x}$$

$$= f(x)f'(0),$$

而 $f'(0)=1$,所以 $f'(x)=f(x)$.

22. 设函数 $y=f(x)$具有连续的二阶导数,且 $f(0)=0$,证明函数

$$g(x)=\begin{cases}\dfrac{f(x)}{x}, x\neq 0,\\ f'(0), x=0\end{cases}$$

具有连续的一阶导数.

证明　$\lim\limits_{x\to 0}g(x)=\lim\limits_{x\to 0}\dfrac{f(x)}{x}=\lim\limits_{x\to 0}\dfrac{f(x)-f(0)}{x}=f'(0)=g(0)$

故 $g(x)$在 $x=0$ 处连续.

又
$$\lim_{x\to 0}\frac{g(x)-g(0)}{x}=\lim_{x\to 0}\frac{\dfrac{f(x)}{x}-f'(0)}{x}$$

$$=\lim_{x\to 0}\frac{f(x)-xf'(0)}{x^2}=\lim_{x\to 0}\frac{f'(x)-f'(0)}{2x}$$

$$=\frac{1}{2}f''(0),$$

故 $g(x)$可导,且 $g'(x)=\begin{cases}\dfrac{xf'(x)-f(x)}{x^2}, & x\neq 0,\\ \dfrac{1}{2}f''(0), & x=0.\end{cases}$

又因为　$\lim\limits_{x\to 0}g'(x)=\lim\limits_{x\to 0}\dfrac{xf'(x)-f(x)}{x^2}$

$$=\lim_{x\to 0}\frac{f'(x)+xf''(x)-f'(x)}{2x}$$

$$=\frac{1}{2}f''(0)=g'(0),$$

所以 $g'(x)$在 $x=0$ 处连续,即 $g(x)$有连续的一阶导数.

23. 证明可导的周期函数,其导数仍是周期函数且周期不变.

证明　设 $f(x)$是周期为 T 的周期函数,x 为任一实数,则有

$$f(x+T)=f(x).$$

那么
$$f'(x+T)=\lim_{\Delta x\to 0}\frac{f(x+T+\Delta x)-f(x+T)}{\Delta x}$$
$$=\lim_{\Delta x\to 0}\frac{f(x+\Delta x)-f(x)}{\Delta x}=f'(x),$$
故 $f'(x)$ 也是以 T 为周期的周期函数.

24. 证明可导偶函数的导数为奇函数.

证明 设 $f(x)$ 为偶函数,即 $f(-x)=f(x)$,则
$$f'(-x)=\lim_{\Delta x\to 0}\frac{f(-x+\Delta x)-f(-x)}{\Delta x}$$
$$=\lim_{\Delta x\to 0}\frac{f[-(x-\Delta x)]-f(x)}{\Delta x}$$
$$=\lim_{\Delta x\to 0}-\frac{f(x-\Delta x)-f(x)}{-\Delta x}=-f'(x),$$
故 $f'(x)$ 为奇函数.

四、高阶导数

25. 设 $y=f(x^2)$,求 y'', y'''.

解 $y'=2xf'(x^2)$,
$$y''=2f'(x^2)+4x^2f''(x^2),$$
$$y'''=12xf''(x^2)+8x^3f'''(x^2).$$

26. 求 $\dfrac{d^{100}}{dx^{100}}\dfrac{1}{x^2+5x+6}$.

解 $\dfrac{1}{x^2+5x+6}=\dfrac{1}{(x+3)(x+2)}=\dfrac{1}{x+2}-\dfrac{1}{x+3}$.
$$y'=\frac{-1}{(x+2)^2}-\frac{-1}{(x+3)^2},$$
$$y''=\frac{2!}{(x+2)^3}-\frac{2!}{(x+3)^3},$$
$$y'''=\frac{-3!}{(x+2)^4}-\frac{-3!}{(x+3)^4},$$
$$\cdots\quad\cdots$$

$$y^{(n)}=\frac{(-1)^n n!}{(x+2)^{n+1}}-\frac{(-1)^n n!}{(x+3)^{n+1}},$$

$$\frac{\mathrm{d}^{100}}{\mathrm{d}x^{100}}\frac{1}{x^2+5x+6}=\frac{100!}{(x+2)^{101}}-\frac{100!}{(x+3)^{101}}.$$

27. 设 $y=a_m x^m+a_{m-1}x^{m-1}+\cdots+a_1 x+a_0$，求 $y^{(n)}$.

解　当 $m<n$ 时，$y^{(n)}=0$；

当 $m=n$ 时，$y^{(n)}=a_m m!$；

当 $m>n$ 时，$y^{(n)}=a_m m(m-1)\cdots(m-n+1)x^{m-n}+a_{m-1}(m-1)\cdots(m-n)x^{m-n-1}+\cdots+a_n n!$.

28. 设 $y=\cos^2 x$，求 $y^{(n)}$.

解　$y=\cos^2 x=\frac{1}{2}+\frac{1}{2}\cos 2x$；

$$y'=\frac{1}{2}\cdot 2\cos\left(2x+\frac{\pi}{2}\right)=\cos\left(2x+\frac{\pi}{2}\right);$$

$$y''=2\cos(2x+\pi);$$

…

$$y^{(n)}=2^{n-1}\cos\left(2x+\frac{n\pi}{2}\right).$$

29. 设 $y=\frac{x^3}{1-x}$，求 $y^{(n)}$.

解　$y=\frac{x^3}{1-x}=-x^2-x-1+\frac{1}{1-x}$；

$$y'=-2x-1+\frac{1}{(1-x)^2};$$

$$y''=-2+\frac{2}{(1-x)^3};$$

…

$$y^{(n)}=\frac{n!}{(1-x)^{n+1}}\quad(n\geqslant 3).$$

30. 设 $f(x)=\arctan x$，求 $f^{(n)}(0)$.

解　$f'(x)=\frac{1}{1+x^2}$，

即 $(1+x^2)f'(x)=1.$

两边对 x 求 $n-1$ 阶导数,得

$$f^{(n)}(x)(1+x^2)+(n-1)f^{(n-1)}(x)2x+\frac{(n-1)(n-2)}{2}f^{(n-2)}(x)\cdot 2=0,$$

取 $x=0$ 得递推公式

$$f^{(n)}(0)=-(n-1)(n-2)f^{(n-2)}(0),$$

显然有

$$f^{(0)}(0)=\arctan x\big|_{x=0}=0,$$

$$f'(0)=\frac{1}{1+x^2}\bigg|_{x=0}=1.$$

所以由上面递推公式得

$$f^{(n)}(0)=\begin{cases}0, & n=2m,\\ (-1)^m(2m)!, & n=2m+1\end{cases}\quad(m=0,1,2,\cdots).$$

五、隐函数的导数

由方程 $F(x,y)=0$ 所确定的函数 $y=y(x)$ 的求导问题,一般方法是将方程两边对 x 求导(注意 y 是 x 函数),然后解出 y'.

31. 设方程 $xy-e^x+e^y=0$ 确定了 y 是 x 函数,求 $\frac{dy}{dx}$ 及 $\frac{dy}{dx}\Big|_{x=0}$.

解 方程两边对 x 求导,得

$$y+xy'-e^x+e^yy'=0$$

则

$$\frac{dy}{dx}=\frac{e^x-y}{e^y+x}.$$

因为当 $x=0$ 时,$y=0$,代入上式得

$$\frac{dy}{dx}\bigg|_{\substack{x=0\\y=0}}=1.$$

32. 设方程 $\arctan\frac{y}{x}=\ln\sqrt{x^2+y^2}$,确定 $y=y(x)$,求 y'.

解 方程两边对 x 求导,有

$$\frac{1}{1+\frac{y^2}{x^2}}\ \frac{xy'-y}{x^2}=\frac{1}{2}\ \frac{2x+2yy'}{x^2+y^2},$$

则
$$y'=\frac{x+y}{x-y}.$$

33. 设 $y=y(x)$是由方程
$$2x-\int_1^y e^{-t^2}\,dt=xy$$
所确定的隐函数,求$\frac{dy}{dx},\left.\frac{dy}{dx}\right|_{x=0}$.

解　方程两对 x 求导,得
$$2-e^{-y^2}\frac{dy}{dx}=y+x\frac{dy}{dx},$$
$$\frac{dy}{dx}=\frac{2-y}{x+e^{-y^2}}.$$
当 $x=0$ 代入原方程,得 $-\int_1^y e^{-t^2}\,dt=0$.

因为被积函数 $e^{-t^2}>0$,所以 $y=1$.
$$\left.\frac{dy}{dx}\right|_{\substack{x=0\\y=1}}=e.$$

对某些显函数的导数,采用取对数的求导法较为方便,即先取对数,然后按隐函数的求导方法求其导数.

34. 设 $y=\frac{(x-2)^3\sqrt{x-5}}{\sqrt[3]{x+1}}$,求 y'.

解　对上等式两边取对数,得
$$\ln y=3\ln(x-2)+\frac{1}{2}\ln(x-5)-\frac{1}{3}\ln(x+1).$$
在隐函数方程两边对 x 求导,得
$$\frac{1}{y}y'=\frac{3}{x-2}+\frac{1}{2(x-5)}-\frac{1}{3(x+1)},$$
$$y'=\frac{(x-2)^3\sqrt{x-5}}{\sqrt[3]{x+1}}\left(\frac{3}{x-2}+\frac{1}{2(x-5)}-\frac{1}{3(x+1)}\right).$$

35. 设 $y=\frac{(\ln x)^x}{x^{\ln x}}$,求 y'.

解 先取对数，得

$$\ln y = x\ln\ln x - (\ln x)^2,$$

两边对 x 求导，得

$$\frac{1}{y}y' = \ln\ln x + \frac{1}{\ln x} - \frac{2\ln x}{x},$$

即 $$\frac{y'}{y} = \frac{1}{x\ln x}(x\ln x \cdot \ln\ln x + x - 2\ln^2 x),$$

所以 $$y' = \frac{(\ln x)^{x-1}}{x^{\ln x+1}}(x\ln x \cdot \ln\ln x + x - 2\ln^2 x).$$

36. 已知曲线 $x^2 + 2xy + y^2 - 4x - 5y + 3 = 0$ 的切线平行于直线 $2x + 3y = 0$，求此切线方程.

解 设曲线上所求切点的坐标为 (x, y)，对

$$x^2 + 2xy + y^2 - 4x - 5y + 3 = 0$$

两边关于 x 求导，得

$$2x + 2y + 2xy' + 2yy' - 4 - 5y' = 0,$$

有 $$y' = \frac{4 - 2x - 2y}{2x + 2y - 5}.$$

因为所求切线与直线 $2x + 3y = 0$ 平行，所以

$$\frac{4 - 2x - 2y}{2x + 2y + 5} = -\frac{2}{3}.$$

有 $$x + y - 1 = 0.$$

联立 $$\begin{cases} x^2 + 2xy + y^2 - 4x - 5y + 3 = 0, \\ x + y - 1 = 0, \end{cases}$$

可得切点坐标 $$x = 1, y = 0.$$

故所求切线为 $$y = -\frac{2}{3}(x - 1).$$

六、参量函数的导数

对于参量函数

$$\begin{cases} x = \varphi(t), \\ y = \psi(t), \end{cases}$$

其中 $\varphi(t)$，$\psi(t)$都是可微函数，且 $\varphi'(t)\neq 0$，则 y 对 x 的导数仍然是参量函数

$$\begin{cases} x=\varphi(t), \\ \dfrac{\mathrm{d}y}{\mathrm{d}x}=\dfrac{\psi'(t)}{\varphi'(t)}. \end{cases}$$

如果忽视这一点，在求高阶导数时，容易产生错误.

37. 设$\begin{cases} x=\ln\cos t, \\ y=\sin t-t\cos t, \end{cases}$求$\dfrac{\mathrm{d}y}{\mathrm{d}x}$，$\left.\dfrac{\mathrm{d}^2y}{\mathrm{d}x^2}\right|_{t=\frac{\pi}{3}}$.

解 $$\frac{\mathrm{d}y}{\mathrm{d}x}=\frac{\cos t-(\cos t-t\sin t)}{-\dfrac{\sin t}{\cos t}}=-t\cos t,$$

$$\frac{\mathrm{d}^2y}{\mathrm{d}x^2}=\frac{-\cos t+t\sin t}{-\dfrac{\sin t}{\cos t}}=\cos t(\cot t-t),$$

$$\left.\frac{\mathrm{d}^2y}{\mathrm{d}x^2}\right|_{t=\frac{\pi}{3}}=\frac{1}{6}(\sqrt{3}-\pi).$$

38. (1)设$\begin{cases} x=f'(t), \\ y=tf'(t)-f(t), \end{cases}$其中 $f(t)$具有二阶导数，且$f''(t)\neq 0$，求$\dfrac{\mathrm{d}^2y}{\mathrm{d}x^2}$.

(2)设$\begin{cases} x=a(t-\sin t), \\ y=a(1-\cos t), \end{cases}$求$\dfrac{\mathrm{d}^2x}{\mathrm{d}y^2}$.

解 (1)$$\frac{\mathrm{d}y}{\mathrm{d}x}=\frac{y'(t)}{x'(t)}=\frac{f'(t)+tf''(t)-f'(t)}{f''(t)}=t,$$

$$\frac{\mathrm{d}^2y}{\mathrm{d}x^2}=\left(\frac{\mathrm{d}y}{\mathrm{d}x}\right)_t'\Big/x_t'=\frac{1}{f''(t)}.$$

(2)$$\frac{\mathrm{d}x}{\mathrm{d}y}=\frac{x'(t)}{y'(t)}=\frac{a(1-\cos t)}{a\sin t}=\tan\frac{t}{2},$$

$$\frac{\mathrm{d}^2x}{\mathrm{d}y^2}=\left(\frac{\mathrm{d}x}{\mathrm{d}y}\right)_t'\Big/y'(t)=\frac{\dfrac{1}{2}\sec^2\dfrac{t}{2}}{a\sin t}$$

$$=\frac{1}{4a}\sec^3\frac{t}{2}\csc\frac{t}{2}.$$

39. 设 $y=y(x)$ 是由方程组 $\begin{cases}x=3t^2+2t+3,\\ e^y\cdot\sin t-y+1=0\end{cases}$ 所确定的隐函数，求 $\left.\frac{d^2y}{dx^2}\right|_{t=0}$.

解 从 $e^y\cdot\sin t-y+1=0$ 中，可得

$$y_t'=\frac{e^y\cos t}{1-e^y\sin t}=\frac{e^y\cos t}{2-y},$$

于是 $\frac{dy}{dx}=\frac{y_t'}{x_t'}=\frac{e^y\cos t}{2(3t+1)(2-y)}$,

$$\frac{d^2y}{dx^2}=\frac{d\left(\frac{dy}{dx}\right)}{dx}=\left[\frac{e^y\cos t}{2(3t+1)(2-y)}\right]_t'\Big/2(3t+1)$$

$$=\frac{1}{4(3t+1)^3(2-y)^2}\{(3t+1)(2-y)(\cos t\cdot e^y\cdot y_t'-e^y\sin t)-e^y\cos t[3(2-y)+(3t+1)(-y_t')]\}.$$

因为 $y|_{t=0}=1, y'|_{t=0}=e$, 于是

$$\left.\frac{d^2y}{dx^2}\right|_{t=0}=\frac{e(2e-3)}{4}.$$

40. 求曲线 $\begin{cases}x+t(1-t)=0,\\ te^y+y+1=0\end{cases}$ 在 $t=0$ 处的切线方程.

解 先求 $\frac{dy}{dt}$，因为 $e^y+te^y\cdot\frac{dy}{dt}+\frac{dy}{dt}=0$，所以

$$\frac{dy}{dt}=\frac{-e^y}{(1+te^y)},$$

$$\frac{dx}{dt}=2t-1,$$

$$\left.\frac{dy}{dx}\right|_{t=0}=\frac{1}{e}.$$

当 $t=0$ 时，$x=0, y=-1$.

于是切线方程为 $$y+1=\frac{1}{\mathrm{e}}x,$$
即 $$x-\mathrm{e}y-\mathrm{e}=0.$$

41. 设曲线 C 的方程为

$$\begin{cases} x=\ln\tan\dfrac{t}{2}+\cos t, \\ y=\sin t, \end{cases}$$

设曲线 C 上任意点 P 处的切线与 x 轴的交点为 T,证明线段 PT 的长度为常数.

证明　设点 P 的坐标为(x_0,y_0),则有

$$\begin{cases} x_0=\ln\tan\dfrac{t_0}{2}+\cos t_0, \\ y_0=\sin t_0, \end{cases}$$

$$\left.\frac{\mathrm{d}y}{\mathrm{d}x}\right|_{t=t_0}=\frac{\cos t_0}{\dfrac{1}{2\tan\dfrac{t_0}{2}\cos^2\dfrac{t_0}{2}}-\sin t_0}$$

$$=\frac{\cos t_0\cdot\sin t_0}{\cos^2 t_0}=\tan t_0,$$

于是切线方程为

$$y-y_0=\tan t_0(x-x_0).$$

令 $y=0$,得

$$\begin{aligned} x&=x_0-y_0\cot t_0 \\ &=\ln\tan\frac{t_0}{2}+\cos t_0-\sin t_0\cdot\cot t_0 \\ &=\ln\tan\frac{t_0}{2}, \end{aligned}$$

故过 P 处的切线与 x 轴交点 T 的坐标为

$$\left(\ln\tan\frac{t_0}{2},0\right).$$

所以 $$\overline{PT}=\sqrt{(\cos t_0)^2+(\sin t_0)^2}=1$$

为一常数.

七、综合题

42. 设 $f(x)=\begin{cases}1+x-x^2, & x\geqslant 0,\\ (1+x)^x, & x<0.\end{cases}$ 试讨论 $f(x)$ 在点 $x=0$ 的连续性与可导性.

解 $f(0^+)=\lim\limits_{x\to 0^+}(1+x-x^2)=1$,

$f(0^-)=\lim\limits_{x\to 0^-}(1+x)^x=1$,

而 $f(0)=1$,所以 $f(x)$ 在 $x=0$ 连续.

$$f'_+(0)=\lim_{x\to 0^+}\frac{(1+x-x^2)-1}{x}=\lim_{x\to 0^+}(1-x)=1.$$

$$f'_-(0)=\lim_{x\to 0^-}\frac{(1+x)^x-1}{x}$$

$$=\lim_{x\to 0^-}(1+x)^x\left[\ln(1+x)+\frac{x}{1+x}\right]=0.$$

所以 $f(x)$ 在 $x=0$ 点不可导.

43. 设 $f(x)$ 在 $[a,b]$ 上连续,且 $f(a)=f(b)=0$, $f'(a)f'(b)>0$,试证明在 (a,b) 内至少有一个 c,使 $f(c)=0$.

证明 不妨设 $f'(a)>0$, $f'(b)>0$.

由 $\lim\limits_{x\to a+0}\dfrac{f(x)-f(a)}{x-a}=f'(a)>0$,则存在 $\delta_1>0$,使 $x\in(a,a+\delta_1)$ 时 $\dfrac{f(x)-f(a)}{x-a}=\dfrac{f(x)}{x-a}>0$,即 $f(x)>0$. 由

$$\lim_{x\to b-0}\frac{f(x)-f(b)}{x-b}=f'(b)>0,$$

则存在 δ_2,使得 $x\in(b-\delta_2,b)$ 时,

$$\frac{f(x)-f(b)}{x-b}=\frac{f(x)}{x-b}>0,$$

即 $f(x)<0$. 因为 $f(x)$ 在 $(a,a+\delta_1)$ 为正,在 $(b-\delta_2,b)$ 为负,故由 $f(x)$ 在 $[a,b]$ 的连续性知在 (a,b) 内至少存在一个 c,使 $f(c)=0$.

对于 $f'(a)<0$, $f'(b)<0$ 情形同理可证.

44. 设 $f(x)$、$g(x)$是定义在$(-\infty,+\infty)$上的两个函数，对于任意的 x_1、$x_2\in(-\infty,+\infty)$，恒有 $f(x_1+x_2)=f(x_1)f(x_2)$及 $f(x)=1+xg(x)$，且$\lim\limits_{x\to 0}g(x)=1$，试证明 $f(x)$在$(-\infty,+\infty)$上处处可导.

证明

$$\begin{aligned} f'(x) &= \lim_{\Delta x\to 0}\frac{f(x+\Delta x)-f(x)}{\Delta x} \\ &= \lim_{\Delta x\to 0}\frac{f(x)f(\Delta x)-f(x)}{\Delta x} \\ &= \lim_{\Delta x\to 0}\frac{f(x)[f(\Delta x)-1]}{\Delta x} \\ &= \lim_{\Delta x\to 0}\frac{f(x)[\Delta x g(\Delta x)]}{\Delta x} \\ &= \lim_{\Delta x\to 0}f(x)g(\Delta x)=f(x)\left(\text{因为}\lim_{x\to 0}g(x)=1\right). \end{aligned}$$

因为 $f(x)$在$(-\infty,+\infty)$上有定义，而 $f'(x)=f(x)$，所以$f'(x)$在$(-\infty,+\infty)$上存在. 于是 $f(x)$在$(-\infty,+\infty)$上处处可导.

45. 已知$\begin{cases} x=\mathrm{e}^t\sin t, \\ y=\mathrm{e}^t\cos t. \end{cases}$试计算$(x+y)^2y''-2(xy'-y)$.

解

$$y'=\frac{\mathrm{e}^t\cos t-\mathrm{e}^t\sin t}{\mathrm{e}^t\sin t+\mathrm{e}^t\cos t}=\frac{y-x}{y+x},$$

$$\begin{aligned} y'' &= \frac{(y+x)(y'-1)-(y-x)(y'+1)}{(y+x)^2} \\ &= \frac{(y+x)\left(\dfrac{y-x}{y+x}-1\right)-(y-x)\left(\dfrac{y-x}{y+x}+1\right)}{(y+x)^2} \\ &= \frac{-2(x^2+y^2)}{(y+x)^3}, \end{aligned}$$

所以

$$\begin{aligned} &(x+y)^2y''-2(xy'-y) \\ &=(x+y)^2\cdot\frac{-2(x^2+y^2)}{(y+x)^3}-2\left(x\cdot\frac{y-x}{y+x}-y\right) \\ &=\frac{-2(x^2+y^2)}{y+x}+\frac{2(x^2+y^2)}{y+x}=0. \end{aligned}$$

46. 证明$\left(x^{n-1}\mathrm{e}^{\frac{1}{x}}\right)^{(n)}=(-1)^n\dfrac{\mathrm{e}^{\frac{1}{x}}}{x^{n+1}}$　(n 为自然数).

证明 用数学归纳法证之.

当 $n=1$ 时,有

$$(e^{\frac{1}{x}})'=-\frac{1}{x^2}e^{\frac{1}{x}}=(-1)^1\frac{e^{\frac{1}{x}}}{x^{1+1}},\text{等式成立}.$$

设 $n=k$ 时,等式

$$(x^{k-1}e^{\frac{1}{x}})^{(k)}=(-1)^k\frac{e^{\frac{1}{x}}}{x^{k+1}}\text{成立}.$$

当 $n=k+1$ 时,有

$$\begin{aligned}(x^k e^{\frac{1}{x}})^{(k+1)}&=\{[x(x^{k-1}e^{\frac{1}{x}})]^{(k)}\}'\\&=[x(x^{k-1}e^{\frac{1}{x}})^{(k)}+k(x^{k-1}e^{\frac{1}{x}})^{(k-1)}]'\\&=\left[x(-1)^k\frac{e^{\frac{1}{x}}}{x^{k+1}}\right]'+k(x^{k-1}e^{\frac{1}{x}})^{(k)}\\&=(-1)^{k+1}\frac{(x^{k-2}+kx^{k-1})e^{\frac{1}{x}}}{x^{2k}}+k(-1)^k\frac{e^{\frac{1}{x}}}{x^{k+1}}\\&=(-1)^{k+1}\frac{e^{\frac{1}{x}}}{x^{k+2}},\end{aligned}$$

所以等式在 $n=k+1$ 时也成立.由数学归纳法,等式

$$(x^{n-1}e^{\frac{1}{x}})^{(n)}=(-1)^n\frac{e^{\frac{1}{x}}}{x^{n+1}}\text{成立}.$$

47.(1)若函数 $f(x)$在点 x_0 有导数,而 $g(x)$在该点没有导数;

(2)若函数 $f(x)$和 $g(x)$在 x_0 都没有导数.

在以上两种情况下,能否断定它们的和式 $f(x)+g(x)$在 x_0 处没有导数?

解 (1)能够断定 $f(x)+g(x)$在 x_0 没有导数.

反证法,令 $F(x)=f(x)+g(x)$在 x_0 可导,则

$$g(x)=F(x)-f(x).$$

由于 $F(x)$、$f(x)$在 x_0 可导,所以 $g(x)$在 x_0 也可导,这与已知条件 $g(x)$在 x_0 不可导矛盾.于是 $f(x)+g(x)$在 x_0 不可导.

(2)不能断定 $f(x)+g(x)$ 没有导数. 例如

$$f(x)=1-\frac{1}{x},g(x)=\frac{1}{x},$$

则 $f(x)$、$g(x)$ 在 $x=0$ 处不可导,但 $f(x)+g(x)\equiv 1$ 在 $x=0$ 处可导.

2.2　微分中值定理

重要公式与结论

一、罗尔定理

设函数 $f(x)$ 在 $[a,b]$ 上连续,在 (a,b) 内可微,且 $f(a)=f(b)$,则至少存在一点 $\xi\in(a,b)$,使得

$$f'(\xi)=0.$$

二、拉格朗日定理

设函数 $f(x)$ 在 $[a,b]$ 上连续,在 (a,b) 内可微,则至少存在一点 $\xi\in(a,b)$,使得

$$f(b)-f(a)=f'(\xi)(b-a).$$

三、柯西定理

设函数 $f(x)$、$g(x)$ 在 $[a,b]$ 上连续,在 (a,b) 内可微,且 $g'(x)\neq 0$,则至少存在一点 $\xi\in(a,b)$,使得

$$\frac{f(b)-f(a)}{g(b)-g(a)}=\frac{f'(\xi)}{g'(\xi)}.$$

四、泰勒定理

设函数 $f(x)$ 在点 x_0 某邻域内具有直到 $n+1$ 阶导数,则对于该邻域内任意点 x,有泰勒公式

$$f(x)=f(x_0)+f'(x_0)(x-x_0)+\frac{f''(x_0)}{2!}(x-x_0)^2$$

$$+\cdots+\frac{f^{(n)}(x_0)}{n!}(x-x_0)^n+R_n(x),$$

其中 $R_n(x)=\dfrac{f^{(n+1)}(\xi)}{(n+1)!}(x-x_0)^{n+1}$ （ξ 在 x_0 与 x 之间）.

当 $x_0=0$ 时，得麦克劳林公式

$$f(x)=f(0)+f'(0)x+\frac{f''(0)}{2!}x^2+\cdots+\frac{f^{(n)}(0)}{n!}x^n+R_n(x),$$

其中 $$R_n(x)=\frac{f^{(n+1)}(\theta x)}{(n+1)!}x^{n+1}\quad(0<\theta<1).$$

五、初等函数的麦克劳林展开式

$$e^x=1+x+\frac{x^2}{2!}+\cdots+\frac{x^n}{n!}+\frac{e^\xi}{(n+1)!}x^{n+1}\text{（}\xi\text{ 介于 0 与 }x\text{ 之间）}.$$

$$\sin x=x-\frac{x^3}{3!}+\frac{x^5}{5!}+\cdots+(-1)^{n-1}\frac{x^{2n-1}}{(2n-1)!}+$$
$$(-1)^n\frac{\sin\xi}{(2n)!}x^{2n}\quad\text{（}\xi\text{ 介于 0 与 }x\text{ 之间）}.$$

$$\cos x=1-\frac{x^2}{2!}+\frac{x^4}{4!}+\cdots+(-1)^n\frac{x^{2n}}{(2n)!}+$$
$$(-1)^{n+1}\frac{x^{2n+1}}{(2n+1)!}\sin\xi\quad\text{（}\xi\text{ 介于 0 与 }x\text{ 之间）}.$$

$$\ln(1+x)=x-\frac{x^2}{2}+\frac{x^3}{3}-\cdots+(-1)^{n-1}\frac{x^n}{n}+$$
$$(-1)^n\frac{x^{n+1}}{(n+1)(1+\xi)^{n+1}}\quad\text{（}\xi\text{ 介于 0 与 }x\text{ 之间）}.$$

$$(1+x)^\alpha=1+\alpha x+\frac{\alpha(\alpha-1)}{2!}x^2+\cdots+\frac{\alpha(\alpha-1)\cdots(\alpha-n+1)}{n!}x^n+$$
$$\frac{\alpha(\alpha-1)\cdots(\alpha-n)}{(n+1)!}(1+\theta x)^{\alpha-n-1}x^{n+1}\quad(0<\theta<1).$$

例题选解

应用中值定理解题，涉及到的题目类型大体有三种：一是研究函数或导函数所对应的方程的根的个数及根的范围；二是根据函数的性质研究导函数性质，或者是根据导函数性质研究函数性质；三是不等式的证明.

在解决以上问题时，究竟应用哪一个定理选择什么函数，在什么区间或邻域上应用中值定理？这是应用中值定理解题时首先要考虑的问题．一般说来，当问题涉及到高阶导数时，往往考虑使用泰勒定理；对于只涉及一阶导数的问题时，常常考虑应用罗尔定理或拉格朗日定理或柯西定理．而区别这三个定理特点是十分必要的：罗尔定理与拉格朗日定理的区别，在于前者要求函数在区间端点的值相等；拉格朗日定理与柯西定理的区别在于后者联系了两个函数．另外对于涉及二阶导数的情况，有时需要考虑两次利用中值定理，或者直接用泰勒定理，究竟选择哪种解法，要具体问题具体分析．

在应用中值定理进行推理、判断时，往往需要构造辅助函数，对辅助函数在适当区间或邻域上应用中值定理，辅助函数的构造、区间或邻域的选择，在较大程度上依赖于所要证明的结论．

一、中值定理选择题

1．设 $f(x)=\begin{cases}3-x^2, & 0\leqslant|x|\leqslant 1,\\ \dfrac{2}{x}, & 1\leqslant|x|\leqslant 2,\end{cases}$ 则在区间 $(0,2)$ 内适合 $f(2)-f(0)=f'(\zeta)\cdot(2-0)$ 的 ζ 值

(A)只有一个．　　(B)不存在．

(C)有两个．　　(D)有三个．

答(C)

2．使函数 $f(x)=\sqrt[3]{x^2(1-x^2)}$ 适合罗尔定理条件的区间是

(A)$[0,1]$．　　(B)$[-1,1]$．

(C)$[-2,2]$．　　(D)$\left[-\dfrac{3}{5},\dfrac{4}{5}\right]$．

答(A)

3．设 $ab<0$，$f(x)=\dfrac{1}{x}$ 则在 $a<x<b$ 内使 $f(b)-f(a)=f'(\zeta)(b-a)$ 成立的点 ζ

(A)只有一点．　　(B)有两点．

(C)不存在. (D)是否存在与 a、b 之值有关.

答(C)

4. 若函数 $f(x)$ 在区间 (a,b) 内可导, x_1 和 x_2 是区间 (a,b) 内任意两点 $(x_1<x_2)$, 则至少存在一点 ζ, 使有

(A) $f(b)-f(a)=f'(\zeta)(b-a)$, 其中 $a<\zeta<b$.

(B) $f(b)-f(x_1)=f'(\zeta)(b-x_1)$, 其中 $x_1<\zeta<b$.

(C) $f(x_2)-f(x_1)=f'(\zeta)(x_2-x_1)$, 其中 $x_1<\zeta<x_2$.

(D) $f(x_2)-f(a)=f'(\zeta)(x_2-a)$, 其中 $a<\zeta<x_2$.

答(C)

5. 设 $f(x)$ 在闭区间 $[-1,1]$ 上连续, 在开区间 $(-1,1)$ 内可导, 且 $|f'(x)|\leqslant M$, $f(0)=0$, 则必有

(A) $|f(x)|\geqslant M$. (B) $|f(x)|>M$.

(C) $|f(x)|\leqslant M$. (D) $|f(x)|<M$.

答(C)

6. 若 $f(x)$ 在开区间 (a,b) 内可导, 且对 (a,b) 内任意两点 x_1、x_2 恒有 $|f(x_2)-f(x_1)|\leqslant(x_2-x_1)^2$, 则必有

(A) $f'(x)\neq 0$. (B) $f'(x)=x$.

(C) $f(x)=x$. (D) $f(x)=C$(常数).

答(D)

7. 设 $f(x)$、$g(x)$ 在 $[a,b]$ 上可导, 且 $f'(x)>g'(x)$, 则当 $a<x<b$ 时

(A) $f(x)>g(x)$. (B) $f(x)+g(a)>f(a)+g(x)$.

(C) $f(x)<g(x)$. (D) $f(x)+g(b)>f(b)+g(x)$.

答(B)

二、中值定理证明题

8. 设 $f(x)=x(x-1)(x-2)(x-3)$, 不用求导数, 说明方程 $f'(x)=0$ 有几个实根, 并指出它们所在的区间.

解 因为 $f(x)$ 在 $[0,1]$, $[1,2]$, $[2,3]$ 三个区间上均连续可导, 且

$f(0)=f(1)$,$f(1)=f(2)$,$f(2)=f(3)$,所以在三个区间上分别应用罗尔定理,则

至少有一个 ζ_1,使 $f'(\zeta_1)=0$,$\zeta_1\in(0,1)$;

至少有一个 ζ_2,使 $f'(\zeta_2)=0$,$\zeta_2\in(1,2)$;

至少有一个 ζ_3,使 $f'(\zeta_3)=0$,$\zeta_3\in(2,3)$.

又因为 $f(x)$为四次函数,则 $f'(x)=0$ 为三次方程,至多有三个实根.因此 $f'(x)=0$ 有且只有三个实根,分别在$(0,1)$,$(1,2)$,$(2,3)$三个区间内.

9.设 $a_0,a_1,\cdots a_n$ 是满足

$$a_0+\frac{a_1}{2}+\frac{a_2}{3}+\cdots+\frac{a_n}{n+1}=0$$

的实数,试证方程

$$a_0+a_1x+a_2x^2+\cdots+a_nx^n=0$$

在$(0,1)$内至少有一个实根.

证明　设 $f(x)=a_0x+\frac{a_1}{2}x^2+\frac{a_2}{3}x^3+\cdots+\frac{a_n}{n+1}x^{n+1}$,显然 $f(x)$在$[0,1]$上连续,在$(0,1)$内可导,且

$$f(0)=0,f(1)=a_0+\frac{a_1}{2}+\frac{a_2}{3}+\cdots+\frac{a_n}{n+1}=0.$$

所以,$f(x)$在$[0,1]$上满足罗尔定理三个条件,于是至少有一个 $\xi\in(0,1)$,使得

$$f'(\xi)=a_0+a_1\xi+a_2\xi^2+\cdots+a_n\xi^n=0,$$

即方程　$a_0+a_1x+a_2x^2+\cdots+a_nx^n=0$

在$(0,1)$内至少有一个实根.

10.设 $f(x)$在$[a,b]$上可微,且 $f'_+(a)>0$,$f'_-(b)>0$,$f(a)=f(b)=A$,试证明 $f'(x)$在(a,b)内至少有两个零点.

证明　$$f'_+(a)=\lim_{x\to a^+}\frac{f(x)-f(a)}{x-a}>0,$$

可知存在 $x_1\in(a,a+\delta)(\delta>0)$,使

$$\frac{f(x_1)-f(a)}{x_1-a}>0,$$

即 $f(x_1)>f(a)=A$. 同理,由 $f'_-(b)>0$,可知存在 $x_2\in(b-\delta,b)$ $(\delta>0)$,使 $f(x_2)<f(b)=A$. 由连续函数的介值定理,存在 $\eta\in(x_1,x_2)$,使 $f(\eta)=A$.

在 $[a,\eta]$,$[\eta,b]$ 上分别用罗尔定理,至少存在 $\xi_1\in(a,\eta)\subset(a,b)$,使 $f'(\xi_1)=0$,至少存在 $\xi_2\in(\eta,b)\subset(a,b)$,使 $f'(\xi_2)=0$.

所以 $f'(x)$ 在 (a,b) 内至少有两个零点.

11. 设 $f(x)$ 在 $[a,+\infty)$ 上连续,且当 $x>a$ 时,$f'(x)>k>0$,其中 k 为常数,试证若 $f(a)<0$,则方程 $f(x)=0$ 在 $\left(a,a-\dfrac{f(a)}{k}\right)$ 内有且仅有一个实根.

证明 由拉格朗日定理知

$$f\left(a-\frac{f(a)}{k}\right)-f(a)=f'(\xi)\left[-\frac{f(a)}{k}\right],$$

$$\xi\in\left(a,a-\frac{f(a)}{k}\right),$$

即
$$f\left(a-\frac{f(a)}{k}\right)=f(a)\left[\frac{k-f'(\xi)}{k}\right].$$

因为 $f(a)<0$,$f'(\xi)>k>0$,所以

$$f\left(a-\frac{f(a)}{k}\right)=f(a)\left[1-\frac{f'(\xi)}{k}\right]>0,$$

又因为 $f'(x)>0$,即 $f(x)$ 为单调增函数,所以 $f(x)=0$ 在 $\left(a,a-\dfrac{f(a)}{k}\right)$ 内有且仅有一个实根.

12. 试证方程 $x^3+x-1=0$ 只有一个正实根.

证明 设 $f(x)=x^3+x-1$,它在 $[0,1]$ 上连续,且 $f(0)=-1$,$f(1)=1$,由连续函数的介值定理知 $f(x)=0$ 在 $(0,1)$ 内至少有一个实根.

下面证明只有一个实根,用反证法.

设有两个根 x_1、x_2 满足 $f(x_1)=0, f(x_2)=0$，且 $0<x_1<x_2$，则对 $f(x)$ 在 $[x_1,x_2]$ 上应用罗尔定理可知：至少存在一点 $\xi\in(x_1,x_2)$，使

$$f'(\xi)=3\xi^2+1=0.$$

从上式显然看出这样的 ξ 在实数范围内是不存在的. 故方程 $x^3+x-1=0$ 有且只有一个正实根.

注意　从以上两题说明论证方程只有一个根时，一般需分别证明存在性与惟一性. 存在性的证明往往利用中值定理或闭区间上连续函数的介值定理证之；而惟一性经常用反证法或借助函数的单调性来证明.

13. 设 $f(x)$ 在 $[0,1]$ 上可导，且 $0<f(x)<1$，对于任何 $x\in(0,1)$，都有 $f'(x)\neq 1$，试证在 $(0,1)$ 内，有且仅有一个数 x，使 $f(x)=x$.

证明　先证存在性. 令 $g(x)=f(x)-x$，显然有

$$g(0)=f(0)>0, g(1)=f(1)-1<0.$$

因为 $g(x)$ 在 $[0,1]$ 上连续，由闭区间上连续函数的介值定理，必存在 $x_0\in(0,1)$，使

$$g(x_0)=0，即 f(x_0)=x_0.$$

再证惟一性，用反证法. 设有两个点 x_1、x_2 均使得 $f(x_1)=x_1$，$f(x_2)=x_2$，其中令 $x_1<x_2$，且 $x_1,x_2\in(0,1)$，在以 x_1、x_2 为端点的区间上应用拉格朗日中值定理，有

$$f'(\xi)=\frac{f(x_2)-f(x_1)}{x_2-x_1}=\frac{x_2-x_1}{x_2-x_1}=1, \xi\in(x_1,x_2),$$

这与 $f'(x)\neq 1$ 矛盾. 所以在 $(0,1)$ 内有且只有一个 x，使 $f(x)=x$ 成立.

14. 设 $f(x)$ 在点 x_0 的邻域内有连续的导数 $f'(x)$，且 $a_n<x_0<b_n(n=1,2,\cdots)$. 当 $n\to\infty$ 时，$a_n\to x_0$，$b_n\to x_0$，试证

$$\lim_{n\to\infty}\frac{f(b_n)-f(a_n)}{b_n-a_n}=f'(x_0).$$

证明　不妨设 a_n、$b_n(n=1,2,\cdots)$ 均在使 $f(x)$ 有连续导数的 x_0

的某邻域内,在以 a_n、b_n 为端点的区间内应用拉格朗日中值定理,有

$$\frac{f(b_n)-f(a_n)}{b_n-a_n}=f'(\xi_n),\xi_n\in(a_n,b_n).$$

因为当 $n\to\infty$ 时 $a_n\to x_0$,$b_n\to x_0$,所以 $\xi_n\to x_0$,又因为 $f'(x)$ 在 $x=x_0$ 点连续,于是

$$f'(x_0)=\lim_{x\to x_0}f'(x),$$

所以
$$\lim_{n\to\infty}\frac{f(b_n)-f(a_n)}{b_n-a_n}=\lim_{n\to\infty}f'(\xi_n)$$
$$=\lim_{x\to x_0}f'(x)=f'(x_0).$$

15. 设 $f(x)$ 在 $(a,+\infty)$ 内可微,且 $\lim\limits_{x\to+\infty}f(x)$ 和 $\lim\limits_{x\to+\infty}f'(x)$ 都存在,试证 $\lim\limits_{x\to+\infty}f'(x)=0$.

证明 任取 $x\in(0,+\infty)$,因为 $f(x)$ 在 $(a,+\infty)$ 内可微,所以 $f(x)=0$ 在闭区间 $[x,x+1]\subset(a,+\infty)$ 上满足拉格朗日定理的条件,于是

$$\frac{f(x+1)-f(x)}{x+1-x}=f'(\xi),\xi\in(x,x+1).$$

当 $x\to+\infty$ 时,有 $\xi\to+\infty$,从而

$$\lim_{\xi\to+\infty}f'(\xi)=\lim_{x\to+\infty}[f(x+1)-f(x)]=0,$$

所以
$$\lim_{x\to+\infty}f'(x)=0.$$

16. 设 $f(x)$ 在闭区间 $[a,b]$ 上连续,在开区间 (a,b) 内二次可导,且连接点 $A(a,f(a))$ 和点 $B(b,f(b))$ 的直线段与曲线 $y=f(x)$ 相交于 $C(c,f(c))$,其中 $a<c<b$,试证在 (a,b) 上至少有一点 ξ,使 $f''(\xi)=0$.

证明 由题设 $f(x)$ 在 $[a,c]$,$[c,b]$ 上均满足拉格朗日中值定理,存在 ξ_1、ξ_2 $(a<\xi_1<c,c<\xi_2<b)$,使得

$$\frac{f(c)-f(a)}{c-a}=f'(\xi_1),\frac{f(b)-f(c)}{b-c}=f'(\xi_2).$$

而 A,C,B 三点在同一条直线上,则有

$$\frac{f(c)-f(a)}{c-a}=\frac{f(b)-f(c)}{b-c},$$

即得 $f'(\xi_1)=f'(\xi_2)$. 再对 $f'(x)$ 在 $[\xi_1,\xi_2]$ 上应用罗尔定理，于是至少存在一点 $\xi\in(\xi_1,\xi_2)\subset(a,b)$，使得

$$f''(\xi)=0.$$

注意　一般地，若要证有关二阶导数的结论，当应用中值定理证明时，需应用两次.

17. 设 $f(x)$ 在 $[1,2]$ 上具有二阶导数 $f''(x)$，且 $f(2)=f(1)=0$，如果 $F(x)=(x-1)f(x)$，证明至少存在一点 $\xi\in(1,2)$，使得 $F''(\xi)=0$.

证明　因为 $f(2)=f(1)=0$，则有 $F(1)=F(2)$，对 $F(x)=(x-1)f(x)$ 在 $[1,2]$ 上应用罗尔定理，有

$$F'(x)|_{x=\xi_1}=[f(x)+(x-1)f'(x)]|_{x=\xi_1}=0,\xi_1\in(1,2).$$

从上式可得 $F'(1)=0$，即有 $F'(\xi_1)=F'(1)$. 由已知条件知 $F'(x)$ 在 $(1,\xi_1)\subset(1,2)$ 上满足罗尔定理，则有

$$F''(\xi)=0,\xi\in(1,\xi_1)\subset(1,2).$$

注意　某些包含 $f(x)$ 二阶导数关系式的题目，既可两次应用中值定理证明，也可用泰勒展开式证明.

18. 设 $f(x)$ 在 $[a,b]$ 上连续，在 (a,b) 内二阶可导，$f(a)=f(b)=0$，且存在点 $c\in(a,b)$，使得 $f(c)>0$，试证至少存在一点 $\xi\in(a,b)$，使得 $f''(\xi)<0$.

证法一　由题设知 $f(x)$ 在 $[a,c]$，$[c,b]$ 上满足拉格朗日中值定理条件，于是有

$$\frac{f(c)-f(a)}{c-a}=f'(\xi_1),\xi_1\in(a,c),$$

$$\frac{f(b)-f(c)}{b-c}=f'(\xi_2),\xi_2\in(c,b).$$

因为 $f(a)=f(b)=0,f(c)>0$，所以 $f'(\xi_1)>0,f'(\xi_2)<0$.

又因为 $f'(x)$ 在 $[\xi_1,\xi_2]\subset[a,b]$ 上满足拉格朗日中值定理条件，

于是有

$$\frac{f'(\xi_2)-f'(\xi_1)}{\xi_2-\xi_1}=f''(\xi),\xi\in(\xi_1,\xi_2).$$

由于 $f'(\xi_1)>0,f'(\xi_2)<0,\xi_1<\xi_2$,所以

$$f''(\xi)<0,\xi\in(a,b).$$

证法二 因为 $f(x)$在(a,b)内具有二阶导数,对 $f(x)$在点 $x_0=c$ 应用泰勒展开式,有

$$f(x)=f(c)+f'(c)(x-c)+\frac{1}{2}f''(\xi)(x-c)^2.$$

当 $f'(c)\leqslant 0$ 时,在上式中取 $x=a$,即得

$$f(a)=f(c)+f'(c)(a-c)+\frac{1}{2}f''(\xi_1)(a-c)^2,\xi_1\in(a,c).$$

因为 $f(a)=0,f(c)>0,a<c,f'(c)\leqslant 0$,于是

$$f''(\xi_1)<0.$$

当 $f'(c)>0$ 时,取 $x=b$,即得

$$f(b)=f(c)+f'(c)(b-c)+\frac{1}{2}f''(\xi_2)(b-c)^2,\xi_2\in(c,b).$$

因为 $f(b)=0,f(c)>0,b>c,f'(c)>0$,于是也有

$$f''(\xi_2)<0.$$

综合上述两个方面均有 $f''(\xi)<0,\xi\in(a,b)$.

注意 应用中值定理证题时,有时需要构造辅助函数.辅助函数的构造、区间的选择,往往从所要证明的结论入手.

19.已知 $f(x)$在$[0,1]$上连续,在$(0,1)$内可导,且 $f(0)=1$, $f(1)=0$,求证在$(0,1)$内至少存在一点 c,使得 $f'(c)=-\frac{f(c)}{c}$.

证明 要证 $f'(c)=-\frac{f(c)}{c}$,即要证 $cf'(c)+f(c)=0$.因此可设 $F(x)=xf(x)$.

令 $F(x)=xf(x)$,则 $F(0)=0,F(1)=0,F'(x)=xf'(x)+f(x)$,由罗尔中值定理,在$(0,1)$内至少存在一点 c,使得 $F'(c)=0$,亦

即

$$f'(c)=-\frac{f(c)}{c}.$$

20. 设 $f(x)$ 在 $[a,b]$ 上可导，$0<a<b$，试证至少存在一点 $\xi\in(a,b)$，使得

$$f(b)-f(a)=\xi f'(\xi)\ln\frac{b}{a}.$$

证明　可将要证式子改写为

$$\frac{f(b)-f(a)}{\ln b-\ln a}=\frac{f'(\xi)}{\frac{1}{\xi}},$$

令 $F(x)=f(x)$，$g(x)=\ln x$，由题设对 $F(x)$、$g(x)$ 在 $[a,b]$ 上应用柯西定理，本题即可得证.

21. 设 $f(x)$ 在 $[a,b]$ 上连续；$f(a)=f(b)=0$；在 (a,b) 内 $f(x)$ 可导，且 $f'(x)\neq0$. 试证对任意的实数 α，存在一点 $\xi\in(a,b)$，使得

$$\frac{f'(\xi)}{f(\xi)}=\alpha.$$

证明　欲证的结论可以改写为：$f'(\xi)-\alpha f(\xi)=0$.

令 $F(x)=e^{-\alpha x}f(x)$，则 $F(a)=F(b)=0$，且 $F(x)$ 在 $[a,b]$ 上连续，在 (a,b) 内可导，由罗尔定理知存在一点 $\xi\in(a,b)$，使得

$$F'(\xi)=0,$$

亦即

$$\left[-\alpha e^{-\alpha x}f(x)+e^{-\alpha x}f'(x)\right]\Big|_{x=\xi}=0.$$

于是

$$-\alpha f(\xi)+f'(\xi)=0,$$

即

$$\frac{f'(\xi)}{f(\xi)}=\alpha,\ \xi\in(a,b).$$

22. 设 $f(x)$ 在 $[a,b]$ 上连续 $(a>0)$，在 (a,b) 内可导，且 $f'(x)\neq0$，试证存在 ξ、$\eta\in(a,b)$，使得

$$f'(\xi)=\frac{a+b}{2\eta}f'(\eta).$$

证明　要证的结论可以改写为 $\dfrac{f'(\xi)}{a+b}=\dfrac{f'(\eta)}{2\eta}$，而 $f'(\xi)=$

$\dfrac{f(b)-f(a)}{b-a}$.即原结论又可写为

$$\frac{f(b)-f(a)}{b^2-a^2}=\frac{f'(\eta)}{2\eta}.$$

令 $g(x)=x^2$,由题设对 $f(x)$、$g(x)$在(a,b)上应用柯西定理,有

$$\frac{f(b)-f(a)}{b^2-a^2}=\frac{f'(\eta)}{2\eta},\eta\in(a,b),$$

即
$$\frac{f(b)-f(a)}{b-a}=\frac{a+b}{2\eta}f'(\eta).$$

由拉格朗日定理知

$$f'(\xi)=\frac{a+b}{2\eta}f'(\eta),\xi,\eta\in(a,b).$$

23.设函数 $\varphi(x)$在闭区间$[a,b]$上可导,且 $ab>0$,则在(a,b)内至少存在一点 ξ,使

$$\frac{1}{a-b}\begin{vmatrix} a & b \\ \varphi(a) & \varphi(b) \end{vmatrix}=\varphi(\xi)-\xi\varphi'(\xi).$$

证明 因为要使结论成立,则有

$$\frac{1}{a-b}\begin{vmatrix} a & b \\ \varphi(a) & \varphi(b) \end{vmatrix}=\frac{1}{a-b}[a\varphi(b)-b\varphi(a)]$$

$$=\frac{\dfrac{\varphi(b)}{b}-\dfrac{\varphi(a)}{a}}{\dfrac{1}{b}-\dfrac{1}{a}}=\varphi(\xi)-\xi\varphi'(\xi),$$

故可令
$$f(x)=\frac{\varphi(x)}{x},g(x)=\frac{1}{x}.$$

又因为 $ab>0$,所以 $0\overline{\in}[a,b]$,因而 $f(x)$、$g(x)$在$[a,b]$上满足柯西定理条件,于是存在 $\xi\in(a,b)$,使

$$\frac{\dfrac{\varphi(b)}{b}-\dfrac{\varphi(a)}{a}}{\dfrac{1}{b}-\dfrac{1}{a}}=\frac{\dfrac{\xi\varphi'(\xi)-\varphi(\xi)}{\xi^2}}{-\dfrac{1}{\xi^2}}=\varphi(\xi)-\xi\varphi'(\xi),$$

所以　$\frac{1}{a-b}\begin{vmatrix} a & b \\ \varphi(a) & \varphi(b) \end{vmatrix}=\varphi(\xi)-\xi\varphi'(\xi),\xi\in(a,b).$

24. 设函数 $f(x)$ 在 $\left[\frac{1}{2},2\right]$ 上可微,且满足

$$\int_1^2 \frac{f(x)}{x^2}\mathrm{d}x=4f\left(\frac{1}{2}\right),$$

试证至少存在一点 $\xi\in\left(\frac{1}{2},2\right)$,使

$$\xi f'(\xi)-2f(\xi)=0.$$

注意　本题是微分中值定理与定积分中值定理的综合题.

证明　由题设 $\int_1^2 \frac{f(x)}{x^2}\mathrm{d}x=4f\left(\frac{1}{2}\right)$,根据定积分中值定理,

左边 $=\frac{f(\xi_1)}{\xi_1^2}(2-1)=\frac{f(\xi_1)}{\xi_1^2},\xi_1\in\left[\frac{1}{2},2\right]$,上式右边 $=\frac{f\left(\frac{1}{2}\right)}{\left(\frac{1}{2}\right)^2}$.

令 $F(x)=\frac{f(x)}{x^2},x\in\left[\frac{1}{2},2\right]$.

则 $F(x)$ 在 $\left[\frac{1}{2},2\right]$ 上可微,且 $F(\xi_1)=F\left(\frac{1}{2}\right)$.

对 $F(x)=\frac{f(x)}{x^2}$ 在 $\left[\frac{1}{2},\xi_1\right]\subset\left[\frac{1}{2},2\right]$ 上应用罗尔定理,至少存在一点 $\xi\in\left(\frac{1}{2},\xi_1\right)\subset\left(\frac{1}{2},2\right)$ 上,使

$$F'(\xi)=0.$$

因为　$F'(x)=\frac{x^2f'(x)-2xf(x)}{x^4}=\frac{xf'(x)-2f(x)}{x^3},$

所以　$F'(\xi)=\frac{\xi f'(\xi)-2f(\xi)}{\xi^3}=0,$

而 $\xi\neq0$,于是 $\xi f'(\xi)-2f(\xi)=0,\xi\in\left(\frac{1}{2},2\right)$.

当问题涉及到高阶或 n 阶导数时,往往考虑用泰勒定理.

25. 设 $f(x)$ 是 $[a,b]$ 上的 n 次可微函数，且

$$f(a)=f(b)=f'(b)=f''(b)=\cdots=f^{(n-1)}(b)=0,$$

试证存在 $\xi\in(a,b)$，使得 $f^{(n)}(\xi)=0$.

证明　将 $f(x)$ 在 $x=b$ 展成 $n-1$ 阶泰勒公式，有

$$f(x)=f(b)+f'(b)(x-b)+\frac{f''(b)}{2!}(x-b)^2+\cdots$$

$$+\frac{f^{(n-1)}(b)}{(n-1)!}(x-b)^{n-1}+\frac{f^{(n)}(\xi_1)}{n!}(x-b)^n,$$

其中 $\xi_1\in(x,b)$.

因为　$f(b)=f'(b)=\cdots=f^{(n-1)}(b)=0,$

所以　$f(x)=\dfrac{f^{(n)}(\xi_1)}{n!}(x-b)^n,\ \xi_1\in(x,b).$

当 $x=a$ 时，有

$$f(a)=\frac{f^{(n)}(\xi)}{n!}(a-b)^n,\ \xi\in(a,b),$$

又因为 $f(a)=0,(a-b)^n\neq 0$，所以

$$f^{(n)}(\xi)=0,\ \xi\in(a,b).$$

三、不等式的证明

高等数学中经常会遇到不等式的证明题. 证明不等式的方法很多，在以后各节中会陆续介绍，本节主要介绍如何用拉格朗日中值定理、泰勒定理证明有关不等式.

26. 证明当 $0<a\leqslant b$ 时，

$$\frac{b-a}{b}\leqslant\ln\frac{b}{a}\leqslant\frac{b-a}{a}.$$

证明　当 $a=b$ 时，等号显然成立.

当 $a<b$ 时，令 $f(x)=\ln x$，在 $[a,b]$ 上应用拉格朗日定理，有

$$\ln b-\ln a=\frac{1}{\xi}(b-a),\ \xi\in(a,b).$$

因为　$\max\limits_{a\leqslant x\leqslant b}f'(x)=\dfrac{1}{a}$，$\min\limits_{a\leqslant x\leqslant b}f'(x)=\dfrac{1}{b}$. 所以当　$a<b$ 时，

$$\frac{b-a}{b}<\ln\frac{b}{a}<\frac{b-a}{a},$$

命题得证.

27.若 $x\neq0$,证明 $e^{x}>1+x$.

证明　令 $f(x)=e^{x}$.

当 $x>0$ 时,$f(x)=e^{x}$ 在$[0,x]$上应用拉格朗日定理,有

$$e^{x}-e^{0}=e^{\xi}(x-0),\xi\in(0,x).$$

因为　$1<e^{\xi}<e^{x}$,所以 $e^{x}-1>x$,即

$$e^{x}>1+x.$$

当 $x<0$ 时,$f(x)=e^{x}$ 在$[x,0]$上应用拉格朗日定理,有

$$e^{x}-e^{0}=e^{\xi}(x-0),\xi\in(x,0).$$

因为　$x<0,e^{x}<e^{\xi}<1$,所以 $e^{x}-1>x$,

综合以上两个方面,当 $x\neq0$ 时,

$$e^{x}>1+x.$$

28.设 $f(x)$在$[0,c]$上具有严格单调减的导数 $f'(x)$,且$f(0)=0$.证明对于满足不等式 $0<a<b<a+b<c$ 的a、b,恒有不等式

$$f(a+b)<f(a)+f(b).$$

证法一　$f(x)$在$[0,a]$及$[b,a+b]$上分别满足拉格朗日定理,有

$$\frac{f(a)-f(0)}{a-0}=\frac{f(a)}{a}=f'(\xi_1),(0<\xi_1<a),$$

$$\frac{f(a+b)-f(b)}{a+b-b}=\frac{f(a+b)-f(b)}{a}=f'(\xi_2)(b<\xi_2<a+b),$$

因为$0<\xi_1<a<b<\xi_2<a+b$,且 $f'(x)$为严格单调减,所以

$$\frac{f(a)}{a}=f'(\xi_1)>f'(\xi_2)=\frac{f(a+b)-f(b)}{a},$$

又因为　$a>0$,

因此　$f(a)>f(a+b)-f(b)$,

即　$f(a+b)<f(a)+f(b)$.

证法二　令 $F(x)=f(x+b)-f(x)-f(b)$,其中 $0<x<c-b$.

$$F'(x)=f'(x+b)-f'(x).$$

因为 $f'(x)$ 在 $[0,c]$ 上为严格单调减函数，所以 $f'(x+b)<f'(x)$，即有 $F'(x)<0$.

又因为 $F(0)=f(b)-f(0)-f(b)=0$，且 $F'(x)<0$，

则有 $F(a)<0$.

即 $F(a)=f(a+b)-f(a)-f(b)<0$，

于是 $f(a+b)<f(a)+f(b)$.

29. 设函数 $f(x)$ 在 $[-1,1]$ 上具有二阶导数，$f(0)=0$，$f'(0)=0$，且 $|f''(x)|\leqslant M$（M 为正常数），求证在 $[-1,1]$ 上，$|f'(x)|\leqslant M$，$|f(x)|\leqslant M$.

证明 因为 $f(x)$ 在 $[-1,1]$ 上具有二阶导数，可对 $f(x)$、$f'(x)$ 在以 0、x 为端点的区间上分别应用拉格朗日定理，有

$$f(x)=f(0)+f'(\xi)x\ (\xi \text{ 在 } 0,x \text{ 之间}),$$

$$f'(x)=f'(0)+f''(\eta)x\ (\eta \text{ 在 } 0,x \text{ 之间}).$$

又因为 $f(0)=0$，$f'(0)=0$，$|f''(x)|\leqslant M$，且 $|x|\leqslant 1$，

所以 $|f'(x)|=|f''(\eta)|\cdot|x|\leqslant M|x|\leqslant M$.

由上式 $|f'(x)|\leqslant M$ 的结论可得

$$|f(x)|=|f'(\xi)|\cdot|x|\leqslant M|x|\leqslant M.$$

30. 设函数 $y=f(x)$ 在 $[0,a]$ 上二阶可导，且 $|f''(x)|\leqslant M$，又 $f(x)$ 在 $(0,a)$ 内取得最大值，试证 $|f'(0)|+|f'(a)|\leqslant Ma$.

证明 设 $f(x)$ 在 $x=\eta$ 处取得最大值，$\eta\in(0,a)$，则 $f'(\eta)=0$. 对 $f'(x)$ 在 $[0,\eta]$ 及 $[\eta,a]$ 上分别应用拉格朗日中值定理，得

$$f'(\eta)-f'(0)=f''(\xi_1)\eta,\qquad \xi_1\in(0,\eta),$$

$$f'(a)-f'(\eta)=f''(\xi_2)(a-\eta),\qquad \xi_2\in(\eta,a).$$

于是

$$|f'(0)|=|f''(\xi_1)|\eta\leqslant M\eta,$$

$$|f'(a)|=|f''(\xi_2)|(a-\eta)\leqslant M(a-\eta).$$

以上两式相加即得

$$|f'(0)|+|f'(a)|\leqslant Ma.$$

31. 设 $f(x)$ 和 $g(x)$ 均为可导函数，且当 $x\geqslant a$ 时，$|f'(x)|\leqslant g'(x)$，试证当 $x\geqslant a$ 时，有

$$|f(x)-f(a)|\leqslant g(x)-g(a).$$

证明　令 $F(x)=g(x)-f(x)$，由拉格朗日定理得

$$F(x)-F(a)=F'(\xi)(x-a),\xi\in(a,x).$$

由 $x\geqslant a$ 时，$|f'(x)|\leqslant g'(x)$，得 $f'(x)\leqslant g'(x)$，

于是有　$$F'(\xi)=g'(\xi)-f'(\xi)\geqslant 0.$$

所以，当 $x\geqslant a$ 时有

$$F(x)-F(a)\geqslant 0,$$

即　$$g(x)-f(x)-[g(a)-f(a)]\geqslant 0,$$

亦即　$$f(x)-f(a)\leqslant g(x)-g(a).$$

另一方面，令 $H(x)=g(x)+f(x)$，用完全类似方法，可以证明当 $x\geqslant a$ 时，有

$$f(x)-f(a)\geqslant -[g(x)-g(a)].$$

综合以上两个方面，得

$$|f(x)-f(a)|\leqslant g(x)-g(a).$$

32. 设函数 $f(x)$ 在 (a,b) 具有二阶导数，且 $f''(x)>0$，证明对于 (a,b) 内的任意两点 x_1、x_2，恒有

$$\frac{1}{2}[f(x_1)+f(x_2)]>f\left(\frac{x_1+x_2}{2}\right).$$

证法一　任给 $x_1,x_2\in(a,b)$，$x_1<x_2$，令 $c=\dfrac{x_1+x_2}{2}$，由泰勒展开式

$$f(x_1)=f(c)+f'(c)(x_1-c)+\frac{f''(\xi_1)}{2!}(x_1-c)^2,$$

$$f(x_2)=f(c)+f'(c)(x_2-c)+\frac{f''(\xi_2)}{2!}(x_2-c)^2,$$

两式相加，得

$$f(x_1)+f(x_2)-2f(c)=f'(c)(x_1+x_2-2c)+\frac{f''(\xi_1)}{2}(x_1-c)^2+\frac{f''(\xi_2)}{2}(x_2-c)^2.$$

因为　$$x_1+x_2-2c=0,f''(x)>0,$$

所以 $\quad f(x_1)+f(x_2)-2f(c)>0,$

即 $\quad \frac{1}{2}[f(x_1)+f(x_2)]>f\left(\frac{x_1+x_2}{2}\right).$

证法二 任给 $x_1,x_2\in(a,b)$ 且 $x_1<x_2$.

令 $\quad F(x)=\frac{1}{2}[f(x_1)+f(x)]-f\left(\frac{x_1+x}{2}\right),x\in[x_1,x_2],$

以下只需证明 $F(x_2)>0$.

$$F'(x)=\frac{1}{2}\left[f'(x)-f'\left(\frac{x_1+x}{2}\right)\right],$$

由 $f''(x)>0$,可知 $f'(x)$ 为单增函数,又 $x>\frac{x_1+x}{2}$,所以

$$f'(x)>f'\left(\frac{x_1+x}{2}\right)$$

即 $F'(x)>0$,从而 $F(x)$ 在 $[x_1,x_2]$ 上为单调增函数.又因为 $F(x_1)=0$,所以当 $x_1<x_2$ 时,有 $F(x_2)>0$,即

$$\frac{1}{2}[f(x_1)+f(x_2)]>f\left(\frac{x_1+x_2}{2}\right).$$

注意 本题除了以上两种证法外,也可以在 $\left[x_1,\frac{x_1+x_2}{2}\right]$ 及 $\left[\frac{x_1+x_2}{2},x_2\right]$ 上分别应用拉格朗日定理证明,证明的具体过程请读者自己完成.

33. 设函数 $f(x)$ 在 $[a,b]$ 上具有二阶导数,且 $f'(a)=f'(b)=0$,试证在 (a,b) 内至少存在一点 ξ,使得

$$f''(\xi)\geqslant\frac{4|f(b)-f(a)|}{(b-a)^2}.$$

证明 由题设有以下泰勒展式

$$f\left(\frac{a+b}{2}\right)=f(a)+f'(a)\left(\frac{a+b}{2}-a\right)+\frac{f''(\xi_1)}{2}\left(\frac{a+b}{2}-a\right)^2$$
$$=f(a)+\frac{f''(\xi_1)}{8}(b-a)^2\quad\left(a<\xi_1<\frac{a+b}{2}\right),$$

$$f\left(\frac{a+b}{2}\right)=f(b)+f'(b)\left(\frac{a+b}{2}-b\right)+\frac{f''(\xi_2)}{2}\left(\frac{a+b}{2}-b\right)^2$$

$$=f(b)+\frac{f''(\xi_2)}{8}(b-a)^2 \quad \left(\frac{a+b}{2}<\xi_2<b\right),$$

故 $$|f(b)-f(a)|=\frac{(b-a)^2}{8}|f''(\xi_2)-f''(\xi_1)|$$

$$\leqslant\frac{(b-a)^2}{8}[|f''(\xi_2)|+|f''(\xi_1)|]$$

$$\leqslant\frac{(b-a)^2}{4}|f''(\xi)|,$$

其中 $f''(\xi)=\max\{f''(\xi_1),f''(\xi_2)\}$,

即 $$f''(\xi)\geqslant\frac{4|f(b)-f(a)|}{(b-a)^2}.$$

34.设 $f(x)$ 在[0,1]上具有二阶导数,且 $f(0)=f(1)=0$,$\min\limits_{0<x<1}f(x)=-1$,证明存在一点 $\xi\in(0,1)$使

$$f''(\xi)\geqslant 8.$$

证明 设 $f(x)$在 $x=a$ 处($a\in(0,1)$)取得最小值,则 $f'(a)=0$,$f(a)=-1$,由泰勒公式

$$f(x)=f(a)+f'(a)(x-a)+\frac{1}{2}f''(\xi)(x-a)^2,$$

当 $x=0,x=1$ 时

$$f(0)=f(a)+f'(a)(-a)+\frac{1}{2}f''(\xi_1)a^2,$$

$$f(1)=f(a)+f'(a)(1-a)+\frac{1}{2}f''(\xi_2)(1-a)^2.$$

因 $f(0)=f(1)=0,f(a)=-1,f'(a)=0$,

则有 $$f''(\xi_1)=\frac{2}{a^2},\quad 0<\xi_1<a,$$

$$f''(\xi_2)=\frac{2}{(1-a)^2},\quad a<\xi_2<1,$$

于是若 $a<\frac{1}{2}$时,$f''(\xi_1)>8$;$a\geqslant\frac{1}{2}$时,$f''(\xi_2)\geqslant 8$,由此可得

$$f''(\xi)\geqslant 8 \quad (0<\xi<1).$$

35. 设 $f(x)$在(a,b)内二阶可导,且 $f''(x)>0$,试证对(a,b)内任意 n 个点$x_1,x_2\cdots x_n$,有

$$\frac{1}{n}[f(x_1)+f(x_2)+\cdots+f(x_n)]\geqslant f\left(\frac{x_1+x_2+\cdots+x_n}{n}\right).$$

证明 设 $c=\frac{1}{n}(x_1+x_2+\cdots+x_n)$,即

$$\sum_{i=1}^{n}x_i=nc.$$

由泰勒公式

$$f(x_i)=f(c)+f'(c)(x_i-c)+\frac{f''(\xi_i)}{2}(x_i-c)^2,$$

其中 $a<\xi_i<b$.

由题设 $f''(x)>0$,于是

$$f(x_i)\geqslant f(c)+f'(c)(x_i-c) \quad (i=1,2,\cdots,n),$$

对上式两端取和,得

$$\sum_{i=1}^{n}f(x_i)\geqslant nf(c)+f'(c)\sum_{i=1}^{n}(x_i-c)=nf(c);$$

即有

$$\frac{1}{n}[f(x_1)+f(x_2)+\cdots+f(x_n)]\geqslant f\left(\frac{x_1+x_2+\cdots+x_n}{n}\right).$$

显然当 $x_i=c(i=1,2,\cdots,n)$等号成立.

2.3 洛必达法则

重要公式与结论

一、$\frac{0}{0}$,$\frac{\infty}{\infty}$,$0\cdot\infty$,$\infty-\infty$,1^{∞},∞^0,0^0 等未定式可用洛必达法则求之.

二、$\frac{0}{0}$型求法

若函数 $f(x)$、$g(x)$满足下列条件:

①在 x_0 的某个邻域内(或$|x|>N$)可导,且 $g'(x)\neq0$;

② $\lim\limits_{\substack{x\to x_0\\(x\to\infty)}} f(x)=0$, $\lim\limits_{\substack{x\to x_0\\(x\to\infty)}} g(x)=0$;

③ $\lim\limits_{\substack{x\to x_0\\(x\to\infty)}} \frac{f'(x)}{g'(x)}$存在.

则 $\lim\limits_{\substack{x\to x_0\\(x\to\infty)}} \frac{f(x)}{g(x)}$存在,且有

$$\lim_{\substack{x\to x_0\\(x\to\infty)}} \frac{f(x)}{g(x)}=\lim_{\substack{x\to x_0\\(x\to\infty)}} \frac{f'(x)}{g'(x)}.$$

三、$\frac{\infty}{\infty}$型求法

若函数 $f(x)$、$g(x)$满足下列条件:

①在 x_0 的某个邻域内(或$|x|>N$)可导,且 $g'(x)\neq0$;

② $\lim\limits_{\substack{x\to x_0\\(x\to\infty)}} f(x)=\infty$, $\lim\limits_{\substack{x\to x_0\\(x\to\infty)}} g(x)=\infty$;

③ $\lim\limits_{\substack{x\to x_0\\(x\to\infty)}} \frac{f'(x)}{g'(x)}$存在.

则 $\lim\limits_{\substack{x\to x_0\\(x\to\infty)}} \frac{f(x)}{g(x)}$存在,且有

$$\lim_{\substack{x\to x_0\\(x\to\infty)}} \frac{f(x)}{g(x)}=\lim_{\substack{x\to x_0\\(x\to\infty)}} \frac{f'(x)}{g'(x)}.$$

四、其他未定式求法

1. $0\cdot\infty$型

当 $x\to x_0$(或 $x\to\infty$)时,若 $f(x)\to0$, $g(x)\to\infty$,则

$$f(x)\cdot g(x)=\frac{f(x)}{\frac{1}{g(x)}}\left[\text{或 } f(x)\cdot g(x)=\frac{g(x)}{\frac{1}{f(x)}}\right],$$

于是就将 $0\cdot\infty$ 化为 $\frac{0}{0}\left(\text{或}\frac{\infty}{\infty}\right)$ 了.

2. $\infty-\infty$ 型

当 $x\to x_0$（或 $x\to\infty$）时，若 $f(x)\to\infty$，$g(x)\to\infty$，则

$$f(x)-g(x)=\frac{\dfrac{1}{g(x)}-\dfrac{1}{f(x)}}{\dfrac{1}{f(x)g(x)}},$$

于是就将 $\infty-\infty$ 化为 $\frac{0}{0}$ 了.

3. $0^0, 1^\infty, \infty^0$ 型

若 $f(x)\to 0$（或 $f(x)\to 1$，或 $f(x)\to\infty$），$g(x)\to 0$（或 $g(x)\to\infty$），则

$$[f(x)]^{g(x)}=\mathrm{e}^{g(x)\ln f(x)},$$

指数为 $0\cdot\infty$ 型，再用以上方法化成 $\frac{0}{0}$ 或 $\frac{\infty}{\infty}$ 型.

例题选解

1.　求 $\lim\limits_{x\to\pi}\dfrac{\sin 3x}{\tan 5x}$.

解　原式 $=\lim\limits_{x\to\pi}\dfrac{3\cos 3x}{5\sec^2 5x}=-\dfrac{3}{5}$.

2.　求 $\lim\limits_{x\to+\infty}\dfrac{\ln(1+\mathrm{e}^x)}{\sqrt{1+x^2}}$.

解　原式 $=\lim\limits_{x\to+\infty}\dfrac{\dfrac{\mathrm{e}^x}{1+\mathrm{e}^x}}{\dfrac{x}{\sqrt{1+x^2}}}=1$.

3. 设函数 $f(x)$ 二次可微，$f(0)=0$，$f'(0)=1$，$f''(0)=2$，试求极限 $\lim\limits_{x\to 0}\dfrac{f(x)-x}{x^2}$.

解 $\lim\limits_{x\to0}\dfrac{f(x)-x}{x^2}=\lim\limits_{x\to0}\dfrac{f'(x)-1}{2x}$

$=\dfrac{1}{2}\lim\limits_{x\to0}\dfrac{f'(x)-f'(0)}{x}=\dfrac{1}{2}f''(0)=1.$

4. 求$\lim\limits_{x\to0}\dfrac{e^x-e^{-x}-2x}{x-\sin x}$.

解 原式$=\lim\limits_{x\to0}\dfrac{e^x+e^{-x}-2}{1-\cos x}=\lim\limits_{x\to0}\dfrac{e^x-e^{-x}}{\sin x}$

$=\lim\limits_{x\to0}\dfrac{e^x+e^{-x}}{\cos x}=2.$

5. 求$\lim\limits_{x\to0}\dfrac{e^x(x-2)+x+2}{\sin^3 x}$.

解 原式$=\lim\limits_{x\to0}\dfrac{xe^x-e^x+1}{3\sin^2 x\cos x}=\dfrac{1}{3}\lim\limits_{x\to0}\dfrac{xe^x-e^x+1}{\sin^2 x}$

$=\dfrac{1}{3}\lim\limits_{x\to0}\dfrac{xe^x}{2\sin x\cos x}=\dfrac{1}{6}.$

注意 从以上两个例子说明,洛必达法则可以重复使用,但用到有限 n 次之后,其极限 $\lim\dfrac{f^{(n)}(x)}{\varphi^{(n)}(x)}=A$(或$\infty$),否则就不能用洛必达法则,例如$\lim\limits_{x\to+\infty}\dfrac{\sqrt{1+x^2}}{x}$.本题若两次使用洛必达法则,就还原为原来的题目,故不能使用洛必达法则,但并不意味本题极限不存在,读者可以自己思考本题求极限的方法.

另外,还要注意到洛必达法则是在未定式分子和分母两个函数的导数之比的极限存在(或为∞)的条件下使用的.当导数之比的极限不存在(也不为∞)时,不能使用,但也不能由此得出原式极限不存在的结论,而应寻求其他方法.

6. 求$\lim\limits_{x\to\infty}\dfrac{x+\sin x}{x}$.

解 此题是$\dfrac{\infty}{\infty}$型未定式,但分子分母的导数之比的极限

$\lim\limits_{x\to\infty}\dfrac{1+\cos x}{1}$不存在,所以不能用洛必达法则,可用以下方法求极限

$$\lim_{x\to\infty}\frac{x+\sin x}{x}=\lim_{x\to\infty}\left(1+\frac{1}{x}\sin x\right)=1.$$

7. 求$\lim\limits_{x\to0}\dfrac{\tan x-x}{x^2\sin x}$.

解 原式$=\lim\limits_{x\to0}\dfrac{\tan x-x}{x^3}=\lim\limits_{x\to0}\dfrac{\sec^2 x-1}{3x^2}$

$$=\lim_{x\to0}\frac{2\sec x\cdot\sec x\cdot\tan x}{6x}=\frac{1}{3}.$$

8. 求$\lim\limits_{x\to0}\dfrac{1-x^2-e^{-x^2}}{\sin^4 x}$.

解 原式$=\lim\limits_{x\to0}\dfrac{1-x^2-e^{-x^2}}{x^4}=\lim\limits_{x\to0}\dfrac{-2x+2xe^{-x^2}}{4x^3}$

$$=\lim_{x\to0}\frac{-1+e^{-x^2}}{2x^2}=\lim_{x\to0}\frac{-2xe^{-x^2}}{4x}=-\frac{1}{2}.$$

9. 求$\lim\limits_{x\to0}\dfrac{x-\arcsin x}{\sin^3 x}$.

解 原式$=\lim\limits_{x\to0}\dfrac{1-\dfrac{1}{\sqrt{1-x^2}}}{3\sin^2 x\cos x}$

$$=\lim_{x\to0}\frac{1}{3\cos x\sqrt{1-x^2}}\frac{\sqrt{1-x^2}-1}{\sin^2 x},$$

因为 $\lim\limits_{x\to0}\dfrac{\sqrt{1-x^2}-1}{\sin^2 x}=\lim\limits_{x\to0}\dfrac{\sqrt{1-x^2}-1}{x^2}$

$$=\lim_{x\to0}\frac{\dfrac{-x}{\sqrt{1-x^2}}}{2x}=-\frac{1}{2},$$

所以 原式$=-\dfrac{1}{6}$.

注意 在使用洛必达法则过程中,如函数中的某个因式用无穷小

等价代换,或者某些因式的极限已经确定,可将这些因式提出来,则可简化求极限的计算过程.以上两个例子就说明了这一点.

10. 求$\lim\limits_{x\to 0}\dfrac{e^{x^3}-1-x^3}{\sin^6 2x}$.

解　原式$=\lim\limits_{x\to 0}\dfrac{e^{x^3}-1-x^3}{(2x)^6}=\lim\limits_{x\to 0}\dfrac{3x^2e^{x^3}-3x^2}{12(2x)^5}$

$$=\frac{1}{128}\lim_{x\to 0}\frac{e^{x^3}-1}{x^3}=\frac{1}{128}.$$

11. 求$\lim\limits_{x\to 0}\dfrac{e^x+\ln(1-x)-1}{x-\arctan x}$.

解　原式$=\lim\limits_{x\to 0}\dfrac{e^x-\dfrac{1}{1-x}}{1-\dfrac{1}{1+x^2}}=\lim\limits_{x\to 0}\dfrac{(1+x^2)[(1-x)e^x-1]}{(1-x)x^2}$,

因为
$$\lim_{x\to 0}\frac{1+x^2}{1-x}=1,$$
$$\lim_{x\to 0}\frac{(1-x)e^x-1}{x^2}=\lim_{x\to 0}\frac{(1-x-1)e^x}{2x}=-\frac{1}{2},$$

所以
$$原式=-\frac{1}{2}.$$

12. 求$\lim\limits_{x\to\infty}[(2+x)e^{\frac{1}{x}}-x]$.

解　本题属$\infty-\infty$型,设法化为$\dfrac{0}{0}$或$\dfrac{\infty}{\infty}$型.

$$\lim_{x\to\infty}[(2+x)e^{\frac{1}{x}}-x]=\lim_{x\to\infty}x\left[\left(\frac{2}{x}+1\right)e^{\frac{1}{x}}-1\right]$$
$$=\lim_{x\to\infty}\frac{\left(\frac{2}{x}+1\right)e^{\frac{1}{x}}-1}{\frac{1}{x}}.$$

直接利用洛必达法则,计算量较大.为此,令 $t=\dfrac{1}{x}$,则当 $x\to\infty$ 时,$t\to 0$.

$$上式=\lim_{t\to 0}\frac{(2t+1)e^t-1}{t}=\lim_{t\to 0}\frac{(2t+3)e^t}{1}$$
$$=3.$$

13. 求$\lim\limits_{x\to 0}\dfrac{e^{-\frac{1}{x^2}}}{x^{100}}$.

解 本题若直接用洛必达法则,计算过程较麻烦,若令 $u=\dfrac{1}{x^2}$,则

$$原式=\lim_{u\to+\infty}\frac{u^{50}}{e^u}=\lim_{u\to+\infty}\frac{50u^{49}}{e^u}=\cdots$$
$$=\lim_{u\to+\infty}\frac{50!}{e^u}=0.$$

14. 求$\lim\limits_{x\to+\infty}x^{\frac{3}{2}}(\sqrt{x+2}-2\sqrt{x+1}+\sqrt{x})$.

解 $$原式=\lim_{x\to+\infty}x^2\left(\sqrt{1+\frac{2}{x}}-2\sqrt{1+\frac{1}{x}}+1\right)$$
$$=\lim_{x\to+\infty}\frac{\sqrt{1+\frac{2}{x}}-2\sqrt{1+\frac{1}{x}}+1}{\frac{1}{x^2}},$$

令 $t=\dfrac{1}{x}$,当 $x\to+\infty$时,$t\to 0^+$,所以

$$原式=\lim_{t\to 0^+}\frac{\sqrt{1+2t}-2\sqrt{1+t}+1}{t^2}$$
$$=\lim_{t\to 0^+}\frac{\frac{1}{\sqrt{1+2t}}-\frac{1}{\sqrt{1+t}}}{2t}$$
$$=\lim_{t\to 0^+}\frac{-(1+2t)^{-\frac{3}{2}}+\frac{1}{2}(1+t)^{-\frac{3}{2}}}{2}$$
$$=-\frac{1}{4}.$$

15. 求$\lim\limits_{x\to 0}\left(\dfrac{\sin x}{x}\right)^{\frac{1}{1-\cos x}}$.

解　本题属 1^{∞} 型,可先用对数恒等式把原式化为

$$原式 = e^{\lim\limits_{x\to 0}\frac{\ln\sin x-\ln x}{1-\cos x}}.$$

因为 $$\lim_{x\to 0}\frac{\ln\sin x-\ln x}{1-\cos x}=\lim_{x\to 0}\frac{\frac{\cos x}{\sin x}-\frac{1}{x}}{\sin x}$$

$$=\lim_{x\to 0}\frac{x\cos x-\sin x}{x\sin^2 x}=\lim_{x\to 0}\frac{-x\sin x}{3x^2}$$

$$=\lim_{x\to 0}\frac{-x^2}{3x^2}=-\frac{1}{3},$$

所以　原式 $=e^{-\frac{1}{3}}$.

16. 求 $\lim\limits_{x\to 0}(1+x^2e^x)^{\frac{1}{1-\cos x}}$.

解　令 $y=\dfrac{\ln(1+x^2e^x)}{1-\cos x}$,

则 $$\lim_{x\to 0}y=\lim_{x\to 0}\frac{\ln(1+x^2e^x)}{1-\cos x}=\lim_{x\to 0}\frac{2xe^x+x^2e^x}{(1+x^2e^x)\sin x}$$

$$=\lim_{x\to 0}\frac{x}{\sin x}\cdot\frac{(2+x)e^x}{1+x^2e^x}=2,$$

所以　原式 $=e^2$.

17. 求 $\lim\limits_{x\to 0}\left(\dfrac{a_1^x+a_2^x+\cdots+a_n^x}{n}\right)^{\frac{1}{x}}$(其中 $a_1,a_2,\cdots,a_n$ 为 n 个正数,$n\geqslant 2$).

解　令 $y=\dfrac{1}{x}[\ln(a_1^x+a_2^x+\cdots+a_n^x)-\ln n]$.

$$\lim_{x\to 0}y=\lim_{x\to 0}\frac{\ln(a_1^x+a_2^x+\cdots+a_n^x)-\ln n}{x}$$

$$=\lim_{x\to 0}\frac{a_1^x\ln a_1+a_2^x\ln a_2+\cdots+a_n^x\ln a_n}{a_1^x+a_2^x+\cdots+a_n^x}$$

$$=\frac{1}{n}(\ln a_1+\ln a_2+\cdots+\ln a_n)$$

$$=\ln\sqrt[n]{a_1a_2\cdots a_n},$$

所以　　原式$=\sqrt[n]{a_1a_2\cdots a_n}$.

18. 求 $\lim\limits_{x\to+\infty}\left(\dfrac{\pi}{2}-\arctan x\right)^{\frac{1}{\ln x}}$.

解　本题属 0^0 型.

$$\text{原式}=e^{\lim\limits_{x\to+\infty}\frac{1}{\ln x}\ln\left(\frac{\pi}{2}-\arctan x\right)},$$

因为

$$\lim_{x\to+\infty}\frac{\ln\left(\dfrac{\pi}{2}-\arctan x\right)}{\ln x}=\lim_{x\to+\infty}\frac{\dfrac{1}{\dfrac{\pi}{2}-\arctan x}\cdot\dfrac{-1}{1+x^2}}{\dfrac{1}{x}}$$

$$=\lim_{x\to+\infty}\frac{\dfrac{-x}{1+x^2}}{\dfrac{\pi}{2}-\arctan x}=\lim_{x\to+\infty}\frac{\dfrac{1-x^2}{(1+x^2)^2}}{\dfrac{1}{1+x^2}}$$

$$=\lim_{x\to+\infty}\frac{1-x^2}{1+x^2}=-1,$$

所以　　原式$=e^{-1}$.

19. 求 $\lim\limits_{x\to1}\dfrac{(x^{3x-2}-x)\sin2(x-1)}{(x-1)^3}$.

解

$$\text{原式}=2\lim_{x\to1}\frac{\sin 2(x-1)}{2(x-1)}\cdot\frac{x^{3x-2}-x}{(x-1)^2}$$

$$=2\lim_{x\to1}\frac{x^{3x-2}-x}{(x-1)^2}$$

$$=2\lim_{x\to1}\frac{x^{3x-2}\cdot3\ln x+(3x-2)x^{3x-3}-1}{2(x-1)}$$

$$=\lim_{x\to1}\frac{x^{3x-3}(3x\ln x+3x-2)-1}{x-1}$$

$$=\lim_{x\to1}\{[x^{3x-3}\cdot3\ln x+(3x-3)x^{3x-4}][3x\ln x+3x-2]+x^{3x-3}(3\ln x+3x\cdot\frac{1}{x}+3)\}$$

$$=6.$$

20. 求$\lim\limits_{x\to 0}\dfrac{(1+x)^{\frac{1}{x}}-e}{x}$.

解　原式$=\lim\limits_{x\to 0}[(1+x)^{\frac{1}{x}}]'_x$

$$=\lim_{x\to 0}(1+x)^{\frac{1}{x}}\frac{x-(1+x)\ln(1+x)}{(1+x)x^2}$$

$$=\lim_{x\to 0}(1+x)^{\frac{1}{x}-1}\cdot\lim_{x\to 0}\frac{x-(1+x)\ln(1+x)}{x^2}$$

$$=e\cdot\lim_{x\to 0}\frac{1-[1+\ln(1+x)]}{2x}$$

$$=-\frac{e}{2}\lim_{x\to 0}\frac{\ln(1+x)}{x}$$

$$=-\frac{e}{2}.$$

21. 设函数 $f(x)$具有二阶连续导数，且$\lim\limits_{x\to 0}\dfrac{f(x)}{x}=0,f''(0)=4$，求 $\lim\limits_{x\to 0}\left(1+\dfrac{f(x)}{x}\right)^{\frac{1}{x}}$.

解　由所设条件知$\lim\limits_{x\to 0}f(x)=0$,

$$\lim_{x\to 0}\frac{1}{x}\ln\left(1+\frac{f(x)}{x}\right)=\lim_{x\to 0}\left[\frac{1}{1+\frac{f(x)}{x}}\cdot\frac{xf'(x)-f(x)}{x^2}\right],$$

因为　$$\lim_{x\to 0}\frac{1}{1+\frac{f(x)}{x}}=1,$$

$$\lim_{x\to 0}\frac{xf'(x)-f(x)}{x^2}=\lim_{x\to 0}\frac{xf''(x)+f'(x)-f'(x)}{2x}$$

$$=\frac{f''(0)}{2}=2.$$

所以　$$\lim_{x\to 0}\left(1+\frac{f(x)}{x}\right)^{\frac{1}{x}}=2,$$

故　原式$=e^2$.

22. 若 $f(0)=0$，$f'(x)$ 在点 $x=0$ 的邻域内连续，且 $f'(0)\neq 0$，试证明 $\lim\limits_{x\to 0^+} x^{f(x)}=1$.

证明 $\lim\limits_{x\to 0^+} x^{f(x)}=e^{\lim\limits_{x\to 0^+} f(x)\ln x}$.

因为
$$\lim_{x\to 0^+} f(x)\ln x=\lim_{x\to 0^+}\frac{\ln x}{\dfrac{1}{f(x)}}$$
$$=\lim_{x\to 0^+}\frac{\dfrac{1}{x}}{-\dfrac{f'(x)}{f^2(x)}}=-\lim_{x\to 0^+}\frac{1}{f'(x)}\cdot\lim_{x\to 0^+}\frac{f^2(x)}{x},$$

由题设已知条件可知　上式 $=0$，

所以
$$\lim_{x\to 0^+} x^{f(x)}=e^0=1.$$

23. 设
$$f(x)=\begin{cases}\left[\dfrac{(1+x)^{\frac{1}{x}}}{e}\right]^{\frac{1}{x}}, & x_0>0,\\ e^{-\frac{1}{2}}, & x\leqslant 0.\end{cases}$$

求证 $f(x)$ 在 $x=0$ 连续.

证明 $\lim\limits_{x\to 0^+} f(x)=\lim\limits_{x\to 0^+} e^{\frac{1}{x}[\ln(1+x)^{\frac{1}{x}}-\ln e]}$，

因为
$$\lim_{x\to 0^+}\frac{1}{x}[\ln(1+x)^{\frac{1}{x}}-\ln e]=\lim_{x\to 0^+}\frac{\ln(1+x)-x}{x^2}$$
$$=\lim_{x\to 0^+}\frac{\dfrac{1}{1+x}-1}{2x}=\lim_{x\to 0^+}\frac{-x}{2x(1+x)}=-\frac{1}{2}.$$

所以
$$\lim_{x\to 0^+} f(x)=e^{-\frac{1}{2}}.$$

而当 $x\leqslant 0$ 时，$f(x)=e^{-\frac{1}{2}}$，

由连续函数定义可知 $f(x)$ 在点 $x=0$ 连续.

24. 设函数 $f(x)$ 在 $(-\infty,+\infty)$ 内具有连续的二阶导数 $f''(x)$，且

$f(0)=0$,而函数

$$g(x)=\begin{cases}\dfrac{f(x)}{x}, & x\neq 0,\\ a, & x=0.\end{cases}$$

(1)确定 a 值使得 $g(x)$ 在 $(-\infty,+\infty)$ 内连续;

(2)求 $g'(x)$;

(3)证明 $g'(x)$ 在 $(-\infty,+\infty)$ 内连续.

解　(1)依题意要使 $g(x)$ 在 $(-\infty,+\infty)$ 内连续,只需

$$a=\lim_{x\to 0}\frac{f(x)}{x}=\lim_{x\to 0}f'(x)=f'(0),$$

所以,当 $a=f'(0)$ 时,$g(x)$ 在 $(-\infty,+\infty)$ 内连续.

(2)当 $x\neq 0$ 时,$g'(x)=\dfrac{xf'(x)-f(x)}{x^2}$.

当 $x=0$ 时,$g'(0)=\lim\limits_{x\to 0}\dfrac{g(x)-g(0)}{x}=\lim\limits_{x\to 0}\dfrac{\dfrac{f(x)}{x}-f'(0)}{x}$

$$=\lim_{x\to 0}\frac{f(x)-xf'(0)}{x^2}=\lim_{x\to 0}\frac{f'(x)-f'(0)}{2x}$$

$$=\frac{1}{2}f''(0).$$

所以　$$g'(x)=\begin{cases}\dfrac{xf'(x)-f(x)}{x^2}, & x\neq 0,\\ \dfrac{1}{2}f''(0), & x=0.\end{cases}$$

(3)因为 $\lim\limits_{x\to 0}g'(x)=\lim\limits_{x\to 0}\dfrac{xf'(x)-f(x)}{x^2}$

$$=\lim_{x\to 0}\frac{xf''(x)+f'(x)-f'(x)}{2x}=\lim_{x\to 0}\frac{f''(x)}{2}$$

$$=\frac{1}{2}f''(0),$$

所以　$\lim\limits_{x\to 0}g'(x)=g'(0)$,

由连续函数定义,$g'(x)$ 在 $(-\infty,+\infty)$ 内连续.

25. 已知 $f(x)$ 在 $(-\infty,+\infty)$ 内有二阶连续导数，且 $f(0)=0$，

$$\varphi(x)=\begin{cases} f'(0), & x=0, \\ \dfrac{e^x}{x}f(x), & x\neq 0, \end{cases}$$

求 $\varphi'(x)$.

解 因为 $\lim\limits_{x\to 0}\varphi(x)=\lim\limits_{x\to 0}\dfrac{e^x f(x)}{x}=\lim\limits_{x\to 0}[e^x f(x)+e^x f'(x)]$

$$=f'(0)=\varphi(0),$$

所以 $\varphi(x)$ 在 $x=0$ 连续.

$$\varphi'(0)=\lim_{x\to 0}\frac{\varphi(x)-\varphi(0)}{x}=\lim_{x\to 0}\frac{\dfrac{e^x f(x)}{x}-f'(0)}{x}$$

$$=\lim_{x\to 0}\frac{e^x f(x)-xf'(0)}{x^2}=\lim_{x\to 0}\frac{e^x f(x)+e^x f'(x)-f'(0)}{2x}$$

$$=\lim_{x\to 0}\frac{e^x f(x)+2e^x f'(x)+e^x f''(x)}{2}$$

$$=f'(0)+\frac{1}{2}f''(0).$$

所以
$$\varphi'(x)=\begin{cases} \dfrac{e^x f(x)}{x}-\dfrac{e^x f(x)}{x^2}+\dfrac{e^x f'(x)}{x}, & x\neq 0, \\ f'(0)+\dfrac{1}{2}f''(0), & x=0. \end{cases}$$

注意 数列的极限为未定式时，可先将 n 改为连续自变量 x，然后使用洛必达法则，再根据海因定理得出数列的极限.

26. 求 $\lim\limits_{n\to\infty}\sqrt[n]{n}$.

解 因为 $\lim\limits_{x\to+\infty}\sqrt[x]{x}=e^{\lim\limits_{x\to+\infty}\frac{1}{x}\ln x}=e^{\lim\limits_{x\to+\infty}\frac{1}{x}}=e^0=1$，

所以由海因定理有 $\lim\limits_{n\to\infty}\sqrt[n]{n}=1$.

27. 求 $\lim\limits_{n\to\infty}\left(\dfrac{a^{\frac{1}{n}}+b^{\frac{1}{n}}}{2}\right)^n$.

解 因为 $\lim\limits_{x\to\infty}\left(\dfrac{a^{\frac{1}{x}}+b^{\frac{1}{x}}}{2}\right)^x=e^{\lim\limits_{x\to+\infty}x[\ln(a^{\frac{1}{x}}+b^{\frac{1}{x}})-\ln 2]}$

$$=e^{\frac{1}{2}(\ln a+\ln b)}=\sqrt{ab},$$

所以由海因定理有

$$\lim_{n\to\infty}\left(\frac{a^{\frac{1}{n}}+b^{\frac{1}{n}}}{2}\right)^n=\sqrt{ab}.$$

注意　有些求极限题目中含有定积分的变上限函数,且整个函数的极限属于未定式,则可先对变上限求导,然后再求其极限.

28. 求 $\lim\limits_{x\to\infty}\frac{e^{-x^2}}{x}\int_0^x t^2e^{t^2}dt$.

解　原式 $=\lim\limits_{x\to\infty}\frac{\int_0^x t^2e^{t^2}dt}{xe^{x^2}}$　$\left(属\frac{\infty}{\infty}\right)$

$$=-\lim_{x\to\infty}\frac{x^2e^{x^2}}{e^{x^2}(1+2x^2)}=\frac{1}{2}.$$

29. 求 $\lim\limits_{x\to 0}\frac{1}{x}\int_0^x(1+\sin 2t)^{\frac{1}{t}}dt$.

解　$\left(属\frac{0}{0}型\right)$

原式 $=\lim\limits_{x\to 0}(1+\sin 2x)^{\frac{1}{x}}=e^{\lim\limits_{x\to 0}\frac{1}{x}\ln(1+\sin 2x)}$,

因为　$\lim\limits_{x\to 0}\frac{\ln(1+\sin 2x)}{x}=\lim\limits_{x\to 0}\frac{2\cos 2x}{1+\sin 2x}=2$,

所以　原式 $=e^2$.

2.4　导数在函数研究上的应用

重要公式与结论

一、函数单调性的充分条件

若 $f(x)$ 在 $[a,b]$ 上连续,在 (a,b) 内可导,则

① $f'(x)>0(<0)\Rightarrow f(x)$ 严格单调增(减);

②(a,b)内 $f'(x)\geqslant 0(\leqslant 0)$且 $f'(x)$在(a,b)内任何子区间不恒为零$\Rightarrow f(x)$在$[a,b]$上严格单增(减).

二、函数极值存在的必要条件

若 x_0 是 $f(x)$的极值点,又 $f'(x_0)$存在,则 $f'(x_0)=0$. 使$f'(x)=0$ 的点称为函数 $f(x)$的驻点.

对于连续函数 $f(x)$来说,$f'(x)$不存在的点也可能是极值点,因此,驻点和导数不存在的点都是取极值的嫌疑点.

三、判定极值的第一充分条件

设函数 $f(x)$在点 x_0 处连续,在 x_0 的某个去心邻域内可微,当点 x 从点 x_0 的左侧经过点 x_0 而变到右侧时,有

①若 $f'(x)$由"+"变到"-"时,则 $f(x_0)$为极大值;

②若 $f'(x)$由"-"变到"+"时,则 $f(x_0)$为极小值.

四、判定极值的第二充分条件

设 x_0 为 $f(x)$的一个驻点,即 $f'(x_0)=0$,且在 x_0 处 $f''(x_0)$存在,则

①当 $f''(x_0)>0$ 时,$f(x_0)$为极小值;

②当 $f''(x_0)<0$ 时,$f(x_0)$为极大值.

五、函数的最大值、最小值的求法

①求 $f(x)$在(a,b)内驻点及导数不存在的点.

②计算 $f(x)$在这些点的函数值及 $f(a)$、$f(b)$,并比较它们的大小,最大者为最大值,最小者为最小值.

如果连续函数在区间 I 内有惟一的极值点,则极大值就是最大值,极小值就是最小值.

六、曲线的凹凸性与拐点

曲线 $y=f(x)$在(a,b)内为凹的或凸的充分条件是在该区间上不等式

$$f''(x)>0 \text{ 或 } f''(x)<0$$

恒成立.

改变曲线凹凸方向的点$(x_0,f(x_0))$称为曲线的拐点.

如果$(x_0,f(x_0))$是曲线 $y=f(x)$的拐点,当 $f''(x)$存在,则 $f''(x_0)=0$;或者 $f''(x_0)$不存在.

在 x_0 的邻域内,如果 $f''(x)$改变符号,则 x_0 是曲线拐点的横坐标,否则不是.

七、曲线的渐近线

①若 $\lim\limits_{x\to x_0^+} f(x)=\infty$或 $\lim\limits_{x\to x_0^-} f(x)=\infty$,则直线 $x=x_0$ 就是曲线 $y=f(x)$的垂直渐近线.

②若$\lim\limits_{x\to\infty} f(x)=y_0$,则直线 $y=y_0$ 就是曲线 $y=f(x)$的水平渐近线.

③斜渐近线:若 $a=\lim\limits_{x\to\infty}\dfrac{f(x)}{x}$及 $b=\lim\limits_{x\to\infty}[f(x)-ax]$,则直线 $y=ax+b$ 就是曲线$y=f(x)$的斜渐近线.

例题选解

一、有关极值的选择题

1.设 $f(x)$在 x_0 的某一邻域内有定义,且$\lim\limits_{x\to x_0}\dfrac{f(x)-f(x_0)}{(x-x_0)^2}=A>0$,($A$ 为常数),则 $f(x)$在 x_0 处

(A)有极大值.　　(B)有极小值.

(C)无极值.　　(D)不能判定是否取得极值.

答(B)

2.设 $g(x)$在$(-\infty,+\infty)$严格单减,又 $f(x)$在 $x=x_0$ 处有极大值,则必有

(A)$g(f(x))$在 $x=x_0$ 处有极大值.

(B)$g(f(x))$在 $x=x_0$ 处有最小值.

(C)$g(f(x))$在 $x=x_0$ 处有极小值.

(D)$g(f(x))$在 $x=x_0$ 处既无极值也无最小值.

答(C)

3. 设函数 $f(x)$ 在 $(-\infty, +\infty)$ 内可导，且对任意的 x_1、x_2，当 $x_1 > x_2$ 时，都有 $f(x_1) > f(x_2)$，则

(A)对任意 x，$f'(x) > 0$.　(B)对任意 x，$f'(-x) \leqslant 0$.

(C)函数 $f(-x)$ 单调增加.　(D)函数 $-f(-x)$ 单调增加.

答(D)

4. 设在 $[0,1]$ 上 $f''(x) > 0$，则 $f'(0)$，$f'(1)$，$f(1)-f(0)$ 或 $f(0)-f(1)$ 的大小顺序是

(A) $f'(1) > f'(0) > f(1) - f(0)$.

(B) $f'(1) > f(1) - f(0) > f'(0)$.

(C) $f(1) - f(0) > f'(1) > f'(0)$.

(D) $f'(1) > f(0) - f(1) > f'(0)$.

答(B)

5. 若 $a^2 - 3b < 0$，则方程 $f(x) = x^3 + ax^2 + bx + c = 0$

(A)无实根.　(B)有惟一的实根.

(C)有三个实根.　(D)有重实根.

答(B)

6. 若 $f(x)$ 在区间 $[a, +\infty)$ 上二次可微，且 $f(a) = A > 0$，$f'(a) < 0$，$f''(x) \leqslant 0 (x > a)$，则方程 $f(x) = 0$ 在 $[a, +\infty)$ 上

(A)无实根.　(B)有重实根.

(C)有无穷多个实根.　(D)有且仅有一个实根.

答(D)

7. 若 $f(x) = -f(-x)$，在 $(0, +\infty)$ 内 $f'(x) > 0$，$f''(x) > 0$，则 $f(x)$ 在 $(-\infty, 0)$ 内

(A) $f'(x) < 0$，$f''(x) < 0$.　(B) $f'(x) < 0$，$f''(x) > 0$.

(C) $f'(x) > 0$，$f''(x) < 0$.　(D) $f'(x) > 0$，$f''(x) > 0$.

答(C)

8. 设两个函数 $f(x)$ 及 $g(x)$ 都在 $x = a$ 处取得极大值，则 $F(x) = f(x)g(x)$ 在 $x = a$ 处

(A)必取极大值.　　(B)必取极小极.

(C)不可能取极值.　　(D)是否取极值不能确定.

答(D)

9. 设函数 $y=f(x)$在 $x=x_0$ 处有 $f'(x_0)=0$,在 $x=x_1$ 处 $f'(x)$ 不存在,则

(A) $x=x_0$ 及 $x=x_1$ 一定都是极值点.

(B)只有 $x=x_0$ 是极值点.

(C) $x=x_0$ 与 $x=x_1$ 都可能不是极值点.

(D) $x=x_0$ 与 $x=x_1$ 至少有一个点是极值点.

答(C)

10. 曲线 $y=\dfrac{1+e^{-x^2}}{1-e^{-x^2}}$

(A)没有渐近线.

(B)仅有水平渐近线.

(C)仅有铅直渐近线.

(D)既有水平渐近线,又有铅直渐近线.

答(D)

二、极值的求法

11. 求函数 $y=x+\dfrac{x}{x^2-1}$的极值.

解　由 $y'=1+\dfrac{x^2-1-2x^2}{(x^2-1)^2}=\dfrac{x^2(x^2-3)}{(x^2-1)^2}=0$,

所以　$x=0, x=\pm\sqrt{3}$为驻点.

当 x 由左往右经过 $-\sqrt{3}$时,y'由"+"变"-",故 $y|_{x=-\sqrt{3}}=-\dfrac{3}{2}\sqrt{3}$ 为极大值.

当 x 由左往右经过$\sqrt{3}$时,y'由"-"变"+",故 $y|_{x=\sqrt{3}}=\dfrac{3}{2}\sqrt{3}$为极小值.

当 x 由左往右经过 0 时，y' 不变号，故 y 在 $x=0$ 处不取得极值.

12. 求函数 $y=\frac{\ln^2 x}{x}$ 的单调区间与极值.

解 函数的定义域为 $(0,+\infty)$，

$$y'=\frac{2\ln x-\ln^2 x}{x^2}=\frac{\ln x(2-\ln x)}{x^2},$$

当 $x_1=1, x_2=e^2$ 时，$y'=0$. 这些驻点把定义域 $(0,+\infty)$ 分隔成 $(0,1)$，$(1,e^2)$，$(e^2,+\infty)$ 三个子区间. 在 $(0,1)$ 内，$y'<0$；在 $(1,e^2)$ 内，$y'>0$；在 $(e^2,+\infty)$ 内，$y'<0$.

所以，$(0,1)$，$(e^2,+\infty)$ 是函数减区间；$(1,e^2)$ 是函数的增区间，

$y|_{x=1}=0$ 为极小值；$y|_{x=e^2}=\frac{4}{e^2}$ 为极大值.

13. 设函数 $f(x)$ 二次可微，且 $f''(x)>0$，$f(0)=0$，证明函数

$$F(x)=\begin{cases}\frac{f(x)}{x}, & x\neq 0,\\ f'(0), & x=0\end{cases}$$

是单调增函数.

证明 当 $x\neq 0$ 时

$$F'(x)=\frac{xf'(x)-f(x)}{x^2},$$

由于 $F'(x)$ 的符号取决于分子，不妨设

$$g(x)=xf'(x)-f(x),$$

显然 $g(x)$ 是连续函数，由 $g'(x)=xf''(x)$，并注意题设条件，可知 $x=0$ 是 $g(x)$ 的极小点，且极小值 $g(0)=0$. 所以当 $x\neq 0$ 时，$g(x)>0$，即 $F'(x)>0$，于是在 $(-\infty,0)$ 及 $(0,+\infty)$ 内，$F(x)$ 是单调增函数.

又
$$\lim_{x\to 0}F(x)=\lim_{x\to 0}\frac{f(x)}{x}=f'(0),$$

即 $F(x)$ 在 $x=0$ 点连续，故 $F(x)$ 在 $(-\infty,+\infty)$ 内为单调增函数.

14. 讨论函数 $y=\left(\sum_{k=0}^{n}\frac{x^k}{k!}\right)e^{-x}$ 的增减性与极值.

解　$y'=\left(\sum_{k=0}^{n-1}\frac{x^k}{k!}\right)e^{-x}-\left(\sum_{k=0}^{n}\frac{x^k}{k!}\right)e^{-x}$

$=-\frac{x^n}{n!}e^{-x}.$

显然当 $x=0$ 时,$y'=0$,但是没有导数不存在的点.

若 n 是偶数,则 $y'\leqslant 0$,且仅当 $x=0$ 时为零,故函数在$(-\infty,+\infty)$内是单调减,且无极值.

若 n 为奇数,当 $x<0$ 时,$y'>0$;当 $x>0$ 时,$y'<0$,故在$(-\infty,0)$内函数单调增,在$(0,+\infty)$内函数单调减,$x=0$ 是极大点,极大值 $y|_{x=0}=1$.

15. 当 a 为何值时,$y=a\sin x+\frac{1}{3}\sin 3x$ 在 $x=\frac{\pi}{3}$处有极值?求此极值,并说明是极大值还是极小值.

解　$y'=a\cos x+\cos 3x$,

为了使函数在 $x=\frac{\pi}{3}$处取得极值,必须

$$y'|_{x=\frac{\pi}{3}}=a\cos\frac{\pi}{3}+\cos\pi=0,$$

故 $a=2$,于是

$$y=2\sin x+\frac{1}{3}\sin 3x,$$

$$y''|_{x=\frac{\pi}{3}}=(-2\sin x-3\sin 3x)|_{x=\frac{\pi}{3}}$$

$$=-\sqrt{3}<0,$$

所以　$y|_{x=\frac{\pi}{3}}=2\sin\frac{\pi}{3}+\frac{1}{3}\sin\pi=\sqrt{3}$为极大值.

16. 求函数 $y=\cos x+\frac{1}{2}\cos 2x$ 的极值.

解　函数的定义域为$(-\infty,+\infty)$.

由　$y'=-\sin x(1+2\cos x)=0$,

得　$x_1=k\pi, x_2=2k\pi+\frac{2}{3}\pi, x_3=2k\pi+\frac{4}{3}\pi$,

$$k=0,\pm 1,\pm 2,\cdots.$$

又 $\qquad y''=-\cos x-2\cos 2x,$

因为 $\qquad y''(k\pi)=-(-1)^k-2<0,$

$$y''\left(2k\pi+\frac{2}{3}\pi\right)=\frac{3}{2}>0,$$

$$y''\left(2k\pi+\frac{4}{3}\pi\right)=\frac{3}{2}>0,$$

所以 $\qquad y|_{x=k\pi}=(-1)^k+\dfrac{1}{2}$为极大值，

$$y|_{x=2k\pi+\frac{2}{3}\pi}=-\frac{3}{4}\text{为极小值，}$$

$$y|_{x=2k\pi+\frac{4}{3}\pi}=-\frac{3}{4}\text{为极小值.}$$

17.设 $f(x)$在 x_0 某邻域内有直到 $n+1$ 阶导数，且 $f'(x_0)=f''(x_0)=\cdots=f^{(k-1)}(x_0)=0, f^{(k)}(x_0)\neq 0(k\leqslant n)$. 证明：(1)$k$ 为奇数时$f(x_0)$不是极值；(2)k 为偶数时$f(x_0)$为极值.

证明 在 $x=x_0$ 处将 $f(x)$按泰勒公式展开，由题设条件可得

$$f(x)-f(x_0)=\frac{f^{(k)}(\xi)}{k!}(x-x_0)^k \quad (\xi\text{ 在 }x\text{ 与 }x_0\text{ 之间}),$$

且在 x_0 某邻域内 $f^{(k)}(\xi)$不变号.

(1)当 k 为奇数时，因为当 $x>x_0$ 与 $x<x_0$ 时，$(x-x_0)^n$ 变号，所以$\dfrac{f^{(k)}(\xi)}{k!}(x-x_0)^k$ 变号，从而 $f(x)-f(x_0)$变号，即$f(x)$在 $x=x_0$ 点不取极值.

(2)当 k 为偶数时，$(x-x_0)^k>0$.

若 $f^{(k)}(\xi)>0$ 时，有 $f(x)-f(x_0)>0$，即 $f(x)>f(x_0)$，则 $f(x)$在 $x=x_0$ 处取得极小值.

若 $f^{(k)}(\xi)<0$ 时，有 $f(x)-f(x_0)<0$，即 $f(x)<f(x_0)$，则

$f(x)$在 $x=x_0$ 处取得极大值.

18. 设 $f(x)$满足

$$3f(x)-f\left(\frac{1}{x}\right)=\frac{1}{x},$$

求函数 $f(x)$的极值.

解　先求 $f(x)$,为此令 $x=\frac{1}{t}$,$t\neq 0$,得

$$3f\left(\frac{1}{t}\right)-f(t)=t,$$

故有
$$\begin{cases}3f(x)-f\left(\frac{1}{x}\right)=\frac{1}{x},\\ -f(x)+3f\left(\frac{1}{x}\right)=x,\end{cases}$$

解方程组可得　$f(x)=\frac{1}{8}\left(x+\frac{3}{x}\right)$.

又　　$f'(x)=\frac{1}{8}\left(1-\frac{3}{x^2}\right)$,$f''(x)=\frac{3}{4x^3}$.

由　　$f'(x)=0$,得 $x=\pm\sqrt{3}$,而

$$f''(-\sqrt{3})=-\frac{1}{4\sqrt{3}}<0,f''(\sqrt{3})=\frac{1}{4\sqrt{3}}>0,$$

因此　　$f(-\sqrt{3})=-\frac{\sqrt{3}}{4}$为极大值,

　　$f(\sqrt{3})=\frac{\sqrt{3}}{4}$为极小值.

19. 试证当 $a+b+1>0$ 时,$f(x)=\frac{x^2+ax+b}{x-1}$取得极值.

证明　$f'(x)=\frac{x^2-2x-(a+b)}{(x-1)^2}$,

令 $f'(x)=0$,即 $x^2-2x-(a+b)=0$,当 $a+b+1>0$,得驻点

$$x_1=1+\sqrt{a+b+1},x_2=1-\sqrt{a+b+1}.$$

因为

$$f''(x)=\frac{2}{(x-1)^3}\{(x-1)^2-[x^2-2x-(a+b)]\},$$

$$=\frac{2(1+a+b)}{(x-1)^3}.$$

所以 $f''(1\pm\sqrt{a+b+1})=\dfrac{2(1+a+b)}{(1\pm\sqrt{a+b+1}-1)^3}=\pm\dfrac{2}{\sqrt{a+b+1}}$,

于是 $f''(x_1)>0, f''(x_2)<0$,

从而 $f(x)$ 在 $x_1=1+\sqrt{a+b+1}$ 处取得极小值, $f(x)$ 在 $x_2=1-\sqrt{a+b+1}$ 处取得极大值.

20. 设 $f(x)=3x^2+ax^{-3}(0<x<+\infty)$,问正数 a 至少为何值时,可使对任意的 $x\in(0,+\infty)$ 均有不等式 $f(x)\geqslant 20$ 成立.

解 由题设 $a>0$,

$$f'(x)=6x-3ax^{-4},令 f'(x)=0,得 x=\left(\frac{a}{2}\right)^{\frac{1}{5}}.$$

$$f''(x)=6+12ax^{-5},$$

因为 $f''(x)|_{x=\left(\frac{a}{2}\right)^{\frac{1}{5}}}=6+12a\cdot\left(\frac{a}{2}\right)^{-1}=30>0$,

所以 $x=\left(\dfrac{a}{2}\right)^{\frac{1}{5}}$ 是连续函数 $f(x)$ 在 $(0,+\infty)$ 上惟一的极小点,故必为最小点. 而

$$f(x)|_{x=\left(\frac{a}{2}\right)^{\frac{1}{5}}}=3\left(\frac{a}{2}\right)^{\frac{2}{5}}+a\cdot\left(\frac{a}{2}\right)^{-\frac{3}{5}}=5\left(\frac{a}{2}\right)^{\frac{2}{5}}\geqslant 20,$$

因此,当 $a\geqslant 64$ 时, $f(x)\geqslant 20$ 成立.

21. 讨论函数 $f(x)=|4x^3-18x^2+27|, x\in[0,2]$ 的单调性,并确定它在该区间上的最大最小值.

解 设 $\varphi(x)=4x^3-18x^2+27$,则 $\varphi'(x)=12x(x-3)$,于是当 $0<x\leqslant 2$ 时, $\varphi'(x)<0$,而只有 $x=0$ 时, $\varphi'(x)=0$,故在 $[0,2]$ 上 $\varphi(x)$ 为单调减少. 而

$$\varphi(0)=27, \varphi\left(\frac{3}{2}\right)=0, \varphi(2)=-13,$$

所以

$$f(x)=|4x^3-18x^2+27|=\begin{cases}\varphi(x), & 0\leqslant x\leqslant\dfrac{3}{2},\\ -\varphi(x), & \dfrac{3}{2}\leqslant x\leqslant 2\end{cases}$$

在$\left[0,\dfrac{3}{2}\right]$为单调减少，在$\left[\dfrac{3}{2},2\right]$为单调增加. 因而在$[0,2]$上$f(x)$的最大值 $f(0)=27$，最小值 $f\left(\dfrac{3}{2}\right)=0$.

22. 求数列$\{u_n\}:1,\sqrt{2},\sqrt[3]{3},\cdots,\sqrt[n]{n}\cdots$中的最大项.

解　为应用导数研究此问题，引进连续变量函数 $f(x)=x^{\frac{1}{x}}$，$x\in[1,+\infty)$.

先求 $f(x)$最大值，由于

$$f'(x)=x^{\frac{1}{x}}\frac{1}{x^2}(1-\ln x),$$

令 $f'(x)=0$，得 $x=\mathrm{e}$. 当$0<x<\mathrm{e}$时，$f'(x)>0$，$f(x)$为单调增加的；当 $\mathrm{e}<x<+\infty$时，$f'(x)<0$，$f(x)$为单调减少的. 于是 $x=\mathrm{e}$ 为极大点，$f(\mathrm{e})=\sqrt[\mathrm{e}]{\mathrm{e}}$为极大值，且取得 $f(x)$在$[1,+\infty)$上的最大值.

在已知数列中，与$\sqrt[\mathrm{e}]{\mathrm{e}}$接近的两项是

$$u_2=\sqrt{2},u_3=\sqrt[3]{3},$$

经比较可知数列中最大项为 $u_3=\sqrt[3]{3}$.

23. 求证当 $x>1$ 时，$2\sqrt{x}>3-\dfrac{1}{x}$.

证明　令 $f(x)=2\sqrt{x}-3+\dfrac{1}{x}$,

则

$$f'(x)=\frac{1}{\sqrt{x}}-\frac{1}{x^2}=\frac{x\sqrt{x}-1}{x^2}.$$

于是，当 $x>1$ 时，$f'(x)>0$，所以 $f(x)$单调增. 而 $f(1)=0$，故当 $x>1$ 时

$$f(x)>f(1),$$

即当 $x>1$ 时，$f(x)>0$，所以 $2\sqrt{x}>3-\frac{1}{x}$.

24. 当 $x>0$ 时，求证 $\sin x+\cos x>1+x-x^2$.

证明 令 $f(x)=\sin x+\cos x-1-x+x^2$，

则 $f'(x)=\cos x-\sin x-1+2x$，

$f''(x)=-\sin x-\cos x+2$.

显然 $f''(x)\geqslant 0$，从而当 $x>0$ 时，$f'(x)=\cos x-\sin x-1+2x$ 为单增函数. 又因为 $f'(0)=0$，所以当 $x>0$ 时，$f'(x)>0$. 故当 $x>0$ 时，$f(x)=\sin x+\cos x-1-x+x^2$ 为单调增函数. 又有 $f(0)=0$，故当 $x>0$ 时，$f(x)>0$，即当 $x>0$ 时，

$$\sin x+\cos x>1+x-x^2.$$

25. 证明当 $0<x<\frac{\pi}{2}$ 时，$\frac{2}{\pi}x<\sin x<x$.

证明 因为 $x>0$，所以只需证明

$$\frac{2}{\pi}<\frac{\sin x}{x}<1.$$

令 $f(x)=\frac{\sin x}{x}$，

则 $f'(x)=\frac{x\cos x-\sin x}{x^2}=\frac{\cos x(x-\tan x)}{x^2}$，

当 $0<x<\frac{\pi}{2}$ 时，$f'(x)<0$，

故 $f(x)$ 在 $\left(0,\frac{\pi}{2}\right)$ 内单调减，从而

$$f\left(\frac{\pi}{2}\right)<f(x)<\lim_{x\to 0^+}f(x),$$

而 $f\left(\frac{\pi}{2}\right)=\frac{2}{\pi}$，$\lim\limits_{x\to 0^+}f(x)=1$，

所以 $\frac{2}{\pi}x<\sin x<x,x\in\left(0,\frac{\pi}{2}\right)$.

26. 试证不等式

$$(x^{\alpha}+y^{\alpha})^{\frac{1}{\alpha}}>(x^{\beta}+y^{\beta})^{\frac{1}{\beta}}\quad(x>0,y>0,\beta>\alpha>0).$$

证明　令 $f(t)=\left[1+\left(\frac{y}{x}\right)^{t}\right]^{\frac{1}{t}}(t>0)$,

且令 $a=\frac{y}{x}>0$,则 $f(t)=(1+a^{t})^{\frac{1}{t}}$.

因为 $f'(t)=\frac{f(t)}{t^{2}}\left[\frac{a^{t}\ln a^{t}-(1+a^{t})\ln(1+a^{t})}{1+a^{t}}\right]$,

则显然有　$f'(t)<0$,

所以函数 $f(t)$为单调递减,由 $\beta>\alpha>0$,即可得

$$f(\alpha)>f(\beta),$$

因此成立不等式

$$\left[1+\left(\frac{y}{x}\right)^{\alpha}\right]^{\frac{1}{\alpha}}>\left[1+\left(\frac{y}{x}\right)^{\beta}\right]^{\frac{1}{\beta}},$$

即

$$(x^{\alpha}+y^{\alpha})^{\frac{1}{\alpha}}>(x^{\beta}+y^{\beta})^{\frac{1}{\beta}}.$$

27. 设 $f(x)=nx(1-x)^{n}$(n 是正整数),试证明 $\max\limits_{0\leqslant x\leqslant 1}f(x)<\frac{1}{\mathrm{e}}$.

证明　考察 $f(x)$在[0,1]上的最大值,注意最大值依赖于参量 n. 先求导数

$$f'(x)=n(1-x)^{n-1}[1-(1+n)x],$$

令 $f'(x)=0$,得 $x=\frac{1}{1+n}$,容易证明它是极大点,并且是 $x\in[0,1]$上惟一的极大点,所以也是 $f(x)$在[0,1]上的最大点,其最大值

$$M_{n}=\max_{0\leqslant x\leqslant 1}f(x)=f\left(\frac{1}{1+n}\right)=\left(\frac{n}{n+1}\right)^{n+1},$$

因为 $M_{n}<M_{n+1}$,即序列$\{M_{n}\}$为单调增的,从而 $\max\limits_{0\leqslant x\leqslant 1}f(x)<\lim\limits_{n\to\infty}M_{n}=\lim\limits_{n\to\infty}\left(\frac{n}{n+1}\right)^{n+1}=\frac{1}{\mathrm{e}}$.

28. 试证 $x^{\alpha}-\alpha x\leqslant 1-\alpha$,其中 $x>0,0<\alpha<1$.

证明　令 $f(x)=x^{\alpha}-\alpha x-(1-\alpha)$,则

$$f'(x)=\alpha x^{\alpha-1}-\alpha=\alpha(x^{\alpha-1}-1)\begin{cases}>0, & 0<x<1,\\ =0, & x=1,\\ <0, & x>1.\end{cases}$$

从而 $f(x)$在$[0,1]$上单调增加,在$[1,+\infty)$上单调减少,因此在 $x=1$ 处取得极大值,且为最大值 $f(1)=0$. 所以 $f(x)\leqslant 0,(x>0)$,其中等号仅限于 $x=1$ 时成立.

即得 $x^{\alpha}-\alpha x\leqslant 1-\alpha \quad (x>0,0<\alpha<1)$.

29. 证明方程 $x^3-6x^2+9x-10=0$ 只有一个实根.

证明 令 $f(x)=x^3-6x^2+9x-10,x\in(-\infty,+\infty)$,

$$f'(x)=3x^2-12x+9=3(x-1)(x-3)=0,$$

从而 $x_1=1,x_2=3$ 为驻点.

$$f''(x)=6x-12,$$

则有 $f''(1)=-6<0,f''(3)=6>0$,

所以 $x_1=1$ 为极大点,$x_2=3$ 为极小点,

而 $f(1)=-6,f(3)=-10$,

即极大值、极小值均为负数,并且

$$\lim_{x\to-\infty}f(x)=-\infty,\lim_{x\to+\infty}f(x)=+\infty.$$

综合以上分析,$f(x)$在$(-\infty,+\infty)$内有且只有一个零点,即 $x^3-6x^2+9x-10=0$ 只有一个实根.

30. 证明方程 $x^2=x\sin x+\cos x$ 恰好只有两个不同的实数根.

证明 令 $f(x)=x^2-x\sin x-\cos x,x\in(-\infty,+\infty)$,

$$f'(x)=2x-\sin x-x\cos x+\sin x=x(2-\cos x),$$

令 $f'(x)=0$,得 $x=0$.

当 $x<0$ 时,$f'(x)<0$,$f(x)$为单调减函数;当 $x>0$ 时,$f'(x)>0$,$f(x)$为单调增函数. 所以 $x=0$ 时,$f(0)=-1$ 为极小值.

又因为 $\lim\limits_{x\to-\infty}f(x)=\lim\limits_{x\to+\infty}f(x)=+\infty$,且 $f(x)$为连续函数,故 $f(x)$在$(-\infty,+\infty)$内有两个零点. 即 $x^2=x\sin x+\cos x$ 恰好只有两个不同实根.

31. 方程 $\ln x = ax(a>0)$ 有几个实数根?

解　令 $f(x)=\ln x-ax, x\in(0,+\infty)$,

$$f'(x)=\frac{1}{x}-a=0, x=\frac{1}{a},$$

$$f''(x)=-\frac{1}{x^2}<0,$$

故 $x=\frac{1}{a}$ 为惟一极大点,也是最大点,且 $\left(0,\frac{1}{a}\right)$ 为单调增区间, $\left(\frac{1}{a},+\infty\right)$ 为单调减区间.

因为 $\lim\limits_{x\to-\infty} f(x)=\lim\limits_{x\to+\infty} f(x)=-\infty$,

所以对于 $f\left(\frac{1}{a}\right)=\ln\frac{1}{a}-1$ 中,当 $a=\frac{1}{\mathrm{e}}$ 时, $f\left(\frac{1}{a}\right)=0$,即 $f(x)=0$,在 $x\in(0,+\infty)$ 内有惟一实根.

当 $0<a<\frac{1}{\mathrm{e}}$ 时, $f\left(\frac{1}{a}\right)>0$,即 $f(x)=0$ 在 $x\in(0,+\infty)$ 内有两个不等实根.

当 $a>\frac{1}{\mathrm{e}}$ 时, $f\left(\frac{1}{a}\right)<0$,即 $f(x)=0$ 在 $x\in(0,+\infty)$ 内无实根.

32. 设 $f(x)=1-x+\frac{x^2}{2}-\frac{x^3}{3}+\cdots+(-1)^n\frac{x^n}{n}$,证明方程 $f(x)=0$ 当 n 为奇数时恰有一个实根,当 n 为偶数时无实根.

证明　$f'(x)=-1+x-x^2+\cdots+(-1)^n x^{n-1}$

$$=\begin{cases}-n, & x=-1,\\ -\dfrac{1-(-x)^n}{1+x}, & x\neq-1,\end{cases}$$

当 n 为奇数时,

$$f'(x)=\begin{cases}-n, & x=-1,\\ -\dfrac{1+x^n}{1+x}, & x\neq-1,\end{cases}$$

由 $f'(x)<0$,可知 $f(x)$ 单调减,最多有一个实零点,又 $f(x)$ 是实

系数的奇次多项式,至少有一个实零点,故当 n 是奇数时,$f(x)$有且仅有一个实零点,即 $f(x)=0$ 恰有一个实根.

当 n 是偶数时

$$f'(x)=\begin{cases}-n, & x=-1,\\ \dfrac{x^n-1}{1+x}, & x\neq-1,\end{cases}$$

容易证明 $x=1$ 是极小点且取最小值.又

$$f(x)=1-1+\frac{1}{2}-\frac{1}{3}+\cdots+\frac{1}{n-2}-\frac{1}{n-1}+\frac{1}{n}$$

$$=\left(\frac{1}{2}-\frac{1}{3}\right)+\left(\frac{1}{4}-\frac{1}{5}\right)+\cdots+\left(\frac{1}{n-2}-\frac{1}{n-1}\right)+\frac{1}{n}>0,$$

故当 n 是偶数时,$f(x)=0$ 无实数根.

三、求最大值、最小值应用题

33. 过曲线 $L:y=x^2-1(x>0)$上的点 P 作 L 的切线,与坐标轴交于 M、N,试求点 P 的坐标使△OMN 的面积最小(图 2-1).

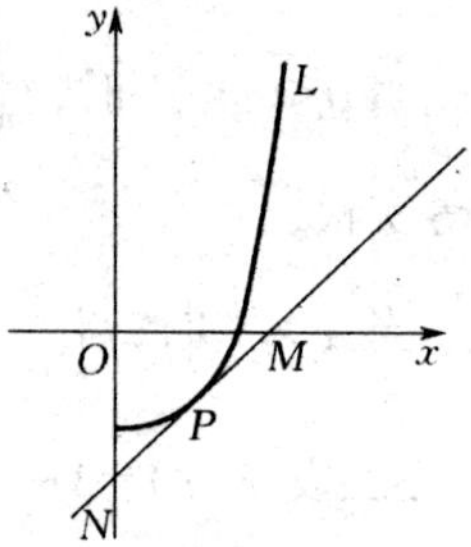

图 2-1

解 设点 P 坐标为(x,y),则曲线 L 在点 P 的切线MN 方程为

$$Y-y=2x(X-x),$$

即
$$\frac{X}{x-\dfrac{y}{2x}}+\frac{Y}{y-2x^2}=1.$$

则△OMN 面积为

$$S=\frac{1}{2}\left(x-\frac{y}{2x}\right)(2x^2-y)=\frac{1}{4}\left(x^3+2x+\frac{1}{x}\right),$$

而
$$\frac{\mathrm{d}S}{\mathrm{d}x}=\frac{3x^4+2x^2-1}{4x^2}=\frac{(3x^2-1)(x^2+1)}{4x^2},$$

由
$$\frac{\mathrm{d}S}{\mathrm{d}x}=0 \text{ 得 } x=\frac{1}{\sqrt{3}}(\text{其他根均舍去}).$$

当 x 由左向右经 $x=\dfrac{1}{\sqrt{3}}$时,$\dfrac{\mathrm{d}S}{\mathrm{d}x}$由“-”变“+”,所以 $x=\dfrac{1}{\sqrt{3}}$为极小

点，并且是 $x\in(0,+\infty)$ 内惟一极小点，故为最小点.

当 $x=\frac{1}{\sqrt{3}}$ 时，$y=-\frac{2}{3}$，即 $P\left(\frac{1}{\sqrt{3}},-\frac{2}{3}\right)$ 为所求点的坐标.

34. 从半径为 R 的圆形铁片中剪去一个扇形，将剩余部分围成一个圆锥形漏斗，问剪去的扇形的圆心角多大时，才能使圆锥形漏斗的容积最大.

解　设剪去扇形以后剩余部分的圆心角为 x，则圆锥底的周长为 Rx.

又设圆锥底半径为 r，则 $2\pi r=Rx$，圆锥的高 h 为

$$h=\sqrt{R^2-r^2}=\sqrt{R^2-\left(\frac{Rx}{2\pi}\right)^2}=\frac{R}{2\pi}\sqrt{4\pi^2-x^2},$$

圆锥的底面积 S 为

$$S=\pi r^2=\pi\left(\frac{Rx}{2\pi}\right)^2=\frac{R^2x^2}{4\pi},$$

所以圆锥体积

$$V(x)=\frac{1}{3}\pi r^2h=\frac{1}{3}\frac{R^2x^2}{4\pi}\cdot\frac{R}{2\pi}\sqrt{4\pi^2-x^2}$$

$$=\frac{R^3}{24\pi^2}x^2\sqrt{4\pi^2-x^2}.$$

$$V'(x)=\frac{R^3}{24\pi^2}\frac{x(8\pi^2-3x^2)}{\sqrt{4\pi^2-x^2}},$$

令 $V'(x)=0$，得 $x=0$，或 $x=\pm\sqrt{\frac{8}{3}}\pi=\pm2\pi\sqrt{\frac{2}{3}}$. 由本题的实际意义，显然 $x=2\pi\sqrt{\frac{2}{3}}$ 为极大点，且在 $(0,+\infty)$ 内是惟一极大点，所以当剪去的扇形的圆心角为 $2\pi\left(1-\sqrt{\frac{2}{3}}\right)$ 时，所围成的圆锥形漏斗的容积最大.

35. 一个质量为 m_0 的雨滴，受重力作用自高空下降，在下降途中均匀蒸发. 设蒸发速度为 v_0，不计空气阻力，问何时雨滴动能最大？

解 设初始时刻 $t=0$,任一时刻 t 的动能为 $E(t)$,此时雨滴下降速度为 gt,质量为 m_0-v_0t,于是

$$E(t)=\frac{1}{2}(m_0-v_0t)(gt)^2, t\in[0,T],$$

T 为雨滴降至地面的那一时刻.

$$E'(t)=\frac{1}{2}g^2(2m_0t-3v_0t^2),$$

可知在 $[0,T]$ 内有惟一的驻点 $t=\frac{2m_0}{3v_0}$. 又在 $\left(0,\frac{2m_0}{3v_0}\right)$ 内 $E'(t)>0$;而在 $\left(\frac{2m_0}{3v_0},T\right)$ 内 $E'(t)<0$. 故 $t=\frac{2m_0}{3v_0}$ 为极大点.

而 $E(t)$ 在 $[0,T]$ 内连续,$t=\frac{2m_0}{3v_0}$ 是惟一的极值点,且是极大点,故它必取得最大值,即在 $t=\frac{2m_0}{3v_0}$ 时,雨滴动能最大.

36. 设抛物线 $y=ax^2+bx$ 是凸的曲线弧,且通过点 $M(1,3)$,为了使此抛物线与直线 $y=2x$ 所围成的平面图形面积最小,试确定 a、b 的值(图 2-2).

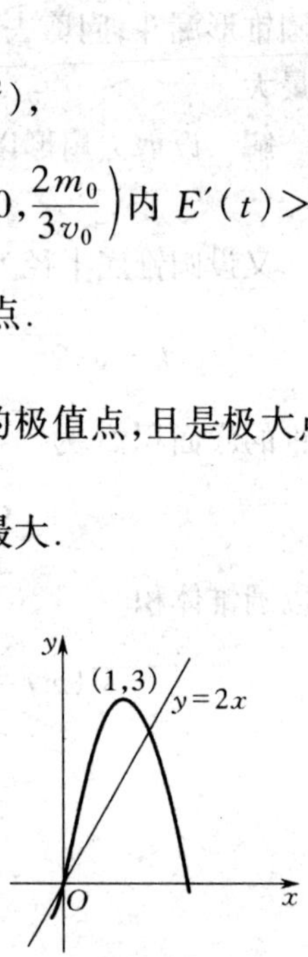

图 2-2

解 因为抛物线 $y=ax^2+bx$ 过点 $(1,3)$,则有 $a+b=3$. 抛物线与直线 $y=2x$ 交点可由

$$\begin{cases}y=ax^2+bx,\\ y=2x,\end{cases}$$

求得

$$x_1=0, x_2=\frac{2-b}{a}=\frac{a-1}{a},$$

所求平面图形面积

$$S=\int_0^{\frac{a-1}{a}}(ax^2+bx-2x)\mathrm{d}x$$

$$=\int_0^{\frac{a-1}{a}}[ax^2+(1-a)x]\mathrm{d}x$$

$$=\left(\frac{a}{3}x^3+\frac{1-a}{2}x^2\right)\Big|_0^{\frac{a-1}{a}}$$

$$=\frac{(1-a)^3}{6a^2}.$$

$$\frac{\mathrm{d}S}{\mathrm{d}a}=\frac{1}{6}\frac{-3(1-a)^2a^2-2a(1-a)^3}{a^4}$$

$$=-\frac{(1-a)^2(a+2)}{6a^3}.$$

令$\frac{\mathrm{d}S}{\mathrm{d}a}=0$,得 $a=-2$(舍去 $a=1$,因为抛物线为凸弧段,所以 $a<0$).

在 $a=-2$ 的近旁,$\frac{\mathrm{d}S}{\mathrm{d}a}$的符号由"-"变"+",故 $a=-2$ 为$S(a)$的极小点,$S(a)$在$(-\infty,0)$内只有一个极值点,且为极小点,所以$S(-2)$是最小值.于是

$$a=-2,b=5,y=-2x^2+5x.$$

四、函数图形的描绘

37.设 $y=\frac{(x+1)^3}{(x-1)^2}$,指出函数的单调增减区间和极值,凹凸区间和拐点,求出渐近线方程,并描绘曲线的图形.

解　(1)定义域$(-\infty,1),(1,+\infty)$.

(2)$y'=\frac{(x+1)^2(x-5)}{(x-1)^3}$.

令 $y'=0$,得 $x=-1,x=5$.

$y''=\frac{24(x+1)}{(x-1)^4}$.

令 $y''=0$,得 $x=-1$.

(3)求渐近线.

$\lim\limits_{x\to1}\frac{(x+1)^3}{(x-1)^2}=+\infty$,$x=1$ 为曲线的垂直渐近线.

$$\lim_{x\to\infty}\frac{y}{x}=\lim_{x\to\infty}\frac{(x+1)^3}{x(x-1)^2}=1,$$

$$\lim_{x\to\infty}\left[\frac{(x+1)^3}{(x-1)^2}-x\right]=5,$$

$y=x+5$ 为曲线的斜渐近线.

(4)列表.

x	$(-\infty,-1)$	-1	$(-1,1)$	1	$(1,5)$	5	$(5,+\infty)$
y'	$+$		$+$		$-$	0	$+$
y''	$-$	0	$+$		$+$		$+$
y		拐点 $(-1,0)$		$+\infty\to+\infty$		极小值 13.5	

(5)作图.

注意 作图时,应在直角坐标系中先画出曲线的渐近线,并标出一些关键点的坐标,然后参照表格从 $x\to-\infty$ 开始,沿其渐近线逐段描绘各段曲线的性态(图 2-3).

该曲线当 $x=0$ 时,$y=1$;当 $y=0$ 时,$x=-1$.

38. 描绘 $y=1+\dfrac{36x}{(x+3)^2}$ 的图形.

解 (1)定义域 $(-\infty,-3),(-3,+\infty)$.

(2)$y'=\dfrac{-36(x-3)}{(x+3)^3}$,令 $y'=0$,得 $x=3$.

$y''=\dfrac{72(x-6)}{(x+3)^4}$,令 $y''=0$,得 $x=6$.

(3)求渐近线.

$$\lim_{x\to-3}\left[1+\frac{36x}{(x+3)^2}\right]=-\infty,$$

$x=-3$ 为垂直渐近线.

$$\lim_{x\to\infty}\left[1+\frac{36x}{(x+3)^2}\right]=1,$$

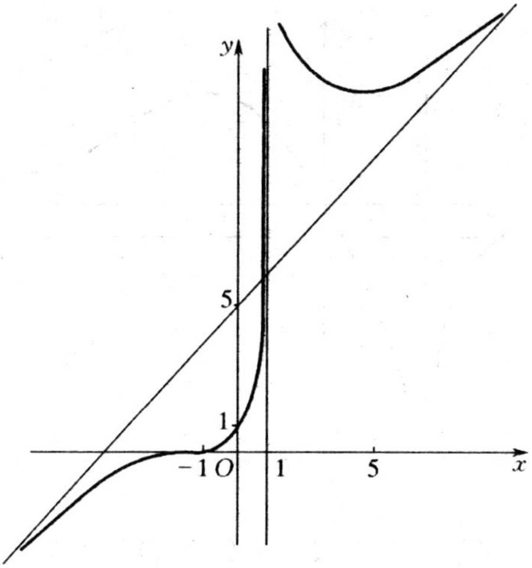

图 2-3

$y=1$ 为水平渐近线.无斜渐近线.

(4)列表.

x	$(-\infty,-3)$	-3	$(-3,3)$	3	$(3,6)$	6	$(6,+\infty)$
y'	$-$		$+$	0	$-$		$-$
y''	$-$		$-$		$-$	0	$+$
y	↘(凸)	$-\infty$ $\to -\infty$	↗(凸)	极大值 4	↘(凸)	拐点为 $\left(6,\frac{11}{3}\right)$	↘(凹)

(5)作图.

作图如图 2-4 所示.

39. 描绘 $f(x)=\dfrac{x^3-3x^2+3x+1}{x-1}$ 的图形.

解　$f(x)=(x-1)^2+\dfrac{2}{x-1}$.

(1)定义域 $(-\infty,1),(1,+\infty)$.

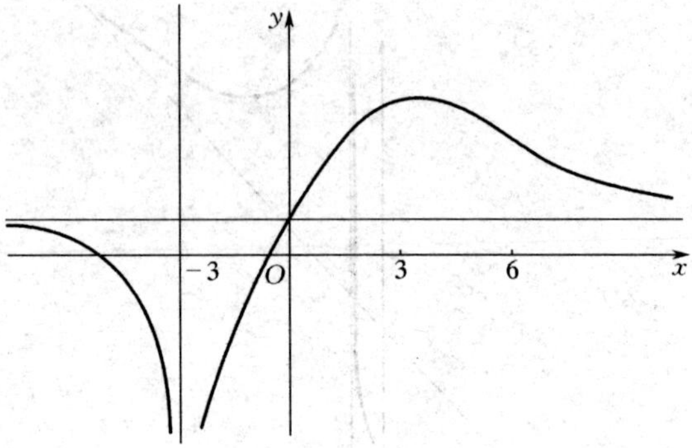

图 2-4

(2) $f'(x)=2\dfrac{(x-1)^3-1}{(x-1)^2}$，令 $f'(x)=0$，$x=2$.

$$f''(x)=2\frac{(x-1)^3+2}{(x-1)^3}\text{，令 } f''(x)=0,\ x=\sqrt[3]{-2}+1.$$

(3)渐近线.

$\lim\limits_{x\to1^{-0}}f(x)=-\infty$，$\lim\limits_{x\to1^{+0}}f(x)=+\infty$，$x=1$ 为垂直渐近线.

无水平渐近线. 又因为 $\lim\limits_{x\to\infty}\dfrac{2}{x-1}=0$，即 $f(x)=(x-1)^2+\dfrac{2}{x-1}$ 与抛物线 $y=(x-1)^2$ 无限接近.

(4)列表

x	$(-\infty,\sqrt[3]{-2}+1)$	$\sqrt[3]{-2}+1$	$(\sqrt[3]{-2}+1,1)$	1	(1,2)	2	$(2,+\infty)$
$f'(x)$	−		−		−	0	+
$f''(x)$	+	0	−		+		+
$f(x)$	↘	拐点 $(\sqrt[3]{-2}+1,0)$	↘	$-\infty$ → $+\infty$	↘	极小值3	↗

(5)作图

作图如图 2-5 所示.

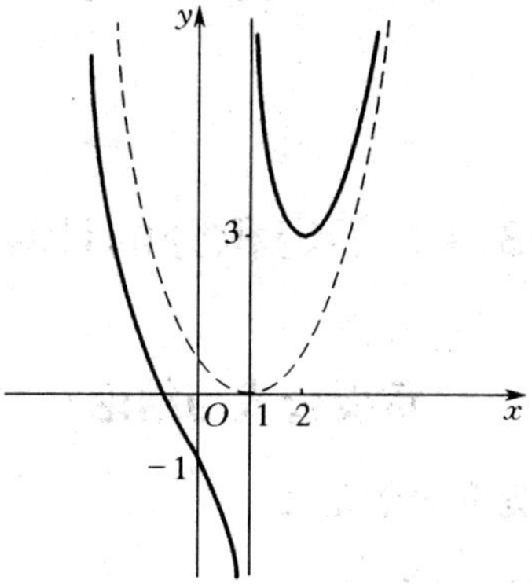

图 2-5

第 3 章　不定积分与定积分

3.1　不定积分的计算

重要公式与结论

一、原函数与不定积分的定义

如果在区间 I 上,等式

$$F'(x)=f(x)$$

成立,则称①$F(x)$是 $f(x)$在区间 I 的一个原函数;

②$F(x)+C$ 是$f(x)$在区间 I 内的不定积分,记作$\int f(x)\mathrm{d}x$,即

$$\int f(x)\mathrm{d}x=F(x)+C,$$

其中 C 为任意常数.

二、不定积分的性质

①$\frac{\mathrm{d}}{\mathrm{d}x}[\int f(x)\mathrm{d}x]=f(x)$或 $\mathrm{d}[\int f(x)\mathrm{d}x]=f(x)\mathrm{d}x$;

②$\int f'(x)\mathrm{d}x=f(x)+C$ 或$\int \mathrm{d}f(x)=f(x)+C$;

③$\int[A_1f_1(x)\pm A_2f_2(x)]\mathrm{d}x$

$$=A_1f_1(x)\mathrm{d}x\pm A_2\int f_2(x)\mathrm{d}x,$$

其中 A_1,A_2 是与 x 无关的常数.

三、基本积分公式

①$\int k\mathrm{d}x=kx+C$　(k 为常数);

②$\int x^{\alpha}\mathrm{d}x=\dfrac{1}{\alpha+1}x^{\alpha+1}+C$　（常数 $\alpha\neq-1$）；

③$\int \dfrac{1}{x}\mathrm{d}x=\ln|x|+C$；

④$\int a^{x}\mathrm{d}x=\dfrac{1}{\ln a}a^{x}+C$　（$a>0,a\neq1$），

特别地，$\int \mathrm{e}^{x}\mathrm{d}x=\mathrm{e}^{x}+C$；

⑤$\int \sin x\mathrm{d}x=-\cos x+C$；

⑥$\int \cos x\mathrm{d}x=\sin x+C$；

⑦$\int \sec^{2} x\mathrm{d}x=\int \dfrac{1}{\cos^{2} x}\mathrm{d}x=\tan x+C$；

⑧$\int \csc^{2} x\mathrm{d}x=\int \dfrac{1}{\sin^{2} x}\mathrm{d}x=-\cot x+C$；

⑨$\int \sec x\tan x\mathrm{d}x=\sec x+C$；

⑩$\int \csc x\cot x\mathrm{d}x=-\csc x+C$；

⑪$\int \sec x\mathrm{d}x=\ln|\sec x+\tan x|+C$；

⑫$\int \csc x\mathrm{d}x=\ln|\csc x-\cot x|+C$；

⑬$\int \dfrac{1}{1+x^{2}}\mathrm{d}x=\arctan x+C$；

⑭$\int \dfrac{1}{\sqrt{1-x^{2}}}\mathrm{d}x=\arcsin x+C$；

⑮$\int \mathrm{sh}x\mathrm{d}x=\mathrm{ch}x+C$；

⑯$\int \mathrm{ch}x\mathrm{d}x=\mathrm{sh}x+C$；

四、基本积分法

1. 换元积分法

(1)第一类换元积分公式

$$\int f[\varphi(x)]\varphi'(x)\mathrm{d}x=\int f[\varphi(x)]\mathrm{d}\varphi(x).$$

(2)第二类换元积分公式

$$\int f(x)\mathrm{d}x \xlongequal{x=\varphi(t)} \int f[\varphi(t)]\varphi'(t)\mathrm{d}t.$$

2. 常见换元公式

①$\int f(ax+b)\mathrm{d}x \xlongequal{u=ax+b} \dfrac{1}{a}\int f(u)\mathrm{d}u$,

其中 a 为非零常数,b 为常数;

②$\int f(\sin x)\cos x\mathrm{d}x \xlongequal{u=\sin x} \int f(u)\mathrm{d}u$;

③$\int f\left(\dfrac{1}{x}\right)\dfrac{1}{x^2}\mathrm{d}x \xlongequal{u=\frac{1}{x}} -\int f(u)\mathrm{d}u$;

④$\int R(x,\sqrt{a^2-x^2})\mathrm{d}x$,令 $x=a\sin t$ 或 $x=a\cos t$;

⑤$\int R(x,\sqrt{a^2+x^2})\mathrm{d}x$,令 $x=a\tan t$ 或 $x=a\mathrm{sh}t$;

⑥$\int R(x,\sqrt{x^2-a^2})\mathrm{d}x$,令 $x=a\sec t$ 或 $x=a\mathrm{ch}t$;

⑦$\int R(\sin x,\cos x)\mathrm{d}x \xlongequal{u=\tan\frac{x}{2}} \int R\left(\dfrac{2u}{1+u^2},\dfrac{1-u^2}{1+u^2}\right)\dfrac{2}{1+u^2}\mathrm{d}u$;

⑧$\int R\left(x,\sqrt[n]{\dfrac{ax+b}{cx+h}}\right)\mathrm{d}x$,令 $u=\sqrt[n]{\dfrac{ax+b}{cx+h}}$,

其中 $ah-cb\neq 0, n=2,3,4,\cdots$

3. 分部积分法

$$\int u(x)v'(x)\mathrm{d}x=u(x)v(x)-\int u'(x)v(x)\mathrm{d}x$$

或
$$\int u(x)\mathrm{d}v(x)=u(x)v(x)-\int v(x)\mathrm{d}u(x).$$

例题选解

一、换元积分法

(一)选择题

1.已知$\int f(x)\mathrm{d}x = x\mathrm{e}^x - \mathrm{e}^x + c$,则$\int f'(x)\mathrm{d}x =$

(A)$x\mathrm{e}^x - \mathrm{e}^x + C$.　　(B)$x\mathrm{e}^x + \mathrm{e}^x + C$.

(C)$x\mathrm{e}^x + C$.　　(D)$x\mathrm{e}^x - 2\mathrm{e}^x + C$.

答(C)

2.$\int \frac{\ln x}{x\sqrt{1+\ln x}}\mathrm{d}x =$

(A)$2\left(\frac{1}{3}x^3 - x\right) + C$.

(B)$2\left(\frac{1}{3}x^3 + x\right) + C$.

(C)$\frac{2}{3}(\ln x + 1)^3\sqrt{1+\ln x} + C$.

(D)$\frac{2}{3}(\ln x - 2)\sqrt{1+\ln x} + C$.

答(D)

3.若$f'(\sin^2 x) = \cos^2 x$,则$f(x) =$

(A)$\sin x - \frac{1}{2}\sin^2 x + C$.　　(B)$x - \frac{1}{2}x^2 + C$.

(C)$\cos x - \sin x + C$.　　(D)$\frac{1}{2}x^2 - x + C$.

答(B)

4.设积分曲线族$y = \int f(x)\mathrm{d}x$中有倾角为$\frac{\pi}{4}$的直线,则$y = f(x)$的图形是

(A)平行于y轴的直线.　　(B)抛物线.

(C)平行于x轴的直线.　　(D)直线$y = x$.

答(C)

5. 设 $f(x)\neq 0$,且有连续的二阶导数,则$\int\left[\frac{f''(x)}{f(x)}-\frac{(f'(x))^2}{(f(x))^2}\right]dx=$

(A)$\frac{f'(x)}{f(x)}+C$. (B)$\frac{f(x)}{f'(x)}+C$.

(C)$f(x)f'(x)+C$. (D)$[f'(x)]^2+C$.

答(A)

6. 若$\int f(x)dx=F(x)+C$,且 $x=at+b(a\neq 0)$,则$\int f(t)dt=$

(A)$F(x)+C$. (B)$F(at+b)+C$.

(C)$\frac{1}{a}F(at+b)+C$. (D)$F(t)+C$.

答(D)

(二)计算题

7. $\int\frac{1+\sin x}{1+\cos x}dx$.

解 原式$=\int\frac{\sin x}{1+\cos x}dx+\int\frac{1}{2\cos^2\frac{x}{2}}dx$

$$=-\ln|1+\cos x|+\tan\frac{x}{2}+C.$$

8. $\int\frac{\sin x+\cos x}{\sqrt[3]{\sin x-\cos x}}dx$.

解 原式$=\int(\sin x-\cos x)^{-\frac{1}{3}}d(\sin x-\cos x)$

$$=\frac{3}{2}(\sin x-\cos x)^{\frac{2}{3}}+C.$$

9. $\int\frac{dx}{\sin 2x\cos x}$.

解 原式$=\int\frac{\sin^2 x+\cos^2 x}{2\sin x\cos^2 x}dx=\frac{1}{2}\int\frac{\sin x}{\cos^2 x}dx+\frac{1}{2}\int\frac{1}{\sin x}dx$

$$=\frac{1}{2}\ln|\csc x-\cot x|+\frac{1}{2\cos x}+C.$$

10. $\int\frac{\ln\tan x}{\sin 2x}\mathrm{d}x$.

解　原式 $=\int\frac{\ln\tan x}{2\sin x\cos x}\mathrm{d}x=\frac{1}{2}\int\frac{\ln\tan x}{\tan x\cos^2 x}\mathrm{d}x$

$$=\frac{1}{2}\int\ln\tan x\mathrm{d}(\ln\tan x)=\frac{1}{4}(\ln\tan x)^2+C.$$

11. $\int\frac{\sin x}{\sin x-\cos x}\mathrm{d}x$.

解　原式 $=\int\frac{\sin^2 x+\sin x\cos x}{\sin^2 x-\cos^2 x}\mathrm{d}x$

$$=-\frac{1}{2}\int\frac{1-\cos 2x+\sin 2x}{\cos 2x}\mathrm{d}x$$

$$=-\frac{1}{2}\int(\sec 2x-1+\tan 2x)\mathrm{d}x$$

$$=-\frac{1}{4}\ln|\sec 2x+\tan 2x|+\frac{x}{2}+\frac{1}{4}\ln|\cos 2x|+C$$

$$=\frac{1}{2}\ln|\cos x-\sin x|+\frac{x}{2}+C.$$

12. $\int\frac{\tan x}{a^2\sin^2 x+b^2\cos^2 x}\mathrm{d}x$　(a,b 为常数,且 $a\neq0$).

解　原式 $=\int\frac{\tan x}{\cos^2 x(a^2\tan^2 x+b^2)}\mathrm{d}x=\int\frac{\tan x\mathrm{d}\tan x}{a^2\tan^2 x+b^2}$

$$=\frac{1}{2a^2}\int\frac{\mathrm{d}(a^2\tan^2 x+b^2)}{a^2\tan^2 x+b^2}$$

$$=\frac{1}{2a^2}\ln(a^2\tan^2 x+b^2)+C.$$

13. $\int\frac{1+\cos x}{1+\sin^2 x}\mathrm{d}x$.

解　原式 $=\int\frac{1}{2-\cos^2 x}\mathrm{d}x+\int\frac{\cos x}{1+\sin^2 x}\mathrm{d}x$

$$=\int\frac{\mathrm{d}\tan x}{2\sec^2 x-1}+\int\frac{\mathrm{d}\sin x}{1+\sin^2 x}$$

$$=\int\frac{\mathrm{d}\tan x}{2\tan^2 x+1}+\arctan(\sin x)$$

$$=\frac{1}{\sqrt{2}}\arctan(\sqrt{2}\tan x)+\arctan(\sin x)+C.$$

注意　当被积函数是三角函数有理式时,常可利用三角公式或分子分母同乘一个函数作恒等变形后,再用换元积分的方法很快求出原函数.

14. $\int\frac{\mathrm{d}x}{\sqrt{3+2x-x^2}}$.

解　原式 $=\int\frac{\mathrm{d}x}{\sqrt{4-(x-1)^2}}=\int\frac{\mathrm{d}\left(\frac{x-1}{2}\right)}{\sqrt{1-\left(\frac{x-1}{2}\right)^2}}$

$$=\arcsin\frac{x-1}{2}+C.$$

15. $\int\frac{x-\sqrt{\arctan 2x}}{4+16x^2}\mathrm{d}x$.

解　原式 $=\frac{1}{4}\left(\int\frac{x}{1+4x^2}\mathrm{d}x-\int\frac{\sqrt{\arctan 2x}}{1+4x^2}\mathrm{d}x\right)$

$$=\frac{1}{4}\left(\frac{1}{8}\int\frac{\mathrm{d}(1+4x^2)}{1+4x^2}-\frac{1}{2}\int\sqrt{\arctan 2x}\,\mathrm{d}\arctan 2x\right)$$

$$=\frac{1}{32}\ln(1+4x^2)-\frac{1}{12}\sqrt{(\arctan 2x)^3}+C.$$

16. $\int\frac{x\mathrm{d}x}{x^2+4x+5}$.

解　原式 $=\int\frac{x+2}{(x+2)^2+1}\mathrm{d}x-2\int\frac{\mathrm{d}x}{(x+2)^2+1}$

$$=\frac{1}{2}\int\frac{\mathrm{d}[(x+2)^2+1]}{(x+2)^2+1}-2\int\frac{\mathrm{d}(x+2)}{1+(x+2)^2}$$

$$=\frac{1}{2}\ln|x^2+4x+5|-2\arctan(x+2)+C.$$

17. $\int\frac{\ln(x+1)-\ln x}{x(x+1)}\mathrm{d}x$

解　原式 $=\int[\ln(x+1)-\ln x]\left(\frac{1}{x}-\frac{1}{x+1}\right)\mathrm{d}x$

$$=-\int[\ln(x+1)-\ln x]\mathrm{d}[\ln(x+1)-\ln x]$$

$$=-\frac{1}{2}[\ln(x+1)-\ln x]^2+C$$

$$=-\frac{1}{2}\ln^2\frac{x+1}{x}+C.$$

18. $\int\frac{x^2+1}{x^4+1}\mathrm{d}x.$

解　原式 $=\int\frac{1+x^{-2}}{x^2+x^{-2}}\mathrm{d}x=\int\frac{\mathrm{d}(x-x^{-1})}{(x-x^{-1})^2+2}$

$$=\frac{1}{\sqrt{2}}\arctan\frac{x^2-1}{\sqrt{2}x}+C.$$

19. $\int\frac{x^2-1}{x^4+1}\mathrm{d}x.$

解　原式 $=\int\frac{1-x^{-2}}{x^2+x^{-2}}\mathrm{d}x=\int\frac{\mathrm{d}(x+x^{-1})}{(x+x^{-1})^2-2}$

$$=\frac{1}{2\sqrt{2}}\ln\left|\frac{x^2-\sqrt{2}x+1}{x^2+\sqrt{2}x+1}\right|+C.$$

20. $\int\frac{1}{\sin^4x+\cos^4x}\mathrm{d}x.$

解　原式 $=\int\frac{\mathrm{d}x}{\cos^4x(\tan^4x+1)}=\int\frac{\sec^2x\,\mathrm{d}\tan x}{\tan^4x+1}$

$$=\int\frac{\tan^2x+1}{\tan^4x+1}\mathrm{d}\tan x$$

$$=\frac{1}{\sqrt{2}}\arctan\frac{\tan^2x-1}{\sqrt{2}\tan x}+C\text{（由 18 题结果）}.$$

21. $\int \frac{3^x 5^x}{(25)^x - 9^x} dx$.

解　原式$=\int \frac{\left(\frac{5}{3}\right)^x}{\left(\frac{5}{3}\right)^{2x} - 1} dx = \frac{1}{\ln \frac{5}{3}} \int \frac{d\left(\frac{5}{3}\right)^x}{\left(\frac{5}{3}\right)^{2x} - 1}$

$= \frac{1}{2\ln \frac{5}{3}} \ln \left| \frac{5^x - 3^x}{5^x + 3^x} \right| + C.$

22. $\int \frac{e^{\sin 2x} \sin^2 x}{e^{2x}} dx$.

解　原式$=\int e^{\sin 2x - 2x} \left[-\frac{1}{4} d(\sin 2x - 2x) \right]$

$= -\frac{1}{4} e^{\sin 2x - 2x} + C.$

23. $\int \frac{e^{\arctan x} + x\ln(1+x^2)}{1+x^2} dx$.

解　原式$=\int e^{\arctan x} d\arctan x + \frac{1}{2} \int \frac{\ln(1+x^2)}{1+x^2} d(1+x^2)$

$= e^{\arctan x} + \frac{1}{2} \int \ln(1+x^2) d\ln(1+x^2)$

$= e^{\arctan x} + \frac{1}{4} \ln^2(1+x^2) + C.$

24. $\int \frac{1}{1+e^x} dx$.

解　原式$=\int \frac{e^{-x}}{e^{-x}+1} dx = -\int \frac{d(e^{-x}+1)}{e^{-x}+1}$

$= -\ln(1+e^{-x}) + C = x - \ln(1+e^x) + C.$

25. $\int \frac{1}{\sqrt{2} + \sqrt{1-x} + \sqrt{1+x}} dx$.

解　原式$=\int \frac{\sqrt{1-x} + \sqrt{1+x} - \sqrt{2}}{2\sqrt{1-x^2}} dx$

$$=\frac{1}{2}\int\frac{1}{\sqrt{1+x}}dx+\frac{1}{2}\int\frac{1}{\sqrt{1-x}}dx-\frac{1}{\sqrt{2}}\int\frac{1}{\sqrt{1-x^2}}dx$$

$$=\sqrt{1+x}-\sqrt{1-x}-\frac{1}{\sqrt{2}}\arcsin x+C.$$

26. $\int\frac{dx}{\sqrt{x-x^2}}$.

解　令 $t=\sqrt{x}, dx=2tdt$.

$$\int\frac{dx}{\sqrt{x-x^2}}=\int\frac{2}{\sqrt{1-t^2}}dt=2\arcsin t+C$$

$$=2\arcsin\sqrt{x}+C.$$

27. $\int\frac{dx}{\sqrt{1+e^x}}$.

解　令 $t=\sqrt{1+e^x}, e^x=t^2-1, dx=\frac{2t}{t^2-1}dt$,

$$\int\frac{dx}{\sqrt{1+e^x}}=\int\frac{1}{t}\frac{2t}{t^2-1}dt=\ln\left|\frac{t-1}{t+1}\right|+C$$

$$=\ln\left|\frac{\sqrt{1+e^x}-1}{\sqrt{1+e^x}+1}\right|+C.$$

28. $\int\sqrt{\frac{x}{1-x\sqrt{x}}}dx$.

解　令 $t=\sqrt{x}, dx=2tdt$.

$$原式=\int\sqrt{\frac{t^2}{1-t^3}}2tdt=-\frac{2}{3}\int\frac{d(1-t^3)}{\sqrt{1-t^3}}$$

$$=-\frac{4}{3}\sqrt{1-t^3}+C=-\frac{4}{3}\sqrt{1-x\sqrt{x}}+C.$$

29. $\int\frac{x^{\frac{1}{2}}}{1+x^{\frac{3}{4}}}dx$.

解　令 $t=x^{\frac{1}{4}}, 4t^3dt=dx$,

$$\int\frac{x^{\frac{1}{2}}}{1+x^{\frac{3}{4}}}\mathrm{d}x=\int\frac{4t^5}{1+t^3}\mathrm{d}t=4\int\left(t^2-\frac{t^2}{1+t^3}\right)\mathrm{d}t$$

$$=4\left(\frac{t^3}{3}-\frac{1}{3}\ln|1+t^3|\right)+C=\frac{4}{3}\left[x^{\frac{3}{4}}-\ln|1+x^{\frac{3}{4}}|\right]+C.$$

30. $\int\frac{x+2}{x^2\sqrt{1-x^2}}\mathrm{d}x$.

解 令 $x=\sin t,\mathrm{d}x=\cos t\mathrm{d}t$,

原式 $=\int\frac{(\sin t+2)}{(\sin t)^2\cos t}\cos t\mathrm{d}t$

$=\int\frac{1}{\sin t}\mathrm{d}t+2\int\frac{1}{\sin^2 t}\mathrm{d}t$

$=\ln|\csc t-\cot t|-2\cot t+C$

$=\ln\left|\frac{1-\sqrt{1-x^2}}{x}\right|-\frac{2\sqrt{1-x^2}}{x}+C.$

31. $\int\frac{1}{(1+x^2)\sqrt{1-x^2}}\mathrm{d}x$.

解 令 $x=\sin t,\mathrm{d}x=\cos t\mathrm{d}t$.

原式 $=\int\frac{\cos t\mathrm{d}t}{(1+\sin^2 t)\cos t}=\int\frac{1}{1+\sin^2 t}\mathrm{d}t$

$=\int\frac{\sec^2 t}{\sec^2 t+\tan^2 t}\mathrm{d}t=\int\frac{\mathrm{d}\tan t}{1+2\tan^2 t}$

$=\frac{1}{\sqrt{2}}\arctan(\sqrt{2}\tan t)+C=\frac{1}{\sqrt{2}}\arctan\frac{\sqrt{2}x}{\sqrt{1-x^2}}+C.$

32. $\int\frac{\sqrt{x^2+4}}{x^2}\mathrm{d}x$.

解 令 $x=2\tan t,\mathrm{d}x=2\sec^2 t\mathrm{d}t$,

$$\int\frac{\sqrt{x^2+4}}{x^2}\mathrm{d}x=\int\frac{2\sec t}{4\tan^2 t}2\sec^2 t\mathrm{d}t$$

$$=\int\frac{\cos t}{\sin^2 t}\mathrm{d}t+\int\sec t\mathrm{d}t=-\frac{1}{\sin t}+\ln|\sec t+\tan t|+C$$

$$=\ln\left|\sqrt{x^2+4}+x\right|-\frac{\sqrt{x^2+4}}{x}+C.$$

33. $\int\sqrt{5-4x-x^2}\,\mathrm{d}x$.

解　令 $(x+2)=3\sin t$，$\mathrm{d}x=3\cos t\,\mathrm{d}t$.

$$\int\sqrt{5-4x-x^2}\,\mathrm{d}x=\int\sqrt{9-(x+2)^2}\,\mathrm{d}x=9\int\cos^2 t\,\mathrm{d}t$$

$$=\frac{9}{2}\int(1+\cos 2t)\,\mathrm{d}t=\frac{9}{2}\left(t+\frac{1}{2}\sin 2t\right)+C$$

$$=\frac{9}{2}\arcsin\frac{x+2}{3}+\frac{x+2}{2}\sqrt{5-4x-x^2}+C.$$

34. $\int\frac{x^2}{\sqrt{x^2-4}}\mathrm{d}x$.

解　令 $x=2\mathrm{ch}t$，$\mathrm{d}x=2\mathrm{sh}t\,\mathrm{d}t$，

$$原式=4\int\mathrm{ch}^2 t\,\mathrm{d}t=2\int(\mathrm{ch}2t+1)\,\mathrm{d}t$$

$$=\mathrm{sh}2t+2t+C=\frac{x}{2}\sqrt{x^2-4}+2\ln\left|x+\sqrt{x^2-4}\right|+C.$$

注意　当被积函数带有根式运算时，经常采用第二类换元积分法去掉根号，再作积分. 对含有形如根式 $\sqrt{a^2-x^2}$、$\sqrt{x^2+a^2}$、$\sqrt{x^2-a^2}$ 等的被积函数，常利用三角函数 $x=a\sin t$、$x=a\tan t$、$x=a\sec t$ 或双曲函数 $x=a\mathrm{sh}t$，$x=a\mathrm{ch}t$、$x=a\mathrm{th}\,t$ 作代换.

35. $\int\frac{x^3}{(1+x^2)^{3/2}}\mathrm{d}x$.

解法一　令 $x=\tan t$，$\mathrm{d}x=\sec^2 t\,\mathrm{d}t$.

$$原式=\int\frac{\tan^3 t}{\sec^3 t}\sec^2 t\,\mathrm{d}t=\int\frac{\sin^3 t}{\cos^2 t}\mathrm{d}t$$

$$=\int\frac{\cos^2 t-1}{\cos^2 t}\mathrm{d}\cos t=\cos t+\frac{1}{\cos t}+C$$

$$=\sqrt{1+x^2}+\frac{1}{\sqrt{1+x^2}}+C.$$

解法二

$$原式=\frac{1}{2}\int\frac{x^2+1-1}{(1+x^2)^{3/2}}\mathrm{d}x^2$$

$$=\frac{1}{2}\int\left(\frac{1}{(1+x^2)^{1/2}}-\frac{1}{(1+x^2)^{3/2}}\right)\mathrm{d}(1+x^2)$$

$$=\sqrt{1+x^2}+\frac{1}{\sqrt{1+x^2}}+C.$$

36. $\int\frac{x^5}{\sqrt{1-x^2}}\mathrm{d}x$.

解法一 令 $x=\sin t,\mathrm{d}x=\cos t\mathrm{d}t$.

$$原式=\int\sin^5 t\mathrm{d}t=-\int(1-\cos^2 t)^2\mathrm{d}\cos t$$

$$=-\cos t+\frac{2}{3}\cos^3 t-\frac{1}{5}\cos^5 t+C$$

$$=-\sqrt{1-x^2}+\frac{2}{3}\sqrt{(1-x^2)^3}-\frac{1}{5}\sqrt{(1-x^2)^5}+C.$$

解法二 令 $t=\sqrt{1-x^2},t\mathrm{d}t=-x\mathrm{d}x$,

$$原式=\int\frac{(1-t^2)^2}{t}\cdot(-t)\mathrm{d}t=-\int(1-2t^2+t^4)\mathrm{d}t$$

$$=-\left(t-\frac{2}{3}t^3+\frac{1}{5}t^5\right)+C$$

$$=-\sqrt{1-x^2}+\frac{2}{3}\sqrt{(1-x^2)^3}-\frac{1}{5}\sqrt{(1-x^2)^5}+C.$$

37. $\int x\sqrt[3]{x-1}\mathrm{d}x$.

解 $原式=\int[(x-1)+1]\sqrt[3]{x-1}\mathrm{d}x$

$$=\int[(x-1)^{\frac{4}{3}}+(x-1)^{\frac{1}{3}}]\mathrm{d}(x-1)$$

$$=\frac{3}{7}(x-1)^{\frac{7}{3}}+\frac{3}{4}(x-1)^{\frac{4}{3}}+C.$$

38. $\int\frac{x+2}{\sqrt{4x-x^2}}\mathrm{d}x$.

解　原式 $=-\frac{1}{2}\int\frac{4-2x-8}{\sqrt{4x-x^2}}\mathrm{d}x$

$$=-\frac{1}{2}\int\frac{\mathrm{d}(4x-x^2)}{\sqrt{4x-x^2}}-4\int\frac{\mathrm{d}(2-x)}{\sqrt{4-(2-x)^2}}$$

$$=-\sqrt{4x-x^2}-4\arcsin\frac{2-x}{2}+C.$$

39. $\int\frac{x^5}{\sqrt[4]{x^3+1}}\mathrm{d}x$.

解　原式 $=\int\frac{x^2(x^3+1)-x^2}{\sqrt[4]{x^3+1}}\mathrm{d}x$

$$=\frac{1}{3}\int[(x^3+1)^{\frac{3}{4}}-(x^3+1)^{-\frac{1}{4}}]\mathrm{d}(x^3+1)$$

$$=\frac{4}{21}(x^3+1)^{\frac{7}{4}}-\frac{4}{9}(x^3+1)^{\frac{3}{4}}+C.$$

二、分部积分法

(一)选择题

40. $\int\frac{1}{x^3}e^{\frac{1}{x}}\mathrm{d}x=$

(A) $xe^{\frac{1}{x}}+C$.　　(B) $e^{\frac{1}{x}}(x^2+1)+C$.

(C) $e^{\frac{1}{x}}\left(1-\frac{1}{x}\right)+C$.　　(D) $e^{\frac{1}{x}}\left(\frac{1}{x^2}-1\right)+C$.

答(C)

41. 设 $\ln f(t)=\cos t$，则 $\int\frac{tf'(t)}{f(t)}\mathrm{d}t=$

(A) $t\cos t-\sin t+C$.

(B) $t\sin t-\cos t+C$.

(C) $t(\cos t+\sin t)+C$.

(D) $t\sin t+C$.

答(A)

42. 设 $f(x)$ 的一个原函数是 $\sin x$，则 $\int xf'(x)\mathrm{d}x=$

(A) $x\cos x-\sin x+C$.

(B) $x\sin x+\cos x+C$.

(C) $x\cos x+\sin x+C$.

(D) $x\sin x-\cos x+C$.

答(A)

43. $I_n=\int\frac{\mathrm{d}x}{x^n\sqrt{x^2+1}}$ 的递推公式为 $I_n=$

(A) $-\frac{\sqrt{x^2+1}}{(n-1)x^{n-1}}+I_{n-2}$.

(B) $\frac{1-n}{x^{n-1}\sqrt{x^2+1}}+\frac{1-n}{n+2}I_{n-2}$.

(C) $\frac{-\sqrt{x^2+1}}{(n-1)x^{n-1}}-\frac{n-2}{n-1}I_{n-2}$.

(D) $\frac{1-n}{x^{n-1}\sqrt{x^2+1}}+\frac{1-n}{n}I_{n-2}$.

答(C)

(二)计算题

44. $\int x\tan^2 x\mathrm{d}x$.

解 $\int x\tan^2 x\mathrm{d}x=\int x(\sec^2 x-1)\mathrm{d}x=\int x\mathrm{d}\tan x-\frac{1}{2}x^2$

$$=x\tan x+\ln|\cos x|-\frac{1}{2}x^2+C.$$

45. $\int\frac{x\cos x}{\sin^3 x}\mathrm{d}x$.

解 原式 $=-\int x\cot x\mathrm{d}\cot x$

$$=-\frac{1}{2}\int x\mathrm{d}\cot^2 x=-\frac{1}{2}\left(x\cot^2 x-\int\cot^2 x\mathrm{d}x\right)$$

$$= -\frac{1}{2}\left(x\cot^2 x - \int(\csc^2 x - 1)\mathrm{d}x\right)$$

$$= -\frac{1}{2}(x\cot^2 x + \cot x + x) + C.$$

46. $\int \frac{x^2}{1+x^2}\arctan x\mathrm{d}x$.

解　原式 $= \int \frac{x^2+1-1}{1+x^2}\arctan x\mathrm{d}x$

$$= \int \arctan x\mathrm{d}x - \int \arctan x\mathrm{d}\arctan x$$

$$= x\arctan x - \int \frac{x}{1+x^2}\mathrm{d}x - \frac{1}{2}(\arctan x)^2$$

$$= x\arctan x - \frac{1}{2}\ln(1+x^2) - \frac{1}{2}(\arctan x)^2 + C.$$

47. $\int \ln(x^2+4)\mathrm{d}x$.

解　原式 $= \int \ln(x^2+4)\mathrm{d}x = x\ln(x^2+4) - \int x\frac{2x}{x^2+4}\mathrm{d}x$

$$= x\ln(x^2+4) - 2\int\left(1 - \frac{4}{x^2+4}\right)\mathrm{d}x$$

$$= x\ln(x^2+4) - 2x + 4\arctan\frac{x}{2} + C.$$

注意　分部积分法的关键是适当选择 u 和 $\mathrm{d}v$，对

$$\int P_n(x)\sin ax\mathrm{d}x、\int P_n(x)\cos ax\mathrm{d}x \text{ 或} \int P_n(x)a^{cx}\mathrm{d}x$$

的积分，常选

$$P_n(x) = u.$$

对 $\int P_n(x)\log_a x\mathrm{d}x, \int P_n(x)\arcsin x\mathrm{d}x$ 或 $\int P_n(x)\arctan x\mathrm{d}x$ 等常选 $P_n(x)\mathrm{d}x = \mathrm{d}v$.

48. $\int \sin \ln x\mathrm{d}x$.

解 $\int \sin\ln x\mathrm{d}x = x\sin\ln x - \int x(\cos\ln x)\frac{1}{x}\mathrm{d}x$

$= x\sin\ln x - \int \cos\ln x\mathrm{d}x$

$= x\sin\ln x - x\cos\ln x - \int \sin\ln x\mathrm{d}x.$

移项后有

$$\int \sin\ln x\mathrm{d}x = \frac{x}{2}(\sin\ln x - \cos\ln x) + C.$$

49. $\int \mathrm{e}^{3x}\sin^2 x\mathrm{d}x.$

解 原式 $= \frac{1}{2}\int \mathrm{e}^{3x}(1-\cos 2x)\mathrm{d}x$

$= \frac{1}{2}\int \mathrm{e}^{3x}\mathrm{d}x - \frac{1}{2}\int \mathrm{e}^{3x}\cos 2x\mathrm{d}x$

设 $I = \int \mathrm{e}^{3x}\cos 2x\mathrm{d}x = \frac{1}{2}\mathrm{e}^{3x}\sin 2x - \frac{3}{2}\int \mathrm{e}^{3x}\sin 2x\mathrm{d}x$

$= \frac{1}{2}\mathrm{e}^{3x}\sin 2x - \frac{3}{2}\left(-\frac{1}{2}\mathrm{e}^{3x}\cos 2x + \frac{3}{2}I\right),$

所以 $I = \frac{\mathrm{e}^{3x}}{13}(2\sin 2x + 3\cos 2x) + C_1,$

于是 $\int \mathrm{e}^{3x}(\sin x)^2\mathrm{d}x = \frac{1}{2}\mathrm{e}^{3x}\left(\frac{1}{3} - \frac{2}{13}\sin 2x - \frac{3}{13}\cos 2x\right) + C.$

注意 用分部积分法得到一个方程式,再解此方程得到所求积分的方法是使用分部积分法常用的技巧.

50. $\int \frac{x\mathrm{e}^x}{(x+1)^2}\mathrm{d}x.$

解 原式 $= \int \frac{\mathrm{e}^x}{x+1}\mathrm{d}x + \int \mathrm{e}^x\mathrm{d}\left(\frac{1}{x+1}\right)$

$= \int \frac{\mathrm{e}^x}{x+1}\mathrm{d}x + \frac{\mathrm{e}^x}{x+1} - \int \frac{\mathrm{e}^x}{x+1}\mathrm{d}x = \frac{\mathrm{e}^x}{x+1} + C.$

51. (1) $\int xf''(x)\mathrm{d}x$; (2) $\int x\left(\frac{\sin x}{x}\right)''\mathrm{d}x.$

解　(1)$\int xf''(x)\mathrm{d}x=\int x\mathrm{d}[f'(x)]$

$$=xf'(x)-\int f'(x)\mathrm{d}x=xf'(x)-f(x)+C.$$

(2)利用(1)的结果有

$$\int x\left(\frac{\sin x}{x}\right)''\mathrm{d}x=x\left(\frac{\sin x}{x}\right)'-\frac{\sin x}{x}+C$$

$$=x\left(\frac{x\cos x-\sin x}{x^2}\right)-\frac{\sin x}{x}+C=\cos x-\frac{2\sin x}{x}+C.$$

52. 已知 $f'(\sin^2 x)=\cos 2x+\tan^2 x$. 当 $0<x<1$ 时，求 $f(x)$.

解　$f'(\sin^2 x)=\cos 2x+\tan^2 x=1-2\sin^2 x+\dfrac{1}{1-\sin^2 x}-1$

$$=\frac{1}{1-\sin^2 x}-2\sin^2 x.$$

即　$f'(u)=\dfrac{1}{1-u}-2u(0<u<1)$,

故　$f(u)=\int f'(u)\mathrm{d}u=\int\left(\dfrac{1}{1-u}-2u\right)\mathrm{d}u$

$$=-\ln|1-u|-u^2+C(0<u<1).$$

亦即　$f(x)=-\ln|1-x|-x^2+C(0<x<1)$.

53. 设$\int f(x)\mathrm{d}x=F(x)$，$f(x)$可微，且 $f(x)$的反函数 $f^{-1}(x)$存在，

则　$\int f^{-1}(x)\mathrm{d}x=xf^{-1}(x)-F[f^{-1}(x)]+C$.

证明　由分部积分公式

$$\int f^{-1}(x)\mathrm{d}x=xf^{-1}(x)-\int x\mathrm{d}[f^{-1}(x)].$$

设　$t=f^{-1}(x)$，则 $x=f(t)$，

于是　$\int x\mathrm{d}[f^{-1}(x)]=\int f(t)\mathrm{d}t=F(t)+C$

$$=F[f^{-1}(x)]+C,$$

所以　$\int f^{-1}(x)\mathrm{d}x=xf^{-1}(x)-F[f^{-1}(x)]+C$.

54. 推导 $I_n=\int\tan^{2n}x\,\mathrm{d}x$ 的递推公式.

解 $I_n=\int\tan^{2n-2}x(\sec^2x-1)\mathrm{d}x$

$$=\int\tan^{2n-2}x\,\mathrm{d}\tan x-\int\tan^{2n-2}x\,\mathrm{d}x$$

$$=\frac{1}{2n-1}\tan^{2n-1}x-I_{n-2}.$$

55. 设 $I_n=\int\frac{1}{\sin^n x}\mathrm{d}x$，导出递推公式

$$I_n=\frac{n-2}{n-1}I_{n-2}-\frac{\cos x}{(n-1)\sin^{n-1}x}.$$

解 $I_n=-\int\frac{1}{\sin^{n-2}x}\mathrm{d}\cot x$

$$=-\frac{\cot x}{\sin^{n-2}x}-(n-2)\int\cot x\frac{\cos x}{\sin^{n-1}x}\mathrm{d}x$$

$$=-\frac{\cos x}{\sin^{n-1}x}-(n-2)\int\frac{1-\sin^2x}{\sin^n x}\mathrm{d}x$$

$$=-\frac{\cos x}{\sin^{n-1}x}-(n-2)\left(\int\frac{1}{\sin^n x}\mathrm{d}x-\int\frac{1}{\sin^{n-2}x}\mathrm{d}x\right)$$

$$=-\frac{\cos x}{\sin^{n-1}x}-(n-2)(I_n-I_{n-2}),$$

所以 $I_n=-\frac{\cos x}{(n-1)\sin^{n-1}x}+\frac{n-2}{n-1}I_{n-2}.$

注意 建立递推公式常用分部积分法.

三、综合题

56. $\int\frac{\ln(1+x^2)}{x^3}\mathrm{d}x.$

解 原式 $=-\int\ln(1+x^2)\mathrm{d}\left(\frac{1}{2x^2}\right)$

$$=-\frac{\ln(1+x^2)}{2x^2}+\int\frac{1}{x(1+x^2)}\mathrm{d}x,$$

而
$$\int\frac{1}{x(1+x^2)}\mathrm{d}x=\int\frac{1}{x}\mathrm{d}x-\int\frac{x}{1+x^2}\mathrm{d}x$$
$$=\ln|x|-\frac{1}{2}\ln(1+x^2)+C,$$

所以
$$\text{原式}=-\frac{\ln(1+x^2)}{2x^2}+\ln|x|-\frac{1}{2}\ln(1+x^2)+C$$
$$=\ln\frac{|x|}{\sqrt{1+x^2}}-\frac{1}{2x^2}\ln(1+x^2)+C.$$

57. $\displaystyle\int\frac{x^5\mathrm{d}x}{\sqrt{a^3-x^3}}$.

解　$$\text{原式}=-\frac{2}{3}\int x^3\mathrm{d}(\sqrt{a^3-x^3})$$
$$=-\frac{2}{3}x^3\sqrt{a^3-x^3}+\frac{2}{3}\int\sqrt{a^3-x^3}\,\mathrm{d}x^3$$
$$=-\frac{2}{3}x^3\sqrt{a^3-x^3}-\frac{4}{9}\sqrt{(a^3-x^3)^3}+C.$$

58. $\displaystyle\int\frac{x\mathrm{e}^{\arctan x}}{(1+x^2)^{3/2}}\mathrm{d}x$.

解　$$\text{原式}=\int\frac{x}{(1+x^2)^{1/2}}\mathrm{d}\mathrm{e}^{\arctan x}$$
$$=\frac{x}{(1+x^2)^{1/2}}\mathrm{e}^{\arctan x}-\int\frac{\mathrm{e}^{\arctan x}}{(1+x^2)^{3/2}}\mathrm{d}x$$
$$=\frac{x}{(1+x^2)^{1/2}}\mathrm{e}^{\arctan x}-\frac{1}{(1+x^2)^{1/2}}\mathrm{e}^{\arctan x}-\int\frac{x\mathrm{e}^{\arctan x}}{(1+x^2)^{3/2}}\mathrm{d}x.$$

所以
$$\int\frac{x\mathrm{e}^{\arctan x}}{(1+x^2)^{3/2}}\mathrm{d}x=\frac{1}{2}\frac{x-1}{(1+x^2)^{1/2}}\mathrm{e}^{\arctan x}+C.$$

59. $\displaystyle\int\frac{x+\sin x}{1+\cos x}\mathrm{d}x$.

解　$$\text{原式}=\int\frac{(x+\sin x)(1-\cos x)}{1-\cos^2x}\mathrm{d}x$$
$$=\int\frac{x}{\sin^2x}\mathrm{d}x+\int\frac{1}{\sin x}\mathrm{d}x-\int\frac{x\cos x}{\sin^2x}\mathrm{d}x-\int\frac{\cos x}{\sin x}\mathrm{d}x$$

$$=\int x\mathrm{d}(-\cot x)+\int\frac{\mathrm{d}x}{\sin x}+\int x\mathrm{d}\left(\frac{1}{\sin x}\right)-\int\cot x\mathrm{d}x$$

$$=-x\cot x+\int\cot x\mathrm{d}x+\int\frac{\mathrm{d}x}{\sin x}+\frac{x}{\sin x}-\int\frac{\mathrm{d}x}{\sin x}-\int\cot x\mathrm{d}x$$

$$=-x\cot x+\frac{x}{\sin x}+C.$$

60. $\int\ln(1+x+\sqrt{2x+x^2})\mathrm{d}x$.

解 令 $t=1+x$,

$$原式=\int\ln(t+\sqrt{t^2-1})\mathrm{d}t$$

$$=t\ln(t+\sqrt{t^2-1})-\int\frac{t}{\sqrt{t^2-1}}\mathrm{d}t$$

$$=t\ln(t+\sqrt{t^2-1})-\sqrt{t^2-1}+C$$

$$=(1+x)\ln(1+x+\sqrt{2x+x^2})-\sqrt{2x+x^2}+C.$$

61. $\int\frac{x\mathrm{e}^x}{\sqrt{\mathrm{e}^x-2}}\mathrm{d}x$.

解 令 $t=\sqrt{\mathrm{e}^x-2}$, $x=\ln(2+t^2)$, $\mathrm{d}x=\frac{2t}{2+t^2}\mathrm{d}t$,

$$原式=2\int\ln(2+t^2)\mathrm{d}t=2t\ln(2+t^2)-2\int\frac{2t^2}{2+t^2}\mathrm{d}t$$

$$=2t\ln(2+t^2)-4t+\frac{8}{\sqrt{2}}\arctan\frac{t}{\sqrt{2}}+C$$

$$=2(x-2)\sqrt{\mathrm{e}^x-2}+4\sqrt{2}\arctan\sqrt{\frac{\mathrm{e}^x-2}{2}}+C.$$

62. $\int\frac{x}{(1+x^2)^2}\arctan x\mathrm{d}x$.

解 $原式=-\frac{1}{2}\int\arctan x\mathrm{d}\left(\frac{1}{1+x^2}\right)$

$$=-\frac{\arctan x}{2(1+x^2)}+\frac{1}{2}\int\frac{1}{(1+x^2)^2}\mathrm{d}x,$$

其中$\int\frac{1}{(1+x^2)^2}dx=\int\frac{1}{1+x^2}dx-\int\frac{x^2}{(1+x^2)^2}dx$

$$=\arctan x+\frac{1}{2}\int xd\left(\frac{1}{1+x^2}\right)$$

$$=\arctan x+\frac{1}{2}\frac{x}{1+x^2}-\frac{1}{2}\arctan x+C,$$

故原式$=-\frac{\arctan x}{2(1+x^2)}+\frac{1}{4}\arctan x+\frac{x}{4(1+x^2)}+C.$

63. $\int\frac{\arctan e^x}{e^x}dx.$

解　原式$=-\int\arctan e^x d\left(\frac{1}{e^x}\right)$

$$=-\frac{\arctan e^x}{e^x}+\int\frac{1}{e^x(1+e^{2x})}de^x$$

$$=-\frac{\arctan e^x}{e^x}+\int\left(\frac{1}{e^x}-\frac{e^x}{1+e^{2x}}\right)de^x$$

$$=x-\frac{\arctan e^x}{e^x}-\frac{1}{2}\ln(1+e^{2x})+C.$$

64. $\int\frac{\arcsin\sqrt{x}}{\sqrt{1-x}}dx.$

解　令 $t=\arcsin\sqrt{x}$，$x=\sin^2 t$，$dx=2\sin t\cos t\,dt$，

原式$=\int\frac{t}{\cos t}\cdot 2\sin t\cos t\,dt=-2\int t\,d\cos t$

$$=-2t\cos t+2\sin t+C$$

$$=2\sqrt{x}-2\sqrt{1-x}\arcsin\sqrt{x}+C.$$

65. $\int\cos(n+1)x\cdot\sin^{n-1}x\,dx$

解　原式$=\int\cos nx\sin^{n-1}x\,d\sin x-\int\sin nx\sin^n x\,dx$

$$=\frac{1}{n}\cos nx\sin^n x-\frac{1}{n}\int\sin^n x(-n\sin nx)dx-$$

$$\int \sin nx \sin^n x \mathrm{d}x$$

$$= \frac{1}{n}\cos nx \sin^n x + C.$$

66. $\int \frac{\sin^4 x}{1+\cos x}\mathrm{d}x$.

解 令 $u = \frac{x}{2}$.

原式 $= I = 16\int \sin^4 u \cos^2 u \mathrm{d}u = -16\int \sin^3 u \mathrm{d}\left(\frac{1}{3}\cos^3 u\right)$

$$= -\frac{16}{3}\sin^3 u\cos^3 u + 16\int \cos^4 u \sin^2 u \mathrm{d}u$$

$$= -\frac{16}{3}\sin^3 u\cos^3 u + 16\int \sin^2 u\cos^2 u \mathrm{d}u - 16\int \sin^4 u\cos^2 u \mathrm{d}u,$$

$$= -\frac{16}{3}\sin^3 u\cos^3 u + 16\int (\cos u \sin u)^2 \mathrm{d}u - I.$$

所以 $I = -\frac{1}{3}\sin^3 2u + 2\int \sin^2 2u \mathrm{d}u$

$$= -\frac{1}{3}\sin^3 2u + \int (1-\cos 4u)\mathrm{d}u$$

$$= -\frac{1}{3}\sin^3 x + \frac{x}{2} - \frac{1}{4}\sin 2x + C.$$

67. $\int x^{\alpha}\ln x \mathrm{d}x$（$\alpha$ 是实数）.

解 当 $\alpha = -1$ 时，$\int x^{\alpha}\ln x \mathrm{d}x = \int \frac{1}{x}\ln x \mathrm{d}x = \frac{1}{2}\ln^2 x + C$,

当 $\alpha \neq -1$ 时，$\int x^{\alpha}\ln x \mathrm{d}x = \frac{1}{\alpha+1}\int \ln x \mathrm{d}x^{\alpha+1}$

$$= \frac{x^{\alpha+1}}{\alpha+1}\left(\ln x - \frac{1}{\alpha+1}\right) + C.$$

68. $\int \frac{1}{x(x^n + a)}\mathrm{d}x$（$a$ 为实数）.

解　当 $a=0$ 时，$\int \frac{1}{x^{n+1}}\mathrm{d}x=-\frac{1}{nx^n}+C$.

当 $a\neq 0$ 时，$\int \frac{1}{x(x^n+a)}\mathrm{d}x=\frac{1}{a}\int \frac{x^n+a-x^n}{x(x^n+a)}\mathrm{d}x$

$$=\frac{1}{a}\left(\ln|x|-\frac{1}{n}\ln|x^n+a|\right)+C.$$

注意　对含参数的积分，应该注意参数取不同数值时，可能需采取不同积分法.

四、有理函数、三角有理函数、无理函数的积分

(一)有理函数的积分

69. $\int \frac{x^7}{x^4-1}dx$.

解　原式 $=\int \frac{x^7-x^3+x^3}{x^4-1}\mathrm{d}x$

$$=\int\left(x^3+\frac{x^3}{x^4-1}\right)\mathrm{d}x$$

$$=\frac{1}{4}x^4+\frac{1}{4}\ln|x^4-1|+C.$$

70. $\int \frac{x\mathrm{d}x}{x^4+2x^2+2}$.

解　原式 $=\frac{1}{2}\int \frac{\mathrm{d}(x^2+1)}{(x^2+1)^2+1}=\frac{1}{2}\arctan(x^2+1)+C$.

71. $\int \frac{x^4}{1+x^2}\mathrm{d}x$

解　原式 $=\int \frac{x^4-1+1}{1+x^2}\mathrm{d}x=\int\left(x^2-1+\frac{1}{1+x^2}\right)\mathrm{d}x$

$$=\frac{1}{3}x^3-x+\arctan x+C.$$

72. $\int \frac{1}{x^8(1+x^2)}\mathrm{d}x$.

解　原式 $=\int \frac{1+x^2-x^2}{x^8(1+x^2)}\mathrm{d}x=-\frac{1}{7x^7}-\int \frac{1}{x^6(1+x^2)}\mathrm{d}x$

$$= -\frac{1}{7x^7} - \int \frac{1+x^2-x^2}{x^6(1+x^2)}dx$$

$$= -\frac{1}{7x^7} + \frac{1}{5x^5} + \int \frac{1+x^2-x^2}{x^4(1+x^2)}dx$$

$$= -\frac{1}{7x^7} + \frac{1}{5x^5} - \frac{1}{3x^3} - \int \frac{1+x^2-x^2}{x^2(1+x^2)}dx$$

$$= -\frac{1}{7x^7} + \frac{1}{5x^5} - \frac{1}{3x^3} + \frac{1}{x} + \arctan x + C.$$

73. $\int \frac{3x}{x^3-1}dx$.

解 设 $\frac{3x}{x^3-1} = \frac{A}{x-1} + \frac{Bx+C}{x^2+x+1}$,

即 $3x = A(x^2+x+1) + (Bx+C)(x-1)$,

比较系数,得

$$\begin{cases} A+B=0, \\ A-B+C=3, \\ A-C=0, \end{cases} \quad 解得 \begin{cases} A=1, \\ B=-1, \\ C=1. \end{cases}$$

所以 $$\int \frac{3x}{x^3-1}dx = \int \left(\frac{1}{x-1} - \frac{x-1}{x^2+x+1}\right)dx$$

$$= \ln|x-1| - \frac{1}{2}\int \frac{(2x+1)dx}{x^2+x+1} + \frac{3}{2}\int \frac{dx}{\left(x+\frac{1}{2}\right)^2 + \left(\frac{\sqrt{3}}{2}\right)^2}$$

$$= \ln|x-1| - \frac{1}{2}\ln|x^2+x+1| + \sqrt{3}\arctan \frac{2\left(x+\frac{1}{2}\right)}{\sqrt{3}} + C$$

$$= \ln \frac{|x-1|}{\sqrt{x^2+x+1}} + \sqrt{3}\arctan \frac{2x+1}{\sqrt{3}} + C.$$

74. $\int \frac{2x^2+2x+13}{(x-2)(x^2+1)^2}dx$

解 设 $\frac{2x^2+2x+13}{(x-2)(x^2+1)^2} = \frac{A}{x-2} + \frac{Bx+C}{x^2+1} + \frac{Dx+E}{(x^2+1)^2}$,

则 $$2x^2+2x+13 = A(x^2+1)^2 + (Bx+C)(x-2)(x^2+1) +$$

$$(Dx+E)(x-2),$$

比较两边系数,解得 $A=1,B=-1,C=-2,D=-3,E=-4$,

所以　　$原式=\int\frac{1}{x-2}dx-\int\frac{x+2}{x^2+1}dx-\int\frac{3x+4}{(x^2+1)^2}dx$,

其中　　$\int\frac{x+2}{x^2+1}dx=\frac{1}{2}\int\frac{d(x^2+1)}{x^2+1}+2\int\frac{1}{x^2+1}dx$

$$=\frac{1}{2}\ln(1+x^2)+2\arctan x+C_1,$$

$$\int\frac{3x+4}{(x^2+1)^2}dx=\frac{3}{2}\int\frac{d(x^2+1)}{(x^2+1)^2}+4\int\frac{1+x^2}{(1+x^2)^2}dx-\int\frac{4x^2}{(1+x^2)^2}dx$$

$$=-\frac{3}{2}\frac{1}{x^2+1}+4\arctan x-2\int x\,d\left(\frac{-1}{x^2+1}\right)$$

$$=-\frac{3}{2}\frac{1}{x^2+1}+4\arctan x+\frac{2x}{x^2+1}-2\arctan x+C_2,$$

所以$\int\frac{2x^2+2x+13}{(x-2)(x^2+1)^2}dx$

$$=\ln|x-2|-\frac{1}{2}\ln(1+x^2)-4\arctan x+\frac{3-4x}{2(x^2+1)}+C.$$

75. $\int\frac{dx}{x(x^5+1)^2}$.

解法一　令 $t=x^5$,

$$\int\frac{dx}{x(x^5+1)^2}=\frac{1}{5}\int\frac{dt}{t(t+1)^2}=\frac{1}{5}\int\left(\frac{1}{t}-\frac{1}{t+1}-\frac{1}{(t+1)^2}\right)dt$$

$$=\frac{1}{5}\left(\ln|t|-\ln|t+1|+\frac{1}{t+1}\right)+C$$

$$=\ln|x|-\frac{1}{5}\ln|x^5+1|+\frac{1}{5(x^5+1)}+C.$$

解法二　令 $x=\frac{1}{t}$,

$$\int\frac{dx}{x(x^5+1)^2}=-\int\frac{t^9}{(1+t^5)^2}dt=-\frac{1}{5}\int\frac{t^5+1-1}{(t^5+1)^2}d(t^5)$$

$$=-\frac{1}{5}\ln|t^5+1|-\frac{1}{5(1+t^5)}+C$$

$$= -\frac{1}{5}\ln\left|1+\frac{1}{x^5}\right| - \frac{1}{5\left(1+\frac{1}{x^5}\right)} + C$$

$$= \ln|x| - \frac{1}{5}\ln|1+x^5| - \frac{x^5}{5(x^5+1)} + C.$$

76. $\int \frac{x^5}{(2x^2+3)^3}\mathrm{d}x$.

解 设 $t = 2x^2+3, x^2 = \frac{t-3}{2}, 4x\mathrm{d}x = \mathrm{d}t$.

$$\int \frac{x^5}{(2x^2+3)^3}\mathrm{d}x = \int \frac{(t-3)^2}{4\cdot 4t^3}\mathrm{d}t$$

$$= \frac{1}{16}\int\left(\frac{1}{t} - \frac{6}{t^2} + \frac{9}{t^3}\right)\mathrm{d}t$$

$$= \frac{1}{16}\left(\ln|t| + \frac{6}{t} - \frac{9}{2t^2}\right) + C$$

$$= \frac{1}{16}\left[\ln(2x^2+3) + \frac{3(8x^2+9)}{2(2x^2+3)^2}\right] + C.$$

注意 对有理函数的积分,经常可以采用恒等变形或其他代换的方式,若没有更好的方法再选用将被积函数化为简单分式后积分这一有效方法.

(二)三角函数有理式的积分

77. $\int \frac{1}{1+\sin x+\cos x}\mathrm{d}x$.

解 令 $\tan\frac{x}{2} = t$,

$$原式 = \int \frac{1}{1+\frac{2t}{1+t^2}+\frac{1-t^2}{1+t^2}}\cdot\frac{2}{1+t^2}\mathrm{d}t$$

$$= \int \frac{1}{t+1}\mathrm{d}t = \ln|t+1| + C = \ln\left|\tan\frac{x}{2}+1\right| + C.$$

78. $\int \frac{1}{\sin x+\tan x}\mathrm{d}x$.

解　令 $\tan\frac{x}{2}=t$，

$$原式=\int\frac{1}{\frac{2t}{1+t^2}+\frac{2t}{1-t^2}}\cdot\frac{2}{1+t^2}\mathrm{d}t$$

$$=\int\frac{1-t^2}{2t}\mathrm{d}t=\frac{1}{2}\ln|t|-\frac{1}{4}t^2+C$$

$$=\frac{1}{2}\ln\left|\tan\frac{x}{2}\right|-\frac{1}{4}\tan^2\frac{x}{2}+C.$$

79. $\int\frac{1}{5\cos^2x-4}\mathrm{d}x$.

解　令 $\tan x=t$，$\cos^2x=\frac{1}{\tan^2x+1}=\frac{1}{t^2+1}$.

$$原式=\int\frac{1}{5\frac{1}{t^2+1}-4}\frac{1}{1+t^2}\mathrm{d}t$$

$$=\int\frac{1}{1-4t^2}\mathrm{d}t=\frac{1}{4}\ln\left|\frac{1+2t}{1-2t}\right|+C$$

$$=\frac{1}{4}\ln\left|\frac{1+2\tan x}{1-2\tan x}\right|+C.$$

注意　当被积函数满足等式 $R(-\sin x,-\cos x)=R(\sin x,\cos x)$ 时，选用置换 $t=\tan x$ 更适合.

80. $\int\frac{1}{(5+4\sin x)\cos x}\mathrm{d}x$.

解　令 $t=\sin x$，$\cos x=\sqrt{1-t^2}$，$\mathrm{d}x=\frac{1}{\sqrt{1-t^2}}\mathrm{d}t$.

$$原式=\int\frac{\cos x}{(5+4\sin x)\cos^2x}\mathrm{d}x=\int\frac{\mathrm{d}t}{(5+4t)(1-t)(1+t)}$$

$$=\int\left[\frac{-16}{9(5+4t)}+\frac{1}{2(1+t)}+\frac{1}{18(1-t)}\right]\mathrm{d}t$$

$$=-\frac{4}{9}\ln|5+4t|+\frac{1}{2}\ln|1+t|-\frac{1}{18}\ln|1-t|+C$$

$$= -\frac{4}{9}\ln|5+4\sin x| + \frac{1}{2}\ln|1+\sin x| - \frac{1}{18}\ln|1-\sin x| + C.$$

注意 当被积函数满足 $R(-\sin x,\cos x) = -R(\sin x,\cos x)$ 或 $R(\sin x,-\cos x) = -R(\sin x,\cos x)$ 时，最好利用置换 $t=\sin x$ 或 $t=\cos x$.

81. $\int\frac{\cos x-\sin x}{\cos x+\sin x}\mathrm{d}x$.

解法一

$$\text{原式} = \int\frac{(\cos x-\sin x)^2}{\cos^2 x-\sin^2 x}\mathrm{d}x = \int\frac{1-\sin 2x}{\cos 2x}\mathrm{d}x$$

$$= \frac{1}{2}\ln|\sec 2x+\tan 2x| + \frac{1}{2}\ln|\cos 2x| + C$$

$$= \frac{1}{2}\ln|1+\sin 2x| + C.$$

解法二

$$\text{原式} = \int\frac{\cos^2 x-\sin^2 x}{(\cos x+\sin x)^2}\mathrm{d}x = \int\frac{\cos 2x}{1+\sin 2x}\mathrm{d}x$$

$$= \frac{1}{2}\int\frac{\mathrm{d}(1+\sin 2x)}{1+\sin 2x} = \frac{1}{2}\ln|1+\sin 2x| + C.$$

解法三

$$\text{原式} = \int\frac{\mathrm{d}(\cos x+\sin x)}{\cos x+\sin x} = \ln|\cos x+\sin x| + C.$$

82. $\int\frac{\sin x}{1+\sin x}\mathrm{d}x$.

解法一

$$\text{原式} = \int\frac{1+\sin x-1}{1+\sin x}\mathrm{d}x = x - \int\frac{1}{\left(\sin\frac{x}{2}+\cos\frac{x}{2}\right)^2}\mathrm{d}x$$

$$= x - \int\frac{2}{\left(1+\tan\frac{x}{2}\right)^2}\mathrm{d}\left(1+\tan\frac{x}{2}\right)$$

$$= x + \frac{2}{1+\tan\frac{x}{2}} + C.$$

解法二

$$原式=\int\frac{\sin x(1-\sin x)}{\cos^2 x}dx=\int\frac{\sin x}{\cos^2 x}dx-\int\tan^2 x dx$$

$$=\frac{1}{\cos x}-\int(\sec^2 x-1)dx=\sec x-\tan x+x+C.$$

注意　对于三角函数有理式的积分，只有当不能用巧妙的三角恒等变形及采用其他代换方式时，才考虑用万能代换 $t=\tan\frac{x}{2}$.

(三)无理函数的积分

83. $\int\sqrt{\frac{a+x}{a-x}}dx$.

解　$$原式=\int\frac{a}{\sqrt{a^2-x^2}}dx+\int\frac{x}{\sqrt{a^2-x^2}}dx$$

$$=a\arcsin\frac{x}{a}-\sqrt{a^2-x^2}+C.$$

84. $\int\sqrt{\frac{1-x}{1+x}}\frac{1}{x}dx$.

解　令 $\sqrt{\frac{1-x}{1+x}}=u$, $x=\frac{1-u^2}{1+u^2}$, $dx=-\frac{4u du}{(1+u^2)^2}$.

$$原式=\int\frac{4u^2}{(u^2-1)(u^2+1)}du$$

$$=\int\left(\frac{2}{u^2-1}+\frac{2}{u^2+1}\right)du$$

$$=\ln\left|\frac{u-1}{u+1}\right|+2\arctan u+C$$

$$=\ln\left|\frac{\sqrt{1-x}-\sqrt{1+x}}{\sqrt{1-x}+\sqrt{1+x}}\right|+2\arctan\sqrt{\frac{1-x}{1+x}}+C.$$

85. $\int\frac{1}{\sqrt[3]{(x+1)^2(x-1)^4}}dx$.

解　设 $\frac{x-1}{x+1}=t$, $dt=\frac{2}{(x+1)^2}dx$.

$$原式=\int\frac{dx}{\sqrt[3]{\left(\frac{x-1}{x+1}\right)^4(x+1)^2}}=\frac{1}{2}\int\frac{1}{t^{4/3}}dt$$

$$=-\frac{3}{2t^{1/3}}+C=-\frac{3}{2}\sqrt[3]{\frac{x+1}{x-1}}+C.$$

86. $\int\frac{1}{1+\sqrt{x}+\sqrt{1+x}}dx$.

解 令$\sqrt{x}+\sqrt{1+x}=t,x=\left(\frac{t^2-1}{2t}\right)^2$,

$$dx=\frac{(t^2-1)(t^2+1)}{2t^3}dt.$$

$$原式=\frac{1}{2}\int\frac{t^3-t^2+t-1}{t^3}dt=\frac{1}{2}\left(t-\ln|t|-\frac{1}{t}+\frac{1}{2t^2}\right)+C$$

$$=\sqrt{x}-\frac{1}{2}\ln(\sqrt{x}+\sqrt{1+x})+\frac{x}{2}-\frac{\sqrt{x(1+x)}}{2}+C.$$

87. $\int\frac{dx}{x\sqrt{5x^2+4x+1}}$.

解 令 $t=\frac{1}{x}$,

$$原式=-\int\frac{dt}{\sqrt{5+4t+t^2}}=-\int\frac{dt}{\sqrt{1+(t+2)^2}}.$$

令 $t+2=\tan u$,

则 $$-\int\frac{dt}{\sqrt{1+(t+2)^2}}=-\int\sec u\,du=-\ln|\sec u+\tan u|+C$$

$$=-\ln\left|\frac{\sqrt{5x^2+4x+1}}{x}+\frac{1}{x}+2\right|+C.$$

88. $\int\frac{1}{(x-1)\sqrt{x^2-2}}dx$

解 设 $t=x-1$,再设$\frac{1}{t}=u$,

$$原式=\int\frac{dt}{t\sqrt{t^2+2t-1}}=-\int\frac{du}{\sqrt{1+2u-u^2}}$$

$$= -\int \frac{\mathrm{d}(u-1)}{\sqrt{2-(u-1)^2}} = -\arcsin\frac{u-1}{\sqrt{2}} + C$$

$$= -\arcsin\frac{2-x}{\sqrt{2}(x-1)} + C.$$

3.2　定积分与广义积分的计算

重要公式与结论

一、定积分的定义

函数 $f(x)$ 在区间 $[a,b]$ 上的定积分

$$\int_a^b f(x)\mathrm{d}x = \lim_{\lambda\to 0}\sum_{i=1}^{n} f(\xi_i)\Delta x_i,$$

其中 Δx_i 为任意分割区间 $[a,b]$ 为 n 个子区间 $[x_{i-1},x_i]$ $(i=1,2,\cdots,n)$ 的长度，$\Delta x_i = x_i - x_{i-1}$. 而 $\xi_i\in[x_{i-1},x_i]$，$\lambda=\max\limits_{1\leqslant i\leqslant n}\Delta x_i$. 若 $f(x)$ 在 $[a,b]$ 上连续，或只有有限个第一类间断点，则上述定积分存在.

二、定积分的性质

① $\int_a^b kf(x)\mathrm{d}x = k\int_a^b f(x)\mathrm{d}x$（$k$ 是常数）；

② $\int_a^b [f(x)\pm g(x)]\mathrm{d}x = \int_a^b f(x)\mathrm{d}x \pm \int_a^b g(x)\mathrm{d}x$；

③ $\int_a^b f(x)\mathrm{d}x = -\int_b^a f(x)\mathrm{d}x$，$\int_a^a f(x)\mathrm{d}x = 0$；

④ $\int_a^b f(x)\mathrm{d}x = \int_a^c f(x)\mathrm{d}x + \int_c^b f(x)\mathrm{d}x$；

⑤若在 $[a,b]$ 上 $f(x)\leqslant g(x)$（注意 $a<b$），则

$$\int_a^b f(x)\mathrm{d}x \leqslant \int_a^b g(x)\mathrm{d}x;$$

⑥ $\left|\int_a^b f(x)\mathrm{d}x\right| \leqslant \int_a^b |f(x)|\mathrm{d}x$（$a<b$）；

⑦估值定理，若在 $[a,b]$ 上 $f(x)$ 的最大值和最小值分别为 M 和

m,则

$$m(b-a)\leqslant\int_a^b f(x)\mathrm{d}x\leqslant M(b-a).$$

三、定积分的中值定理

若 $f(x)$在$[a,b]$上连续,则在$[a,b]$上至少存在一点 ξ,使等式

$$\int_a^b f(x)\mathrm{d}x=f(\xi)(b-a),\xi\in[a,b]$$

成立.

四、变上限定积分的导数公式

$\Phi(x)=\int_a^x f(t)\mathrm{d}t$,则 $\Phi'(x)=\frac{\mathrm{d}}{\mathrm{d}x}\int_a^x f(t)\mathrm{d}t=f(x)$,

其中 $f(x)$是$[a,b]$上的连续函数.

五、积分学基本定理——牛顿(Newton)—莱布尼茨(Leibniz)公式

$$\int_a^b f(x)\mathrm{d}x=F(x)\Big|_a^b=F(b)-F(a),$$

式中 $f(x)$是$[a,b]$上的连续函数,$F(x)$是 $f(x)$的任意一个原函数.

六、定积分的计算公式

1.换元积分公式

$$\int_a^b f(x)\mathrm{d}x=\int_\alpha^\beta f[\varphi(t)]\varphi'(t)\mathrm{d}t,$$

式中 $x=\varphi(t)$在$[\alpha,\beta]$上单调,有连续导数 $\varphi'(t)$,且 $\varphi(\alpha)=a$,$\varphi(\beta)=b$.

2.分部积分公式

$$\int_a^b u(x)\mathrm{d}v(x)=u(x)v(x)\Big|_a^b-\int_a^b v(x)\mathrm{d}u(x),$$

式中 $u(x),v(x)$在$[a,b]$上均为连续可微函数.

七、广义积分

1.无穷限的广义积分

$$\int_a^{+\infty}f(x)\mathrm{d}x=\lim_{b\to+\infty}\int_a^b f(x)\mathrm{d}x;$$

$$\int_{-\infty}^b f(x)\mathrm{d}x=\lim_{a\to-\infty}\int_a^b f(x)\mathrm{d}x;$$

$$\int_{-\infty}^{+\infty} f(x)\mathrm{d}x = \lim_{a\to-\infty}\int_a^c f(x)\mathrm{d}x + \lim_{b\to+\infty}\int_c^b f(x)\mathrm{d}x.$$

若右边极限存在,称无穷限广义积分收敛,否则称其发散.

2.无界函数的广义积分

$$\int_a^b f(x)\mathrm{d}x = \lim_{\varepsilon\to 0^+}\int_{a+\varepsilon}^b f(x)\mathrm{d}x\left(\lim_{x\to a^+} f(x)=\infty\right);$$

$$\int_a^b f(x)\mathrm{d}x = \lim_{\eta\to 0^+}\int_a^{b-\eta} f(x)\mathrm{d}x\left(\lim_{x\to b^-} f(x)=\infty\right);$$

$$\int_a^b f(x)\mathrm{d}x = \lim_{\eta\to 0^+}\int_a^{c-\eta} f(x)\mathrm{d}x + \lim_{\varepsilon\to 0^+}\int_{c+\varepsilon}^b f(x)\mathrm{d}x\left(\lim_{x\to c} f(x)=\infty\right).$$

若右边极限存在,则称无界函数的广义积分收敛,否则称其发散.

例题选解

一、定积分定义、性质及定积分计算的选择题

1.闭区间上的函数

(A)有界必可积.　　(B)可积必有界.

(C)可积必可导.　　(D)可积必有原函数.

答(B)

2. $\lim\limits_{n\to\infty}\left(\dfrac{1}{n+1}+\dfrac{1}{n+2}+\cdots+\dfrac{1}{n+n}\right)=$

(A)ln 2.　　(B)e.　　(C)0.　　(D)$\dfrac{3}{2}$.

答(A)

3.若 $f(x)=\begin{cases} x^2, & 0\leqslant x<1, \\ 2, & 1\leqslant x\leqslant 2, \end{cases}$ 则 $\varphi(x)=\int_0^x f(t)\mathrm{d}t$ 在开区间(0,2)上

(A)有第一类间断点.　　(B)有第二类间断点.

(C)两种间断点都有.　　(D)是连续的.

答(D)

4.设 $f(x)$ 在 $[a,b]$ 上连续,则下列各式成立的是

(A) $\left|\int_a^b f(x)\mathrm{d}x\right| \leqslant \int_a^b |f(x)|\mathrm{d}x$.

(B) $\int_a^b f(x)\mathrm{d}x \leqslant \int_a^b f^2(x)\mathrm{d}x$.

(C) $a < c < b, \int_a^c f(x)\mathrm{d}x < \int_a^b f^2(x)\mathrm{d}x$.

(D) $\int_{-a}^a f^2(x)\mathrm{d}x = 2\int_0^a f^2(x)\mathrm{d}x$.

答(A)

5. 定积分 $I=\int_{\frac{\pi}{4}}^{\frac{\pi}{2}}\frac{\sin x}{x}\mathrm{d}x$ 的值满足

(A) $0 \leqslant I \leqslant \frac{1}{2}$.　　(B) $\frac{1}{2} \leqslant I \leqslant \frac{\sqrt{2}}{2}$.

(C) $\frac{\sqrt{2}}{2} \leqslant I \leqslant 1$.　　(D) $1 \leqslant I \leqslant 2$.

答(B)

6. 下列积分不为零的是

(A) $\int_{-\frac{\pi}{4}}^{\frac{\pi}{4}}\frac{x}{1+\cos x}\mathrm{d}x$.

(B) $\int_{-\pi}^{\pi}\frac{\cos x+\sin x}{2}\mathrm{d}x$.

(C) $\int_{-\frac{\pi}{2}}^{\frac{\pi}{2}}\left(\frac{\sin x}{1+x^{10}}+\frac{1}{x^2+1}\right)\mathrm{d}x$.

(D) $\int_{-\frac{1}{2}}^{\frac{1}{2}}\ln\left(\frac{1+x}{1-x}\right)\arcsin x^2\mathrm{d}x$.

答(C)

7. 定积分 $I=\int_{\frac{1}{2}}^{\frac{2}{3}}\frac{\mathrm{d}x}{\sqrt{x(1-x)}}=$

(A) $2\arcsin\frac{1}{3}$.　　(B) $\arcsin\frac{1}{3}$.

(C)$\arcsin\frac{\sqrt{6}}{3}-\frac{\pi}{2}$.　　　　(D)$\arcsin\frac{\sqrt{6}}{3}+\frac{\pi}{2}$.

答(B)

8. 设 $f(x)$ 在 $[-t,t]$ 上连续，则 $\int_{-t}^{t} f(-x)\mathrm{d}x=$

(A)0.　　　　(B)$2\int_{0}^{t} f(x)\mathrm{d}x$.

(C)$\int_{-t}^{t} f(x)\mathrm{d}x$.　　　　(D)$-\int_{-t}^{t} f(-x)\mathrm{d}x$.

答(C)

9. 下列换元正确的是

(A)$I=\int_{0}^{\pi}\frac{\mathrm{d}x}{4\cos^{2}x+\sin^{2}x}$，令 $u=\frac{1}{2}\tan x$，则 $I=\int_{0}^{0}\frac{1}{2}\frac{\mathrm{d}u}{1+u^{2}}$.

(B)$I=\int_{0}^{1}\sqrt{1-x^{2}}\mathrm{d}x$，令 $x=\sin t$，则 $I=-\int_{\pi}^{\frac{\pi}{2}}\cos^{2}t\mathrm{d}t$.

(C)$I=\int_{1}^{3}x\sqrt{1-x^{2}}\mathrm{d}x$，令 $x=\sin t$，则 $I=-\int_{0}^{\frac{\pi}{2}}\sin t\cos^{2}t\mathrm{d}t$.

(D)$I=\int_{2}^{3}\frac{\mathrm{d}x}{(x-1)^{2}}$，令 $u=x-1$，则 $I=\int_{1}^{2}\frac{\mathrm{d}u}{u^{2}}$.

答(D)

10. 若函数 $f(x)$ 在闭区间 $[a,b]$ 上连续，且设

$$M=\lim_{h\to 0^{+}}\frac{1}{h}\int_{a}^{x}[f(t+h)-f(t)]\mathrm{d}t,\ a<x<b,\ N=f(x)-f(a),$$

则有

(A)$M>N$.　　　　(B)$M<N$.

(C)$M=N$.　　　　(D)$M=(N+1)^{2}$.

答(C)

11. 设定积分 $I_1=\int_{1}^{\mathrm{e}}\ln x\mathrm{d}x$，$I_2=\int_{1}^{\mathrm{e}}\ln^{2}x\mathrm{d}x$，则

(A)$I_2-I_1^2=0$.　　　　(B)$I_2-2I_1=0$.

(C)$I_2+2I_1=\mathrm{e}$.　　　　(D)$I_2-2I_1=\mathrm{e}$.

答(C)

12. 若函数 $f(x)$ 在闭区间 $[a,b]$ 上具有连续的导函数，且 $f(a)=f(b)=0$，又 $\int_a^b f^2(x)\mathrm{d}x=1$，则 $\int_a^b xf(x)f'(x)\mathrm{d}x=$

(A) $\frac{1}{2}$.　(B) 1.　(C) 0.　(D) $-\frac{1}{2}$.

答(D)

13. 若 $I_x=\int_{-x}^{x}\frac{t\sin t}{\cos^2 t}\mathrm{d}t=\frac{4\pi}{3}-2\ln(2+\sqrt{3})$，则 $x=$

(A) $\frac{\pi}{6}$.　(B) $\frac{\pi}{3}$.　(C) $\frac{\pi}{4}$.　(D) $\frac{\pi}{2}$.

答(B)

14. $\lim\limits_{n\to\infty}\sum\limits_{k=1}^{n}\frac{k}{n^2}\mathrm{e}^{\left(\frac{k}{n}\right)^2}=$

(A) $\mathrm{e}-1$.　(B) $\frac{1}{2}(\mathrm{e}-1)$.　(C) e.　(D) 不存在.

答(B)

15. 设 $f(x)$ 为连续函数，则 $\int_0^x\left[\int_0^t f(u)\mathrm{d}u\right]\mathrm{d}t=$

(A) $\int_0^x f(t)(t-x)\mathrm{d}t$.　(B) $\int_0^x f(x)(x-t)\mathrm{d}t$.

(C) $\int_0^x f(t)(x-t)\mathrm{d}t$.　(D) $\int_0^x\left[\int_t^0 f(x)\mathrm{d}x\right]\mathrm{d}t$.

答(C)

二、换元积分法计算题（计算下列定积分，用 I 记原式）

16. $\int_0^{\pi}\sqrt{\sin\theta-\sin^3\theta}\,\mathrm{d}\theta$.

解　$I=\int_0^{\frac{\pi}{2}}\cos\theta\sqrt{\sin\theta}\,\mathrm{d}\theta-\int_{\frac{\pi}{2}}^{\pi}\cos\theta\sqrt{\sin\theta}\,\mathrm{d}\theta$

$$=\frac{2}{3}(\sin\theta)^{\frac{3}{2}}\Big|_0^{\frac{\pi}{2}}-\frac{2}{3}(\sin\theta)^{\frac{3}{2}}\Big|_{\frac{\pi}{2}}^{\pi}=\frac{4}{3}.$$

17. $\int_0^{\frac{\pi}{2}} \sqrt{1-\sin 2x}\,\mathrm{d}x$.

解 $I=\int_0^{\frac{\pi}{2}} \sqrt{\sin^2 x+\cos^2 x-2\sin x\cos x}\,\mathrm{d}x$

$=\int_0^{\frac{\pi}{2}} |\sin x-\cos x|\,\mathrm{d}x$

$=\int_0^{\frac{\pi}{4}} (\cos x-\sin x)\,\mathrm{d}x+\int_{\frac{\pi}{4}}^{\frac{\pi}{2}} (\sin x-\cos x)\,\mathrm{d}x$

$=2(\sqrt{2}-1)$.

18. $\int_{-3}^{2} \min(2,x^2)\,\mathrm{d}x$.

解 因为 $\min(2,x^2)=\begin{cases}2, & -3\leqslant x\leqslant -\sqrt{2}\text{或}\sqrt{2}\leqslant x\leqslant 2,\\ x^2, & -\sqrt{2}\leqslant x\leqslant \sqrt{2},\end{cases}$

所以 $I=\int_{-3}^{-\sqrt{2}} 2\,\mathrm{d}x+\int_{-\sqrt{2}}^{\sqrt{2}} x^2\,\mathrm{d}x+\int_{\sqrt{2}}^{2} 2\,\mathrm{d}x$

$=2(3-\sqrt{2})+\frac{4}{3}\sqrt{2}+2(2-\sqrt{2})$

$=10-\frac{8}{3}\sqrt{2}$.

19. $\int_{-1}^{1} |x-y|\mathrm{e}^x\,\mathrm{d}x,\ |y|\leqslant 1$.

解 $I=\int_{-1}^{y} (y-x)\mathrm{e}^x\,\mathrm{d}x+\int_{y}^{1} (x-y)\mathrm{e}^x\,\mathrm{d}x$

$=[(y-x)\mathrm{e}^x+\mathrm{e}^x]\Big|_{-1}^{y}+[(x-y)\mathrm{e}^x-\mathrm{e}^x]\Big|_{y}^{1}$

$=2\mathrm{e}^y-\left(\mathrm{e}+\frac{1}{\mathrm{e}}\right)y-\frac{2}{\mathrm{e}}$.

20. $\int_a^b x|x|\,\mathrm{d}x\ (a<b)$.

解 当 $a<b<0$ 时,

$I=-\int_a^b x^2\,\mathrm{d}x=\frac{1}{3}(a^3-b^3)$,

当 $a\leqslant 0<b$ 时，

$$I=-\int_a^0 x^2\mathrm{d}x+\int_0^b x^2\mathrm{d}x=\frac{1}{3}(b^3+a^3),$$

当 $0<a<b$ 时，

$$I=\int_a^b x^2\mathrm{d}x=\frac{1}{3}(b^3-a^3).$$

注意 当被积函数出现根式、绝对值、分段函数等形式，计算时首先必须去掉根式、绝对值记号或分段记号，此时要特别注意被积函数在不同分区间的正负号或不同表达式，以免导致错误.

21. $\int_0^{\frac{1}{2}}\frac{\arcsin\sqrt{x}}{\sqrt{x(1-x)}}\mathrm{d}x$.

解 令 $\sqrt{x}=t$，$\mathrm{d}x=2t\mathrm{d}t$.

$$\int_0^{\frac{1}{2}}\frac{\arcsin\sqrt{x}}{\sqrt{x(1-x)}}\mathrm{d}x=\int_0^{\frac{\sqrt{2}}{2}}\frac{\arcsin t}{t\sqrt{1-t^2}}\cdot 2t\mathrm{d}t$$

$$=2\int_0^{\frac{\sqrt{2}}{2}}\arcsin t\,\mathrm{d}\arcsin t=(\arcsin t)^2\Big|_0^{\frac{\sqrt{2}}{2}}=\frac{\pi^2}{16}.$$

22. $\int_0^1 x\sqrt{\frac{1-x}{1+x}}\mathrm{d}x$.

解
$$I=\int_0^1\frac{x(1-x)}{\sqrt{1-x^2}}\mathrm{d}x$$

$$=\int_0^1\frac{x\mathrm{d}x}{\sqrt{1-x^2}}+\int_0^1\frac{1-x^2}{\sqrt{1-x^2}}\mathrm{d}x-\int_0^1\frac{1}{\sqrt{1-x^2}}\mathrm{d}x$$

$$=-\frac{1}{2}\int_0^1\frac{\mathrm{d}(1-x^2)}{\sqrt{1-x^2}}+\int_0^1\sqrt{1-x^2}\mathrm{d}x-\arcsin x\Big|_0^1$$

$$=-\frac{1}{2}(2\sqrt{1-x^2})\Big|_0^1+\int_0^{\frac{\pi}{2}}\cos^2 t\,\mathrm{d}t-\frac{\pi}{2}=1-\frac{\pi}{4}.$$

23. $\int_0^{\frac{1}{\sqrt{3}}}\frac{\mathrm{d}x}{(1+5x^2)\sqrt{1+x^2}}$.

解 令 $x=\tan t$，

$$I=\int_0^{\frac{\pi}{6}}\frac{\cos t}{1+4\sin^2 t}\mathrm{d}t=\int_0^{\frac{\pi}{6}}\frac{\frac{1}{2}\mathrm{d}(2\sin t)}{1+(2\sin t)^2}$$

$$=\frac{1}{2}\arctan(2\sin t)\Big|_0^{\frac{\pi}{6}}=\frac{\pi}{8}.$$

24. $\int_0^{\ln 5}\frac{e^x\sqrt{e^x-1}}{e^x+3}\mathrm{d}x.$

解　令$\sqrt{e^x-1}=t$，$e^x\mathrm{d}x=2t\mathrm{d}t$，

$$I=\int_0^2\frac{2t^2}{4+t^2}\mathrm{d}t=\int_0^2 2\left(1-\frac{4}{4+t^2}\right)\mathrm{d}t=4-\pi.$$

25. $\int_0^{-\ln 2}\sqrt{1-e^{2x}}\mathrm{d}x.$

解　令 $e^x=\sin t$，$x=\ln\sin t$，$\mathrm{d}x=\frac{\cos t}{\sin t}\mathrm{d}t$，

$$\int_0^{-\ln 2}\sqrt{1-e^{2x}}\mathrm{d}x=\int_{\frac{\pi}{2}}^{\frac{\pi}{6}}\cos t\frac{\cos t}{\sin t}\mathrm{d}t$$

$$=\int_{\frac{\pi}{2}}^{\frac{\pi}{6}}(\csc t-\sin t)\mathrm{d}t=[\ln|\csc t-\cot t|+\cos t]\Big|_{\frac{\pi}{2}}^{\frac{\pi}{6}}$$

$$=\ln(2-\sqrt{3})+\frac{\sqrt{3}}{2}.$$

26. $\int_0^1\frac{\sqrt{2x+x^2}}{1+x}\mathrm{d}x.$

解

$$I=\int_0^1\frac{\sqrt{(1+x)^2-1}}{1+x}\mathrm{d}x\xlongequal{1+x=u}\int_1^2\frac{\sqrt{u^2-1}}{u}\mathrm{d}u$$

$$\xlongequal{u=\sec t}\int_0^{\frac{\pi}{3}}\tan^2 t\mathrm{d}t=\int_0^{\frac{\pi}{3}}(\sec^2 t-1)\mathrm{d}t$$

$$=(\tan t-t)\Big|_0^{\frac{\pi}{3}}=\sqrt{3}-\frac{\pi}{3}.$$

27. $\int_0^{\pi}\frac{x\sin x}{1+\cos^2 x}\mathrm{d}x.$

解 令 $x=\dfrac{\pi}{2}+u$,则

$$I=\int_{-\frac{\pi}{2}}^{\frac{\pi}{2}}\frac{\left(\frac{\pi}{2}+u\right)\cos u}{1+\sin^2 u}\mathrm{d}u$$

$$=\int_{-\frac{\pi}{2}}^{\frac{\pi}{2}}\frac{u\cos u}{1+\sin^2 u}\mathrm{d}u+\frac{\pi}{2}\int_{-\frac{\pi}{2}}^{\frac{\pi}{2}}\frac{\cos u}{1+\sin^2 u}\mathrm{d}u.$$

因为$\dfrac{u\cos u}{1+\sin^2 u}$是奇函数,所以$\displaystyle\int_{-\frac{\pi}{2}}^{\frac{\pi}{2}}\frac{u\cos u}{1+\sin^2 u}\mathrm{d}u=0$,

$$I=\frac{\pi}{2}\int_{-\frac{\pi}{2}}^{\frac{\pi}{2}}\frac{\mathrm{d}\sin u}{1+\sin^2 u}=\pi\int_0^{\frac{\pi}{2}}\frac{\mathrm{d}\sin u}{1+\sin^2 u}=\pi\arctan\sin u\Big|_0^{\frac{\pi}{2}}$$

$$=\frac{\pi^2}{4}.$$

28.$\displaystyle\int_0^{\frac{\pi}{2}}\frac{1}{2\cos x+3}\mathrm{d}x$.

解 令 $t=\tan\dfrac{x}{2}$,$\cos x=\dfrac{1-t^2}{1+t^2}$,$\mathrm{d}x=\dfrac{2}{1+t^2}\mathrm{d}t$,

$$I=\int_0^1\frac{2}{5+t^2}\mathrm{d}t=\frac{2}{\sqrt{5}}\arctan\frac{1}{\sqrt{5}}.$$

29.设 $f(x)=\begin{cases}\dfrac{1}{1+x}, & x\geqslant 0,\\ \dfrac{1}{1+\mathrm{e}^x}, & x<0.\end{cases}$ 求$\displaystyle\int_0^2 f(x-1)\mathrm{d}x$.

解 令 $u=x-1$,

$$I=\int_{-1}^1 f(u)\mathrm{d}u=\int_{-1}^0\frac{1}{1+\mathrm{e}^x}\mathrm{d}x+\int_0^1\frac{1}{1+x}\mathrm{d}x$$

$$=\int_{-1}^0\left(1-\frac{\mathrm{e}^x}{1+\mathrm{e}^x}\right)\mathrm{d}x+\ln(1+x)\Big|_0^1$$

$$=[x-\ln(1+\mathrm{e}^x)]\Big|_{-1}^0+\ln 2$$

$$=1+\ln(1+\mathrm{e}^{-1})=\ln(1+\mathrm{e}).$$

30. $\int_{-\frac{\pi}{4}}^{\frac{\pi}{4}}\frac{\sin^2 x}{1+e^{-x}}dx$.

解　$I=\int_{-\frac{\pi}{4}}^{0}\frac{\sin^2 x}{1+e^{-x}}dx+\int_{0}^{\frac{\pi}{4}}\frac{\sin^2 x}{1+e^{-x}}dx$,

令 $x=-t$,则

$$\int_{-\frac{\pi}{4}}^{0}\frac{\sin^2 x}{1+e^{-x}}dx=\int_{0}^{\frac{\pi}{4}}\frac{\sin^2 t}{1+e^{t}}dt=\int_{0}^{\frac{\pi}{4}}\frac{\sin^2 x}{1+e^{x}}dx,$$

所以　$$I=\int_{0}^{\frac{\pi}{4}}\sin^2 x\left(\frac{1}{1+e^{x}}+\frac{1}{1+e^{-x}}\right)dx$$

$$=\int_{0}^{\frac{\pi}{4}}\sin^2 x dx=\frac{\pi-2}{8}.$$

31. 证明$\int_{0}^{\frac{\pi}{2}}f(\sin x)dx=\int_{0}^{\frac{\pi}{2}}f(\cos x)dx$,并计算

$$\int_{0}^{\frac{\pi}{2}}\frac{\cos^p x}{\sin^p x+\cos^p x}dx(p\text{ 为常数}).$$

证明　令 $t=\frac{\pi}{2}-x$,则

$$\int_{0}^{\frac{\pi}{2}}f(\sin x)dx=\int_{\frac{\pi}{2}}^{0}f(\cos t)(-dt)=\int_{0}^{\frac{\pi}{2}}f(\cos x)dx.$$

由所证等式知

$$\int_{0}^{\frac{\pi}{2}}\frac{\cos^p x}{\sin^p x+\cos^p x}dx=\int_{0}^{\frac{\pi}{2}}\frac{\sin^p x}{\sin^p x+\cos^p x}dx,$$

故　$$\int_{0}^{\frac{\pi}{2}}\frac{\cos^p x}{\sin^p x+\cos^p x}dx=\frac{1}{2}\int_{0}^{\frac{\pi}{2}}\frac{\cos^p x+\sin^p x}{\sin^p x+\cos^p x}dx=\frac{\pi}{4}.$$

32. 证明$\int_{0}^{\pi}f(\sin x)dx=2\int_{0}^{\frac{\pi}{2}}f(\sin x)dx$.

证明　$\int_{0}^{\pi}f(\sin x)dx=\int_{0}^{\frac{\pi}{2}}f(\sin x)dx+\int_{\frac{\pi}{2}}^{\pi}f(\sin x)dx$.

令 $t=\pi-x$,则

$$\int_{\frac{\pi}{2}}^{\pi} f(\sin x)\mathrm{d}x=\int_{\frac{\pi}{2}}^{0} f(\sin t)(-\mathrm{d}t)=\int_{0}^{\frac{\pi}{2}} f(\sin x)\mathrm{d}x$$

所以 $\int_{0}^{\pi} f(\sin x)\mathrm{d}x=2\int_{0}^{\frac{\pi}{2}} f(\sin x)\mathrm{d}x$.

注意 可用同样的换元公式证明等式

$$\int_{0}^{\pi} xf(\sin x)\mathrm{d}x=\frac{\pi}{2}\int_{0}^{\pi} f(\sin x)\mathrm{d}x=\pi\int_{0}^{\frac{\pi}{2}} f(\sin x)\mathrm{d}x.$$

读者可试证明之.

33. 设 $f(x)$是以 T 为周期的连续函数,证明$\int_{a}^{a+T} f(x)\mathrm{d}x$ 的值与 a 无关.

证明 因为$\int_{a}^{a+T} f(x)\mathrm{d}x=\int_{a}^{0} f(x)\mathrm{d}x+\int_{0}^{a+T} f(x)\mathrm{d}x$.

令 $t=x+T$,则

$$\int_{a}^{0} f(x)\mathrm{d}x=\int_{a+T}^{T} f(t-T)\mathrm{d}t=\int_{a+T}^{T} f(t)\mathrm{d}t=\int_{a+T}^{T} f(x)\mathrm{d}x,$$

所以 $$\int_{a}^{a+T} f(x)\mathrm{d}x=\int_{a+T}^{T} f(x)\mathrm{d}x+\int_{0}^{a+T} f(x)\mathrm{d}x=\int_{0}^{T} f(x)\mathrm{d}x.$$

即 $\int_{a}^{a+T} f(x)\mathrm{d}x$ 与 a 无关.

34. 证明$\int_{0}^{\frac{\pi}{2}} f(|\cos x|)\mathrm{d}x=\frac{1}{4}\int_{0}^{2\pi} f(|\cos x|)\mathrm{d}x$.

证明 因为 $f(|\cos x|)$是以 π 为周期的函数,则

$$\int_{0}^{2\pi} f(|\cos x|)\mathrm{d}x=2\int_{0}^{\pi} f(|\cos x|)\mathrm{d}x$$

$$=2\left[\int_{0}^{\frac{\pi}{2}} f(|\cos x|)\mathrm{d}x+\int_{\frac{\pi}{2}}^{\pi} f(|\cos x|)\mathrm{d}x\right].$$

只需证$\int_{\frac{\pi}{2}}^{\pi} f(|\cos x|)\mathrm{d}x=\int_{0}^{\frac{\pi}{2}} f(|\cos x|)\mathrm{d}x$.

设 $x=\pi-t$,则

$$\int_{\frac{\pi}{2}}^{\pi} f(|\cos x|)\mathrm{d}x=\int_{\frac{\pi}{2}}^{0} f(|\cos t|)(-\mathrm{d}t)=\int_{0}^{\frac{\pi}{2}} f(|\cos x|)\mathrm{d}x.$$

35. 已知 $f(x)$是连续函数,求证

$$\int_0^{2a} f(x)\mathrm{d}x=\int_0^a [f(x)+f(2a-x)]\mathrm{d}x.$$

证明 $\int_0^{2a} f(x)\mathrm{d}x=\int_0^a f(x)\mathrm{d}x+\int_a^{2a} f(x)\mathrm{d}x.$

令 $x=2a-t$,则

$$\int_a^{2a} f(x)\mathrm{d}x=-\int_a^0 f(2a-t)\mathrm{d}t=\int_0^a f(2a-x)\mathrm{d}x,$$

于是得 $\int_0^{2a} f(x)\mathrm{d}x=\int_0^a [f(x)+f(2a-x)]\mathrm{d}x.$

36. 设 $f(x)$在$[-a,a](a>0)$上连续,证明

$$\int_{-a}^{a} f(x)\mathrm{d}x=\int_0^a [f(x)+f(-x)]\mathrm{d}x,$$

并计算$\int_{-\frac{\pi}{4}}^{\frac{\pi}{4}} \frac{1}{1+\sin x}\mathrm{d}x.$

证明 因为$\int_{-a}^{a} f(x)\mathrm{d}x=\int_{-a}^{0} f(x)\mathrm{d}x+\int_0^a f(x)\mathrm{d}x,$

令 $x=-t$,则

$$\int_{-a}^{0} f(x)\mathrm{d}x=\int_a^0 f(-t)(-\mathrm{d}t)=\int_0^a f(-x)\mathrm{d}x,$$

于是 $\int_{-a}^{a} f(x)\mathrm{d}x=\int_0^a [f(x)+f(-x)]\mathrm{d}x.$

$$\int_{-\frac{\pi}{4}}^{\frac{\pi}{4}} \frac{1}{1+\sin x}\mathrm{d}x=\int_0^{\frac{\pi}{4}}\left(\frac{1}{1+\sin x}+\frac{1}{1+\sin(-x)}\right)\mathrm{d}x$$

$$=2\int_0^{\frac{\pi}{4}} \frac{1}{1-\sin^2 x}\mathrm{d}x=2\int_0^{\frac{\pi}{4}}\mathrm{d}\tan x=2.$$

37. $\int_{100}^{100+\pi} \sin^2 2x(\tan x+1)\mathrm{d}x.$

解 由于 $\sin 2x$ 与 $\tan x$ 都是以 π 为周期的周期函数,积分区间

之长为 π,利用 33 题结果,有

$$\text{原式}=\int_{-\frac{\pi}{2}}^{\frac{\pi}{2}}\sin^2 2x(\tan x+1)\mathrm{d}x$$

$$=2\int_0^{\frac{\pi}{2}}\sin^2 2x\mathrm{d}x \quad (\text{利用奇偶性})$$

$$=\frac{\pi}{2}.$$

三、分部积分法计算题

38. $\int_{\frac{1}{e}}^{e}|\ln x|\mathrm{d}x$.

解

$$\int_{\frac{1}{e}}^{e}|\ln x|\mathrm{d}x=\int_{\frac{1}{e}}^{1}(-\ln x)\mathrm{d}x+\int_1^e\ln x\mathrm{d}x$$

$$=[-x\ln x+x]_{\frac{1}{e}}^{1}+[x\ln x-x]\Big|_1^e=2-\frac{2}{e}.$$

39. $\int_0^{\frac{1}{2}}x\ln\frac{1+x}{1-x}\mathrm{d}x$.

解

$$\int_0^{\frac{1}{2}}x\ln\frac{1+x}{1-x}\mathrm{d}x=\int_0^{\frac{1}{2}}\ln\frac{1+x}{1-x}\mathrm{d}\frac{x^2}{2}$$

$$=\frac{x^2}{2}\ln\frac{1+x}{1-x}\Big|_0^{\frac{1}{2}}-\int_0^{\frac{1}{2}}\frac{x^2}{1-x^2}\mathrm{d}x$$

$$=\frac{1}{8}\ln 3+\int_0^{\frac{1}{2}}\left(1-\frac{1}{1-x^2}\right)\mathrm{d}x$$

$$=\frac{1}{2}-\frac{3}{8}\ln 3.$$

40. $\int_1^{16}\arctan\sqrt{\sqrt{x}-1}\mathrm{d}x$

解 设 $\sqrt{x}=t$,

$$\int_1^{16}\arctan\sqrt{\sqrt{x}-1}\mathrm{d}x=\int_1^4\arctan\sqrt{t-1}\mathrm{d}t^2$$

$$=t^2\arctan\sqrt{t-1}\Big|_1^4-\int_1^4 t^2\cdot\frac{1}{1+(t-1)}\,\frac{\mathrm{d}t}{2\sqrt{t-1}}$$

$$= 16\arctan\sqrt{3} - \frac{1}{2}\int_1^4 \left(\sqrt{t-1} + \frac{1}{\sqrt{t-1}}\right) d(t-1)$$

$$= \frac{16}{3}\pi - \frac{1}{2}\left(\frac{2}{3}\sqrt{(t-1)^3} + 2\sqrt{t-1}\right)\Bigg|_1^4$$

$$= \frac{16\pi}{3} - 2\sqrt{3}.$$

41. $\int_1^e \sin(\ln x)dx$.

解　$$\int_1^e \sin(\ln x)dx = x\sin(\ln x)\Big|_1^e - \int_1^e \cos(\ln x)dx$$

$$= e\sin 1 - x\cos(\ln x)\Big|_1^e - \int_1^e \sin(\ln x)dx,$$

所以　$$\int_1^e \sin(\ln x)dx = \frac{1}{2}(e\sin 1 - e\cos 1 + 1).$$

42. $\int_0^1 x^5 \ln^3 x dx$.

解　$$\int_0^1 x^5\ln^3 x dx = \frac{1}{6}\int_0^1 \ln^3 x dx^6$$

$$= \frac{1}{6}x^6\ln^3 x\Big|_0^1 - \frac{1}{6}\int_0^1 3x^5\ln^2 x dx = -\frac{1}{12}\int_0^1 \ln^2 x dx^6$$

$$= -\frac{x^6}{12}\ln^2 x\Big|_0^1 + \frac{1}{6}\int_0^1 x^5 \ln x dx$$

$$= \frac{1}{36}\int_0^1 \ln x dx^6 = \frac{-1}{36}\int_0^1 x^5 dx = -\frac{1}{216}.$$

利用分部积分公式计算定积分,若累次使用分部积分公式,注意随时将积分上下限代入,而不要把原函数全部求出后再代入上下限.

43. $\int_0^{\frac{\pi}{4}} \frac{x\sec^2 x}{(1+\tan x)^2}dx$.

解　$$\int_0^{\frac{\pi}{4}} \frac{x\sec^2 x}{(1+\tan x)^2}dx = -\int_0^{\frac{\pi}{4}} x d\left(\frac{1}{1+\tan x}\right)$$

$$= -\frac{x}{1+\tan x}\Bigg|_0^{\frac{\pi}{4}} + \int_0^{\frac{\pi}{4}} \frac{1}{1+\tan x}dx$$

$$= -\frac{\pi}{8} + \int_0^{\frac{\pi}{4}} \frac{1}{1+\tan x} \mathrm{d}x,$$

令 $x = \frac{\pi}{4} - t$,则

$$\int_0^{\frac{\pi}{4}} \frac{1}{1+\tan x} \mathrm{d}x = \int_0^{\frac{\pi}{4}} \frac{1+\tan t}{2} \mathrm{d}t = \frac{\pi}{8} + \frac{1}{4}\ln 2,$$

所以　　原式 $= \frac{1}{4}\ln 2.$

44. 已知 $f(0)=1, f(2)=3, f'(2)=5$,试计算 $\int_0^1 xf''(2x)\mathrm{d}x$.

解　$\int_0^1 xf''(2x)\mathrm{d}x = \frac{1}{2}\int_0^1 x\mathrm{d}[f'(2x)]$

$$= \frac{1}{2}\left[xf'(2x)\Big|_0^1 - \int_0^1 f'(2x)\mathrm{d}x\right]$$

$$= \frac{1}{2}\left[5 - \frac{1}{2}\int_0^1 f'(2x)\mathrm{d}(2x)\right] = 2.$$

45. 设 $\int_0^{\pi}[f(x)+f''(x)]\sin x\mathrm{d}x = 5, f(\pi)=2$,求 $f(0)$.

解　$\int_0^{\pi} f(x)\sin x\mathrm{d}x = -f(x)\cos x\Big|_0^{\pi} + \int_0^{\pi} f'(x)\cos x\mathrm{d}x$

$$= f(\pi) + f(0) + f'(x)\sin x\Big|_0^{\pi} - \int_0^{\pi} f''(x)\sin x\mathrm{d}x,$$

即　　$\int_0^{\pi}[f(x)+f''(x)]\sin x\mathrm{d}x = f(\pi)+f(0) = 5.$

于是　　$f(0) = 5 - f(\pi) = 3.$

46. 计算 $I_n = \int_0^1 (1-x^2)^n \mathrm{d}x$.

解　$I_n = \int_0^1 (1-x^2)^{n-1}(1-x^2)\mathrm{d}x$

$$= \int_0^1 (1-x^2)^{n-1}\mathrm{d}x - \int_0^1 x^2(1-x^2)^{n-1}\mathrm{d}x$$

$$= I_{n-1} + \frac{1}{2n}\int_0^1 x\mathrm{d}(1-x^2)^n$$

$$= I_{n-1} + \frac{1}{2n}x(1-x^2)^n\Big|_0^1 - \frac{1}{2n}\int_0^1 (1-x^2)^n \mathrm{d}x$$

$$= I_{n-1} - \frac{1}{2n}I_n,$$

故 $$I_n = \frac{2n}{2n+1}I_{n-1}, \text{而 } I_0 = \int_0^1 (1-x^2)^0 \mathrm{d}x = 1,$$

从而 $$I_n = \frac{2n}{2n+1}\cdot\frac{2(n-1)}{2(n-1)+1}\cdots 1$$

$$= \frac{2^n n!}{(2n+1)!!}.$$

四、积分中值定理、积分不等式

47. 设函数 $f(x)$ 在 $[0,1]$ 上连续，$(0,1)$ 内可导，且 $3\int_{\frac{2}{3}}^1 f(x)\mathrm{d}x = f(0)$，证明在 $(0,1)$ 内至少存在一点 c，使 $f'(c)=0$.

证明　由积分中值定理，至少存在一点 $\xi_1 \in (0,1)$，使 $\int_{\frac{2}{3}}^1 f(x)\mathrm{d}x = f(\xi_1)\left(1-\frac{2}{3}\right)$，即 $f(\xi_1)=f(0)$，故 $f(x)$ 在 $[0,\xi_1]$ 上满足罗尔定理条件. 于是在 $(0,\xi_1)\subset(0,1)$ 内至少存在一点 c，使 $f'(c)=0$.

48. 设 $f(x)$ 是在 $[0,1]$ 上严格单调减的连续函数，试用积分中值定理证明对任意的 $p\in(0,1)$ 均有不等式 $\frac{1}{p}\int_0^p f(x)\mathrm{d}x \geqslant \int_0^1 f(x)\mathrm{d}x$ 成立.

证明　只需证明 $\frac{1}{p}\int_0^p f(x)\mathrm{d}x - \int_0^1 f(x)\mathrm{d}x \geqslant 0$.

因为

$$\frac{1}{p}\int_0^p f(x)\mathrm{d}x - \int_0^1 f(x)\mathrm{d}x$$

$$= \frac{1}{p}\left[\int_0^p f(x)\mathrm{d}x - p\int_0^p f(x)\mathrm{d}x - p\int_p^1 f(x)\mathrm{d}x\right]$$

$$= \frac{1}{p}\left[(1-p)\int_0^p f(x)\mathrm{d}x - p\int_p^1 f(x)\mathrm{d}x\right]$$

$$=\frac{1}{p}[(1-p)pf(\xi_1)-p(1-p)f(\xi_2)]$$
$$=(1-p)(f(\xi_1)-f(\xi_2))\geqslant 0.$$

其中 $\xi_1\in(0,p)$,$\xi_2\in(p,1)$,故 $\xi_1<\xi_2$,由题设 $f(x)$在[0,1]上严格单调减,所以有

$$f(\xi_1)>f(\xi_2)$$

49. 证明$\lim\limits_{n\to\infty}\int_n^{n+p}\frac{\sin x}{x}\mathrm{d}x=0(p>0)$.

证明 $\frac{\sin x}{x}$的原函数不是初等函数,不能直接积分. 由积分中值定理

$$\int_n^{n+p}\frac{\sin x}{x}\mathrm{d}x=\frac{\sin\xi}{\xi}p,\xi\in[n,n+p].$$

当 $n\to\infty$时,有 $\xi\to+\infty$,从而$\lim\limits_{\xi\to\infty}\frac{\sin\xi}{\xi}=0$.

于是
$$\lim_{n\to\infty}\int_n^{n+p}\frac{\sin x}{x}\mathrm{d}x=\lim_{\xi\to+\infty}\frac{\sin\xi}{\xi}p=0.$$

50. 求证$\frac{1}{(n+1)\sqrt{2}}\leqslant\int_0^1\frac{x^n}{\sqrt{1+x}}\mathrm{d}x\leqslant\frac{1}{n+1}$,并据此证明

$$\lim_{n\to\infty}\int_0^1\frac{x^n}{\sqrt{1+x}}\mathrm{d}x=0.$$

证明 由估值定理,在[0,1]上,$x^n\geqslant 0$,而$\frac{1}{\sqrt{2}}\leqslant\frac{1}{\sqrt{1+x}}\leqslant 1$,

所以
$$\frac{1}{\sqrt{2}}\int_0^1 x^n\mathrm{d}x\leqslant\int_0^1\frac{x^n}{\sqrt{1+x}}\mathrm{d}x\leqslant\int_0^1 x^n\mathrm{d}x,$$

即

$$\frac{1}{(n+1)\sqrt{2}}\leqslant\int_0^1\frac{x^n}{\sqrt{1+x}}\mathrm{d}x\leqslant\frac{1}{n+1}.$$

令 $n\to\infty$取极限,由极限存在的夹挤准则,有

$$\lim_{n\to\infty}\int_0^1\frac{x^n}{\sqrt{1+x}}\mathrm{d}x=0.$$

51. 设 $f(x)$ 在 $[a,b]$ 上可积，且对于任意的 x_1、$x_2\in[a,b]$，恒有 $|f(x_1)-f(x_2)|\leqslant|x_1-x_2|$，试证明

$$\left|\int_a^b f(x)\mathrm{d}x-(b-a)f(a)\right|\leqslant\frac{1}{2}(b-a)^2.$$

证明　由题设条件，对于任意的 $x\in[a,b]$，有

$$|f(x)-f(a)|\leqslant x-a,$$

所以

$$\left|\int_a^b[f(x)-f(a)]\mathrm{d}x\right|\leqslant\int_a^b|f(x)-f(a)|\mathrm{d}x\leqslant\int_a^b(x-a)\mathrm{d}x,$$

即

$$\left|\int_a^b f(x)\mathrm{d}x-\int_a^b f(a)\mathrm{d}x\right|\leqslant\frac{1}{2}(b-a)^2.$$

而 $\int_a^b f(a)\mathrm{d}x=(b-a)f(a)$，故所证不等式成立.

52. 设 $f(x)$ 在 $[a,b]$ 上可微，$f'(x)$ 非减，证明

$$\int_a^b f(x)\mathrm{d}x\leqslant\frac{b-a}{2}[f(a)+f(b)].$$

证明　令辅助函数

$$F(x)=\frac{x-a}{2}[f(a)+f(x)]-\int_a^x f(t)\mathrm{d}t,\ x\in[a,b].$$

由题设知 $F(x)$ 在 $[a,b]$ 上可微，且

$$F'(x)=\frac{1}{2}[f(a)+f(x)]+\frac{x-a}{2}f'(x)-f(x)$$

$$=\frac{1}{2}[f(a)-f(x)]+\frac{x-a}{2}f'(x),$$

由拉格朗日中值定理，存在 $\xi\in(a,x)$，使

$$f(a)-f(x)=f'(\xi)(a-x),$$

于是

$$F'(x)=\frac{x-a}{2}[f'(x)-f'(\xi)].$$

因为 $f'(x)$ 不减，所以 $f'(x)\geqslant f'(\xi)$，故

$$F'(x)\geqslant0(x\in[a,b]).$$

即 $F(x)$非减，于是有 $F(b)\geqslant F(a)=0$，因此

$$\frac{b-a}{2}[f(a)+f(b)]\geqslant\int_a^b f(x)\mathrm{d}x.$$

53. 证明$[\int_a^b\varphi(x)\psi(x)\mathrm{d}x]^2\leqslant\int_a^b\varphi^2(x)\mathrm{d}x\cdot\int_a^b\psi^2(x)\mathrm{d}x$. 此不等式是重要的柯西—布尼雅可夫斯基不等式.

证明 不失一般性，只就 $a<b$ 情形证明.（当 $a>b$ 时并不改变不等号方向，当 $a=b$ 时，显然等号成立.）设辅助函数

$$F(x)=\int_a^x\varphi^2(t)\mathrm{d}t\int_a^x\psi^2(t)\mathrm{d}t-[\int_a^x\varphi(t)\psi(t)\mathrm{d}t]^2(a\leqslant x\leqslant b).$$

显然 $F(a)=0$，只需证明 $F(b)\geqslant F(a)$. 求导数

$$F'(x)=\varphi^2(x)\int_a^x\psi^2(t)\mathrm{d}t+\psi^2(x)\int_a^x\varphi^2(t)\mathrm{d}t$$

$$-2\varphi(x)\psi(x)\int_a^x\varphi(t)\psi(t)\mathrm{d}t=$$

$$\int_a^x[\varphi(x)\psi(t)-\psi(x)\varphi(t)]^2\mathrm{d}t\geqslant 0,$$

即 $F(x)$为广义增函数，于是 $F(b)\geqslant 0$，即所证不等式成立.

五、综合题

54. 已知 $f(t)$是$(-\infty,+\infty)$内的连续函数，则当$\int_1^{x^3}f(t)\mathrm{d}t=\int_1^x\varphi(t)\mathrm{d}t$恒成立时，必有 $\varphi(t)=$

(A)$f(t^3)$.　(B)$t^3f(t)$.　(C)$t^2f(t^3)$.　(D)$3t^2f(t^3)$.

答(D)

55. 若已知 $x\to 0$ 时，$F(x)=\int_0^x(x^2-t^2)f''(t)\mathrm{d}t$ 的导数与 x^2 是等价无穷小其中 $f''(t)$连续，则必有 $f''(0)=$

(A)1.　(B)$\frac{1}{2}$.　(C)0.　(D)不存在.

答(B)

56. 设 $f(x)$ 在区间[0,4]上连续，且 $\int_1^{x^2-2} f(t)\mathrm{d}t = x-\sqrt{3}$，则 $f(2)$ =

(A) 2.　　(B) −2.　　(C) $\frac{1}{4}$.　　(D) $-\frac{1}{4}$.

答(C)

57. 求下列变上限定积分的导数.

(1) $F(x)=\int_0^{x^3} \frac{1}{1+\sin^3 t}\mathrm{d}t$,

(2) $F(x)=\int_{2x}^{\sin x} t\sin^2 t\,\mathrm{d}t$,

(3) $F(x)=\int_0^{x} xf(t)\mathrm{d}t$,

(4) $F(x)=\int_0^{x} (x-t)f'(t)\mathrm{d}t$.

解 (1) $F'(x)=\frac{3x^2}{1+\sin^3 x^3}$,

(2) $F'(x)=\sin x\sin^2(\sin x)\cos x-2x\sin^2(2x)\cdot 2$

$=\frac{1}{2}\sin 2x\sin^2(\sin x)-4x\sin^2(2x)$.

(3) $F'(x)=\left(x\int_0^x f(t)\mathrm{d}t\right)'$

$=\int_0^x f(t)\mathrm{d}t+xf(x)$.

(4) $F'(x)=\left[x\int_0^x f'(t)\mathrm{d}t-\int_0^x tf'(t)\mathrm{d}t\right]'$

$=\int_0^x f'(t)\mathrm{d}t+xf'(x)-xf'(x)$

$=\int_0^x f'(t)\mathrm{d}t=f(x)-f(0)$.

58. 令 $f(x)=\int_1^x \frac{\ln t}{1+t}\mathrm{d}t$，$x>0$，试求 $f(x)+f\left(\frac{1}{x}\right)$.

解 令 $u=\dfrac{1}{t}$,则

$$f\left(\frac{1}{x}\right)=\int_1^{\frac{1}{x}}\frac{\ln t}{1+t}\mathrm{d}t=\int_1^x\frac{\ln u}{u(1+u)}\mathrm{d}u$$

$$=\int_1^x\frac{\ln t}{t(1+t)}\mathrm{d}t,$$

所以

$$f(x)+f\left(\frac{1}{x}\right)=\int_1^x\frac{\ln t}{1+t}\mathrm{d}t+\int_1^{\frac{1}{x}}\frac{\ln t}{1+t}\mathrm{d}t$$

$$=\int_1^x\frac{t\ln t+\ln t}{t(1+t)}\mathrm{d}t$$

$$=\int_1^x\frac{\ln t}{t}\mathrm{d}t=\frac{1}{2}\ln^2 x.$$

59. 计算$\displaystyle\int_0^1 x\left(\int_1^{x^2}\frac{\sin t}{t}\mathrm{d}t\right)\mathrm{d}x$.

解 $\displaystyle\int_0^1 x\left(\int_1^{x^2}\frac{\sin t}{t}\mathrm{d}t\right)\mathrm{d}x$

$$=\left(\frac{x^2}{2}\int_1^{x^2}\frac{\sin t}{t}\mathrm{d}t\right)\Big|_0^1-\frac{1}{2}\int_0^1 x^2\mathrm{d}\left(\int_1^{x^2}\frac{\sin t}{t}\mathrm{d}t\right)$$

$$=-\frac{1}{2}\int_0^1 x^2\cdot\frac{\sin x^2}{x^2}\cdot 2x\mathrm{d}x=-\frac{1}{2}\int_0^1\sin x^2\mathrm{d}x^2$$

$$=\frac{1}{2}\cos x^2\Big|_0^1=\frac{\cos 1-1}{2}.$$

60. 若 $f(t)$是连续函数,证明

$$\int_0^x\left[\int_0^u f(t)\mathrm{d}t\right]\mathrm{d}u=\int_0^x(x-u)f(u)\mathrm{d}u.$$

证明 由分部积分公式

$$\int_0^x\left[\int_0^u f(t)\mathrm{d}t\right]\mathrm{d}u$$

$$=\left[u\int_0^u f(t)\mathrm{d}t\right]_0^x-\int_0^x uf(u)\mathrm{d}u$$

$$=x\int_0^x f(u)\mathrm{d}u-\int_0^x uf(u)\mathrm{d}u$$

$$=\int_0^x xf(u)\mathrm{d}u-\int_0^x uf(u)\mathrm{d}u$$

$$=\int_0^x (x-u)f(u)\mathrm{d}u.$$

61.设 $F(x)=\int_5^x\left(\int_0^{y^2}\frac{t}{\sin t}\mathrm{d}t\right)\mathrm{d}y$,求 $F''(x)$.

解　$F'(x)=\int_0^{x^2}\frac{t}{\sin t}\mathrm{d}t$,

$$F''(x)=\frac{x^2}{\sin x^2}\cdot 2x=\frac{2x^3}{\sin x^2}.$$

62.设 $f(u)$在 $u=0$ 的某邻域内连续,且

$$\lim_{u\to 0}\frac{f(u)}{u}=A,\text{求}\lim_{x\to 0}\frac{\mathrm{d}}{\mathrm{d}x}\left(\int_0^1 f(xt)\mathrm{d}t\right).$$

解　作变换 $u=xt$,则

$$\int_0^1 f(xt)\mathrm{d}t=\int_0^x f(u)\cdot\frac{1}{x}\mathrm{d}u=\frac{1}{x}\int_0^x f(u)\mathrm{d}u.$$

$$\lim_{x\to 0}\frac{\mathrm{d}}{\mathrm{d}x}\left[\int_0^1 f(xt)\mathrm{d}t\right]=\lim_{x\to 0}\frac{\mathrm{d}}{\mathrm{d}x}\left(\frac{1}{x}\int_0^x f(u)\mathrm{d}u\right)$$

$$=\lim_{x\to 0}\frac{xf(x)-\int_0^x f(u)\mathrm{d}u}{x^2}$$

$$=\lim_{x\to 0}\frac{f(x)}{x}-\lim_{x\to 0}\frac{\int_0^x f(u)\mathrm{d}u}{x^2}$$

$$=A-\lim_{x\to 0}\frac{f(x)}{2x}=\frac{A}{2}.$$

63.求$\int_0^x f(t)\mathrm{d}t$,其中 $f(x)=\begin{cases}1, & |x|\leqslant 1,\\ 0, & |x|>1.\end{cases}$

解　当$|x|\leqslant 1$时,

$$F(x)=\int_0^x f(t)\mathrm{d}t=\int_0^x 1\mathrm{d}t=x.$$

当 $x>1$ 时，

$$F(x)=\int_0^1 f(t)\mathrm{d}t+\int_1^x f(t)\mathrm{d}t$$
$$=\int_0^1 1\mathrm{d}t+\int_1^x 0\mathrm{d}t=1.$$

当 $x<-1$ 时，

$$F(x)=\int_0^{-1} f(t)\mathrm{d}t+\int_{-1}^x f(t)\mathrm{d}t$$
$$=\int_0^{-1} 1\mathrm{d}t+\int_{-1}^x 0\mathrm{d}t=-1.$$

因此 $$F(x)=\frac{1}{2}(|1+x|-|1-x|).$$

64. 设 $$f(x)=\begin{cases}\dfrac{\int_0^x\left[(t-1)\int_0^{t^2}\varphi(u)\mathrm{d}u\right]\mathrm{d}t}{\sin^2 x}, & x\neq 0,\\ 0, & x=0,\end{cases}$$

其中 $\varphi(u)$ 为连续函数，试讨论在 $x=0$ 处 $f(x)$ 的连续性和可导性.

解 (1)讨论 $\lim\limits_{x\to 0}f(x)$ 是否等于 $f(0)=0$.

$$\lim_{x\to 0}\frac{\int_0^x\left[(t-1)\int_0^{t^2}\varphi(u)\mathrm{d}u\right]\mathrm{d}t}{\sin^2 x}$$

$$=\lim_{x\to 0}\frac{\int_0^x\left[(t-1)\int_0^{t^2}\varphi(u)\mathrm{d}u\right]\mathrm{d}t}{x^2}$$

$$=\lim_{x\to 0}\frac{(x-1)\int_0^{x^2}\varphi(u)\mathrm{d}u}{2x}$$

$$=\lim_{x\to 0}\frac{\int_0^{x^2}\varphi(u)\mathrm{d}u+(x-1)\varphi(x^2)\cdot 2x}{2}$$

$$=0.$$

故 $f(x)$在点 $x=0$ 处连续.

(2)由导数定义,$f(x)$在 0 点导数为

$$\lim_{x\to0}\frac{f(x)-f(0)}{x}$$

$$=\lim_{x\to0}\frac{\int_0^x\left[(t-1)\int_0^{t^2}\varphi(u)\mathrm{d}u\right]\mathrm{d}t}{x\sin^2 x}$$

$$=\lim_{x\to0}\frac{\int_0^x\left[(t-1)\int_0^{t^2}\varphi(u)\mathrm{d}u\right]\mathrm{d}t}{x^3}$$

$$=\lim_{x\to0}\frac{\int_0^{x^2}\varphi(u)\mathrm{d}u+(x-1)\varphi(x^2)2x}{6x}$$

$$=\lim_{x\to0}\frac{\int_0^{x^2}\varphi(u)\mathrm{d}u}{6x}+\lim_{x\to0}\frac{(x-1)\varphi(x^2)}{3}$$

$$=\lim_{x\to0}\frac{\varphi(x^2)\cdot2x}{6}+\left[\frac{-1}{3}\varphi(0)\right]$$

$$=-\frac{1}{3}\varphi(0).$$

所以 $f(x)$在 0 点处可导,$f'(0)=-\frac{1}{3}\varphi(0)$.

65. 设函数 $f(x)$在$(-\infty,+\infty)$内连续,且

$$F(x)=\int_0^x(x-2t)f(t)\mathrm{d}t,$$

证明(1)$F(x)$与 $f(x)$有相同的奇偶性;

(2)如果 $f(x)$非增,则 $F(x)$非减.

证明 (1)$F(-x)=\int_0^{-x}(-x-2t)f(t)\mathrm{d}t$,

令 $t=-u$,则

$$F(-x)=\int_0^x(-x+2u)f(-u)(-\mathrm{d}u).$$

若 $f(x)$是偶函数,$f(-x)=f(x)$,则

$$F(-x)=\int_0^x (x-2u)f(u)\mathrm{d}u=\int_0^x (x-2t)\mathrm{d}t$$
$$=F(x).$$

若 $f(x)$是奇函数,$f(-x)=-f(x)$,则

$$F(-x)=\int_0^x (-x+2u)f(u)\mathrm{d}u=-\int_0^x (x-2t)f(t)\mathrm{d}t$$
$$=-F(x).$$

故 $F(x)$与 $f(x)$有相同的奇偶性.

(2)因为

$$F'(x)=\left[x\int_0^x f(t)\mathrm{d}t-\int_0^x 2tf(t)\mathrm{d}t\right]'$$
$$=\int_0^x f(t)\mathrm{d}t+xf(x)-2xf(x)$$
$$=\int_0^x f(t)\mathrm{d}t-xf(x).$$

由定积分中值定理

$$\int_0^x f(t)\mathrm{d}t=f(\xi)x(\xi\text{ 介于 }0\text{ 与 }x\text{ 之间}),$$

故 $F'(x)=x[f(\xi)-f(x)]$.

因为 $f(x)$非增,于是当 $x>0$ 时,$\xi<x$,$f(\xi)-f(x)\geqslant 0$,$F'(x)\geqslant 0$;当 $x<0$ 时,$x<\xi$,$f(\xi)-f(x)\leqslant 0$,$F'(x)\geqslant 0$.

所以对 $x\in(-\infty,+\infty)$,均有 $F'(x)\geqslant 0$,即 $F(x)$非减.

六、广义积分

66. $\displaystyle\int_{\mathrm{e}}^{+\infty}\frac{\mathrm{d}x}{x(\ln x)^2}$.

解

$$\int_{\mathrm{e}}^{+\infty}\frac{\mathrm{d}x}{x(\ln x)^2}=\lim_{b\to+\infty}\int_{\mathrm{e}}^{b}\frac{\mathrm{d}x}{x(\ln x)^2}$$
$$=\lim_{b\to+\infty}\int_{\mathrm{e}}^{b}\frac{\mathrm{d}\ln x}{\ln^2 x}=\lim_{b\to+\infty}\left(-\frac{1}{\ln x}\right)\Bigg|_{\mathrm{e}}^{b}$$
$$=\lim_{b\to+\infty}\left(-\frac{1}{\ln b}+1\right)=1.$$

67. $\int_{-\infty}^{+\infty}(|x|+x)e^{-|x|}dx$.

解 $\int_{-\infty}^{+\infty}(|x|+x)e^{-|x|}dx$

$=\int_{-\infty}^{0}(-x+x)e^{x}dx+\int_{0}^{+\infty}(x+x)e^{-x}dx$

$=2\int_{0}^{+\infty}xe^{-x}dx$

$=2\lim\limits_{b\to+\infty}\int_{0}^{b}xe^{-x}dx$

$=2\lim\limits_{b\to+\infty}\left[-xe^{-x}\Big|_{0}^{b}+\int_{0}^{b}e^{-x}dx\right]$

$=2\lim\limits_{b\to+\infty}\left[-be^{-b}-e^{-b}+1\right]=2.$

68. $\int_{0}^{2}\frac{1}{(1-x)^2}dx$.

解 $\int_{0}^{2}\frac{1}{(1-x)^2}dx=\int_{0}^{1}\frac{dx}{(1-x)^2}+\int_{1}^{2}\frac{dx}{(1-x)^2}$

$=\lim\limits_{\varepsilon\to0^+}\int_{0}^{1-\varepsilon}\frac{dx}{(1-x)^2}+\lim\limits_{\eta\to0^+}\int_{1+\eta}^{2}\frac{dx}{(1-x)^2}$

$=\lim\limits_{\varepsilon\to0^+}\left(\frac{1}{1-x}\right)_{0}^{1-\varepsilon}+\lim\limits_{\eta\to0^+}\left(\frac{1}{1-x}\right)_{1+\eta}^{2}$

$=\lim\limits_{\varepsilon\to0^+}\left(\frac{1}{\varepsilon}-1\right)+\lim\limits_{\eta\to0^+}\left(-1+\frac{1}{\eta}\right)=+\infty,$

所以 $\int_{0}^{2}\frac{1}{(1-x)^2}dx$ 发散.

69. $\int_{1}^{e}\frac{1}{x\sqrt{1-(\ln x)^2}}dx$.

解 $\int_{1}^{e}\frac{1}{x\sqrt{1-(\ln x)^2}}dx=\lim\limits_{\varepsilon\to0^+}\int_{1}^{e-\varepsilon}\frac{1}{x\sqrt{1-(\ln x)^2}}dx$

$=\lim\limits_{\varepsilon\to0^+}\int_{1}^{e-\varepsilon}\frac{d\ln x}{\sqrt{1-(\ln x)^2}}=\lim\limits_{\varepsilon\to0^+}\arcsin(\ln x)\Big|_{1}^{e-\varepsilon}$

$$=\arcsin(\ln e)=\frac{\pi}{2}.$$

70. $\displaystyle\int_1^{+\infty}\frac{dx}{x\sqrt{x-1}}$.

解 $$\int_1^{+\infty}\frac{dx}{x\sqrt{x-1}}=\int_1^2\frac{dx}{x\sqrt{x-1}}+\int_2^{+\infty}\frac{dx}{x\sqrt{x-1}}.$$

令 $t=\sqrt{x-1}$,

则 $$\int_1^2\frac{dx}{x\sqrt{x-1}}=\lim_{\varepsilon\to0^+}\int_{1+\varepsilon}^2\frac{dx}{x\sqrt{x-1}}$$

$$=\lim_{\varepsilon\to0^+}\int_{\sqrt{\varepsilon}}^1\frac{2}{t^2+1}dt=\lim_{\varepsilon\to0^+}2\arctan t\Big|_{\sqrt{\varepsilon}}^1=\frac{\pi}{2}.$$

$$\int_2^{+\infty}\frac{dx}{x\sqrt{x-1}}=\lim_{b\to+\infty}\int_2^b\frac{dx}{x\sqrt{x-1}}$$

$$=\lim_{b\to+\infty}\int_1^{\sqrt{b-1}}\frac{2}{t^2+1}dt$$

$$=\lim_{b\to+\infty}2\arctan t\Big|_1^{\sqrt{b-1}}$$

$$=\pi-\frac{\pi}{2}=\frac{\pi}{2}.$$

于是 $$\int_1^{+\infty}\frac{1}{x\sqrt{x-1}}dx=\frac{\pi}{2}+\frac{\pi}{2}=\pi.$$

71. 证明 $\displaystyle\int_0^{+\infty}\frac{dx}{1+x^4}=\int_0^{+\infty}\frac{x^2}{1+x^4}dx=\frac{\sqrt{2}\pi}{4}$.

证明 设 $x=\dfrac{1}{t}$,则

$$\int_0^{+\infty}\frac{x^2}{1+x^4}dx=\int_{+\infty}^0\frac{\frac{1}{t^2}\cdot\left(-\frac{1}{t^2}dt\right)}{1+\frac{1}{t^4}}$$

$$=\int_0^{+\infty}\frac{1}{1+t^4}dt=\int_0^{+\infty}\frac{1}{1+x^4}dx,$$

于是

$$\int_0^{+\infty}\frac{\mathrm{d}x}{1+x^4}=\frac{1}{2}\int_0^{+\infty}\frac{\mathrm{d}x}{1+x^4}+\frac{1}{2}\int_0^{+\infty}\frac{x^2}{1+x^4}\mathrm{d}x$$

$$=\frac{1}{2}\int_0^{+\infty}\frac{1+x^2}{1+x^4}\mathrm{d}x$$

$$=\frac{1}{4}\int_0^{+\infty}\left(\frac{1}{1+\sqrt{2}x+x^2}+\frac{1}{1-\sqrt{2}x+x^2}\right)\mathrm{d}x$$

$$=\frac{1}{4}\int_0^{+\infty}\left[\frac{1}{\left(x+\frac{1}{\sqrt{2}}\right)^2+\frac{1}{2}}+\frac{1}{\left(x-\frac{1}{\sqrt{2}}\right)^2+\frac{1}{2}}\right]\mathrm{d}x$$

$$=\frac{\sqrt{2}}{4}\left[\arctan\frac{x+\frac{1}{\sqrt{2}}}{\frac{1}{\sqrt{2}}}+\arctan\frac{x-\frac{1}{\sqrt{2}}}{\frac{1}{\sqrt{2}}}\right]\Bigg|_0^{+\infty}$$

$$=\frac{\sqrt{2}}{4}\left(\frac{\pi}{2}-\frac{\pi}{4}+\frac{\pi}{2}+\frac{\pi}{4}\right)=\frac{\sqrt{2}\pi}{4}.$$

72. $\int_{\frac{\pi}{2}}^{\frac{3\pi}{2}}\frac{\sin x}{\sqrt{1-\cos 2x}}\mathrm{d}x$.

解　$$\int_{\frac{\pi}{2}}^{\frac{3\pi}{2}}\frac{\sin x}{\sqrt{1-\cos 2x}}\mathrm{d}x$$

$$=\int_{\frac{\pi}{2}}^{\pi}\frac{\sin x}{\sqrt{1-\cos 2x}}\mathrm{d}x+\int_{\pi}^{\frac{3\pi}{2}}\frac{\sin x}{\sqrt{1-\cos 2x}}\mathrm{d}x$$

$$=\lim_{\varepsilon\to 0^+}\int_{\frac{\pi}{2}}^{\pi-\varepsilon}\frac{\sin x}{\sqrt{1-(1-2\sin^2 x)}}\mathrm{d}x+$$

$$\lim_{\eta\to 0^+}\int_{\pi+\eta}^{\frac{3}{2}\pi}\frac{\sin x}{\sqrt{1-(1-2\sin^2 x)}}\mathrm{d}x$$

$$=\lim_{\varepsilon\to 0^+}\left(\frac{x}{\sqrt{2}}\right)_{\frac{\pi}{2}}^{\pi-\varepsilon}+\lim_{\eta\to 0^+}\left(-\frac{x}{\sqrt{2}}\right)_{\pi+\eta}^{\frac{3}{2}\pi}$$

$$=\lim_{\varepsilon\to 0^+}\left(\frac{\pi-\varepsilon}{\sqrt{2}}-\frac{\pi}{2\sqrt{2}}\right)+\lim_{\eta\to 0^+}\left(-\frac{3\pi}{2\sqrt{2}}+\frac{\pi+\eta}{\sqrt{2}}\right)$$

$$=0.$$

3.3　定积分的应用

重要公式与结论

一、几何方面的应用

1. 平面图形面积

①在 xOy 平面直角坐标系中，由曲线 $y=f(x)$、$y=g(x)$（$f(x)\geqslant g(x)$）及直线 $x=a$、$x=b(a<b)$ 围成的平面图形的面积

$$S=\int_a^b[f(x)-g(x)]\mathrm{d}x.$$

②在极坐标系中，由曲线 $\rho=\rho(\theta)$ 及射线 $\theta=\alpha$、$\theta=\beta(\alpha<\beta)$ 围成的曲边扇形的面积

$$S=\frac{1}{2}\int_\alpha^\beta\rho^2(\theta)\mathrm{d}\theta.$$

2. 立体体积

①在空间直角坐标系中，设立体垂直于 x 轴的平行截面面积函数 $S=S(x)$，则立体介于平面 $x=a$ 与 $x=b(a<b)$ 之间的体积

$$V=\int_a^b S(x)\mathrm{d}x.$$

②在空间直角坐标系中，由曲线 $y=f(x)(f(x)\geqslant 0)$ 及直线 $x=a$、$x=b(a<b)$、$y=0$ 围成的曲边梯形，绕 x 轴旋转一周形成的旋转体的体积

$$V=\pi\int_a^b f^2(x)\mathrm{d}x.$$

3. 曲线的弧长

①在平面直角坐标系中，曲线 $y=f(x)(a\leqslant x\leqslant b)$ 的弧长

$$s=\int_a^b\sqrt{1+[f'(x)]^2}\mathrm{d}x.$$

②在平面直角坐标系中，曲线 $\begin{cases}x=x(t),\\y=y(t),\end{cases}$ 在 $\alpha\leqslant t\leqslant\beta$ 的弧长

$$s=\int_{\alpha}^{\beta}\sqrt{[x'(t)]^2+[y'(t)]^2}\,dt.$$

③在极坐标系中，曲线 $\rho=\rho(\theta)$ 在 $\alpha\leqslant\theta\leqslant\beta$ 的弧长

$$s=\int_{\alpha}^{\beta}\sqrt{[\rho(\theta)]^2+[\rho'(\theta)]^2}\,d\theta.$$

4.旋转体的侧面积

在平面直角坐标系中，曲线段 $y=f(x)(f(x)\geqslant 0,a\leqslant x\leqslant b)$ 绕 x 轴旋转一周而成的旋转体的侧面积

$$S=2\pi\int_{a}^{b}f(x)\sqrt{1+[f'(x)]^2}\,dx.$$

二、物理方面的应用

1.变力作功

物体在平行于 x 轴的力 $F(x)$ 作用下沿 x 轴由 $x=a$ 运动至 $x=b$，力 $F(x)$ 做的功

$$W=\int_{a}^{b}F(x)\,dx.$$

2.引力问题

一长为 l 的均匀细棒对在棒的延长线上距棒的近端距离为 a 处质量为 m 的一质点的引力

$$F=\int_{0}^{l}k\,\frac{\mu m}{(l+a-x)^2}\,dx,$$

k 为常数，μ 为棒的线密度.

3.液体的侧压力

在平面直角坐标系中，曲线 $y=f(x)(f(x)\geqslant 0)$ 及直线 $x=a$、$x=b(a<b)$、$y=0$ 围成的曲边梯形平板铅直浸入液体中，平板一侧所受的液体压力如图 3-1 $p=\int_{a}^{b}\nu xf(x)\,dx$（$\nu$ 为液体的比重）.

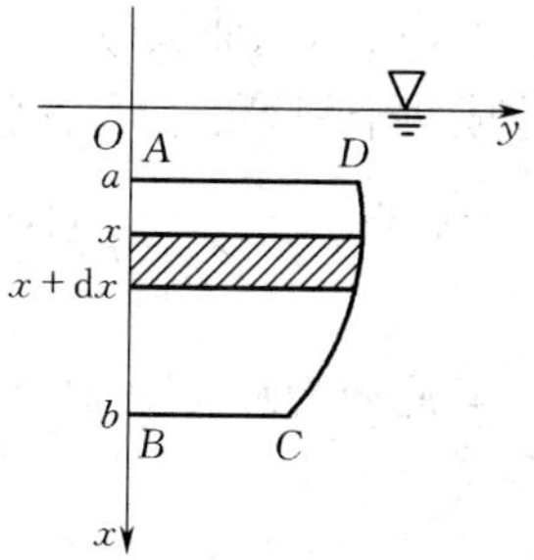

图 3-1

4. 函数的平均值

连续函数 $f(x)$在$[a,b]$上的平均值

$$\bar{y}=\frac{1}{b-a}\int_a^b f(x)\mathrm{d}x.$$

例题选解

一、选择题

1. 由曲线 $y=\ln(2-x)$与两坐标轴所围图形的面积是

(A)$2\ln 2+1$.　　(B)$2\ln 2-1$.　　(C)$2\ln 2$.　　(D)$2\ln 2+2$.

答(B)

2. 由曲线 $y=1-(x-1)^2$ 及直线 $y=0$ 所围图形绕 y 轴旋转而成立体的体积是

(A)$\int_0^1 \pi(1+\sqrt{1-y})^2\mathrm{d}y$.

(B)$\int_0^1 \pi(1-\sqrt{1-y})^2\mathrm{d}y$.

(C)$\int_0^1 \pi[(1+\sqrt{1-y})-(1-\sqrt{1-y})]^2\mathrm{d}y$.

(D)$\int_0^1 \pi[(1+\sqrt{1-y})^2-(1-\sqrt{1-y})^2]\mathrm{d}y$.

答(D)

3. 由 x 轴、曲线 $y=x^2$ 和直线 $x=\sqrt[3]{2}$围成的图形面积被直线 $x=k$ 分成两个相等的面积,则 k 应为

(A)1.　　(B)$2^{-\frac{2}{3}}$.　　(C)$2^{\frac{1}{6}}$.　　(D)$2^{-\frac{1}{3}}$.

答(A)

4. 底面为圆 $x^2+y^2=4$,垂直于 x 轴的所有截面都是正方形的立体体积是

(A)$21\frac{1}{3}$.　　(B)$10\frac{2}{3}$.　　(C)$42\frac{2}{3}$.　　(D)$85\frac{1}{3}$.

答(C)

5. 悬链线 $y=\frac{a}{2}(e^{\frac{x}{a}}+e^{-\frac{x}{a}})$，在 $x=-a$ 到 $x=a$ 间的一段弧长是

(A) $a\left(e-\frac{1}{e}\right)$.　　(B) $a^2(e^{\frac{-1}{a}}+e^{\frac{1}{a}})$.

(C) $\frac{a}{2}\left(e-\frac{1}{e}\right)$.　　(D) $a^2(e^{-\frac{1}{a}}-e^{\frac{1}{a}})$.

答(A)

6. 拉弹簧所需的力 f 与弹簧伸长量 S 成正比 $f=kS$，设弹簧由原长 9 增长 6，求所做的功用积分 $\int_a^b kS\mathrm{d}S$ 表示的积分区间〔a，b〕为

(A)〔9,15〕.　　(B)〔0,6〕.

(C)〔−6,0〕.　　(D)〔−3,3〕.

答(B)

7. 横截面为 S、深为 h 的水池装满水，把水全部抽到高为 H 的水塔上，所做的功 $W=$

(A) $\int_0^h S(H+h-y)\mathrm{d}y$.

(B) $\int_0^H S(H+h-y)\mathrm{d}y$.

(C) $\int_0^h S(H-y)\mathrm{d}y$.

(D) $\int_0^{h+H} S(H+h-y)\mathrm{d}y$.

答(A)

二、计算题

8. 求由曲线 $y=\ln x$、纵轴与直线 $y=\ln a$、$y=\ln b$ 所围成图形的面积.

解　因为 $y=\ln x$，则 $x=e^y$.

$$S=\int_{\ln a}^{\ln b}x\mathrm{d}y=\int_{\ln a}^{\ln b}\mathrm{e}^{y}\mathrm{d}y=b-a.$$

9. 求曲线 $y^2=(4-x)^3$ 与纵轴所围成的图形的面积.

解 先求交点,令 $x=0$ 得 $y^2=64$,故 $y_1=-8,y_2=8$,即曲线与纵轴交点为$(0,-8),(0,8)$(图 3-2). 又 $x=4-y^{\frac{2}{3}}$,所以

$$\begin{aligned}S&=\int_{-8}^{8}x\mathrm{d}y=\int_{-8}^{8}(4-y^{\frac{2}{3}})\mathrm{d}y\\&=2\int_{0}^{8}(4-y^{\frac{2}{3}})\mathrm{d}y\\&=25\frac{3}{5}.\end{aligned}$$

注意 积分变量的选择应使计算过程尽量简便.

10. 求抛物线 $y=-x^2+4x-3$ 及其在点$(0,-3)$和点$(3,0)$处的切线所围成的图形的面积.

解 点$(0,-3)$、$(3,0)$满足抛物线方程,故这两点在抛物线上,因为 $y'=-2x+4$,所以 $y'(0)=4,y'(3)=-2$,于是在这两点的切线方程为

$$\begin{cases}y+3=4x,\\y=-2(x-3).\end{cases}$$

解方程组得两切线交点为$\left(\frac{3}{2},3\right)$,又由 $y''=-2$ 知抛物线向下凹,切线在其上方,如图 3-3 所示. 所以

$$\begin{aligned}S&=\int_{0}^{\frac{3}{2}}[(4x-3)-(-x^2+4x-3)]\mathrm{d}x\\&\quad+\int_{\frac{3}{2}}^{3}[-2(x-3)-(-x^2+4x-3)]\mathrm{d}x\\&=\int_{0}^{\frac{3}{2}}x^2\mathrm{d}x+\int_{\frac{3}{2}}^{3}(x^2-6x+9)\mathrm{d}x=2\frac{1}{4}.\end{aligned}$$

11. 求由 $x^2+y^2=1,(x-1)^2+y^2=1,x^2+(y-1)^2=1$ 所围成公共部分图形的面积.

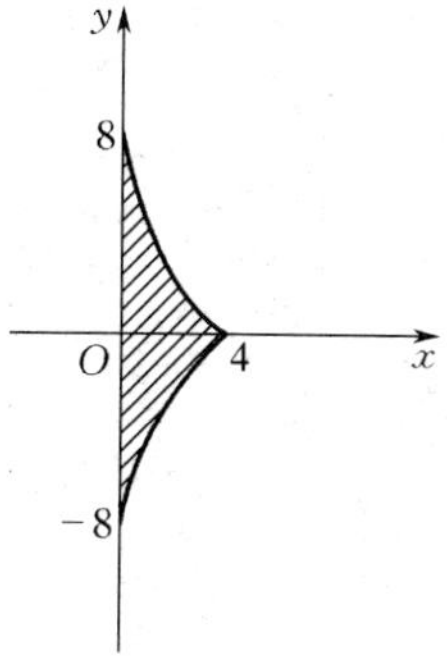

图 3-2

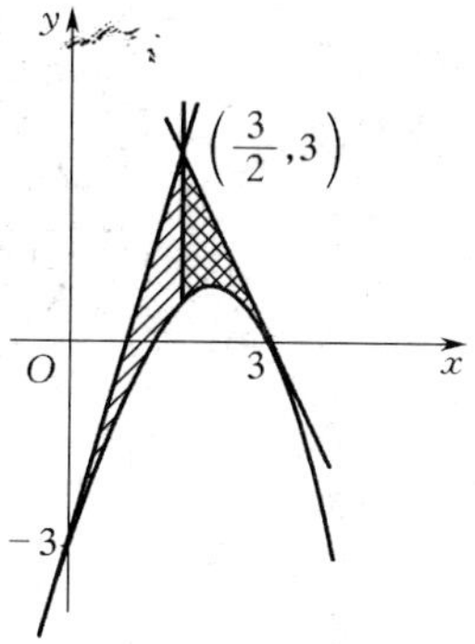

图 3-3

解　选极坐标系，曲线方程分别为 $\rho=1$，$\rho=2\cos\theta$，$\rho=2\sin\theta$，如图 3-4 所围公共部分的图形是曲边三角形 OAB，解方程组

$$\begin{cases}\rho=1,\\ \rho=2\sin\theta,\end{cases}$$

得交点 $A\left(1,\frac{\pi}{6}\right)$. 由图形的对称性知

$$S=2\left[\int_0^{\frac{\pi}{6}}\frac{1}{2}(2\sin\theta)^2\mathrm{d}\theta+\int_{\frac{\pi}{6}}^{\frac{\pi}{4}}\frac{1}{2}\mathrm{d}\theta\right]$$

$$=2\left(\theta-\frac{1}{2}\sin 2\theta\right)\Big|_0^{\frac{\pi}{6}}+\theta\Big|_{\frac{\pi}{6}}^{\frac{\pi}{4}}$$

$$=\frac{5}{12}\pi-\frac{\sqrt{3}}{2}.$$

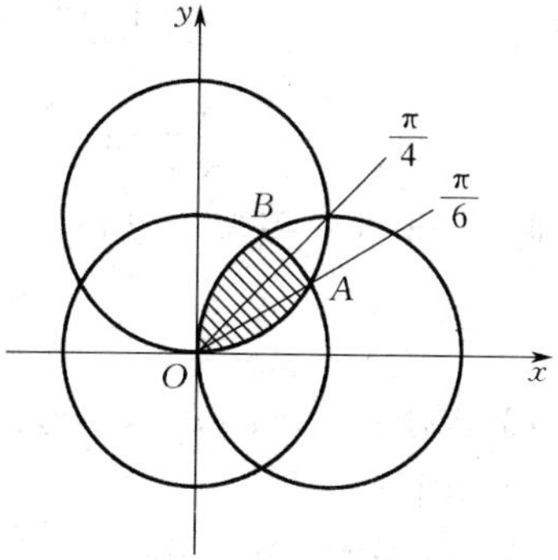

图 3-4

12. 如图 3-5 所示，圆 $\rho=1$ 被心形线 $\rho=1+\cos\theta$ 分割成两部分，求这两部分的面积.

解　解方程组$\begin{cases}\rho=1,\\ \rho=1+\cos\theta,\end{cases}$

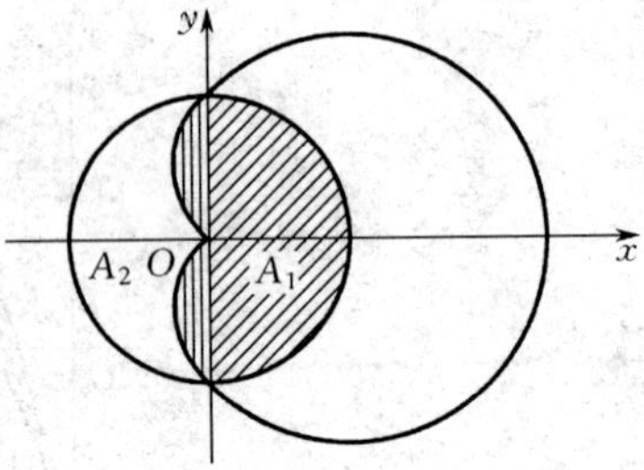

图 3-5

得 $\theta=\pm\frac{\pi}{2}$,交点$\left(1,\frac{\pi}{2}\right),\left(-1,-\frac{\pi}{2}\right)$.据对称性

$$A_1=2\left[\frac{1}{2}\int_0^{\frac{\pi}{2}}\mathrm{d}\theta+\frac{1}{2}\int_{\frac{\pi}{2}}^{\pi}(1+\cos\theta)^2\mathrm{d}\theta\right]$$

$$=\frac{\pi}{2}+\int_{\frac{\pi}{2}}^{\pi}\left(1+2\cos\theta+\frac{1+\cos 2\theta}{2}\right)\mathrm{d}\theta$$

$$=\frac{5}{4}\pi-2.$$

圆 $\rho=1$ 的面积为 π,所以

$$A_2=\pi-\left(\frac{5\pi}{4}-2\right)=2-\frac{\pi}{4}.$$

13.求摆线 $x=a(t-\sin t),y=a(1-\cos t)$内的一拱与横轴所围成图形的面积.

解　摆线的一拱 t 由 0 变到 2π,而 x 由 0 变到 $2\pi a$,所以

$$S=\int_0^{2\pi a}y\mathrm{d}x=\int_0^{2\pi}a(1-\cos t)\mathrm{d}[a(t-\sin t)]$$

$$=\int_0^{2\pi}a^2(1-\cos t)^2\mathrm{d}t=3\pi a^2.$$

14.求由星形线 $x=a\cos^3 t,y=a\sin^3 t$ 所围成的平面图形面积.

解　由对称性有

$$S=4\int_0^a y\mathrm{d}x=4\int_{\frac{\pi}{2}}^0 a\sin^3 t\,\mathrm{d}(a\cos^3 t)$$

$$=12a^2\int_0^{\frac{\pi}{2}}\sin^4 t\cos^2 t\,\mathrm{d}t$$

$$=12a^2\int_0^{\frac{\pi}{2}}(\sin^4 t-\sin^6 t)\mathrm{d}t$$

$$=12a^2\left(\frac{1}{2}\cdot\frac{3}{4}\ \frac{\pi}{2}-\frac{1}{2}\cdot\frac{3}{4}\cdot\frac{5}{6}\ \frac{\pi}{2}\right)=\frac{3}{8}\pi a^2.$$

15. 在曲线族 $y=a(1-x^2)(a>0)$ 中，试选一条曲线，使这条曲线和它在 $(-1,0)$ 及 $(1,0)$ 两点处法线所围成的图形面积比这一族曲线中其他曲线以同样办法围成的面积都小.

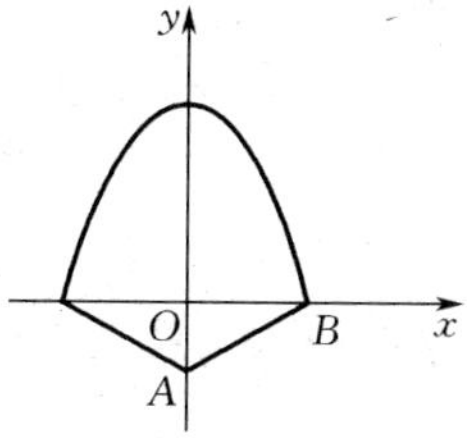

图 3-6

解　如图 3-6 所示，点 $B(1,0)$ 处的法线方程为 $y=\frac{1}{2a}(x-1)$，于是所围成面积

$$S=2\int_0^1\left[a(1-x^2)-\frac{1}{2a}(x-1)\right]\mathrm{d}x=2\left(\frac{2}{3}a+\frac{1}{4a}\right),$$

$$S'(a)=2\left(\frac{2}{3}-\frac{1}{4a^2}\right).$$

令 $S'(a)=0$，得 $a=\frac{\sqrt{6}}{4}(a>0)$.

所以 $y=\frac{\sqrt{6}}{4}(1-x^2)$ 时围成的面积为最小.

16. 求环线 $y=\pm\left(\frac{1}{3}-x\right)\sqrt{x}$ 所包围的面积与周长等于此环线的圆的面积之比.

解　因为 $y(0)=y\left(\frac{1}{3}\right)=0$，由对称性知此环线围成的面积为

$$S_1=2\int_0^{\frac{1}{3}}\left(\frac{1}{3}-x\right)\sqrt{x}\,\mathrm{d}x=\frac{8}{135\sqrt{3}}.$$

此环线的周长为

$$l=2\int_0^{\frac{1}{3}}\sqrt{1+\left(\frac{1}{6\sqrt{x}}-\frac{3\sqrt{x}}{2}\right)^2}\,\mathrm{d}x=\frac{4}{3\sqrt{3}}.$$

设圆半径为 R,由 $2\pi R=\frac{4}{3\sqrt{3}}$,有 $R=\frac{2}{3\sqrt{3}\pi}$,于是圆面积

$$S_2=\pi R^2=\frac{4}{27\pi},$$

从而面积之比

$$\frac{S_1}{S_2}=\frac{2\pi}{5\sqrt{3}}.$$

17. 以长半轴 $a=10$,短半轴 $b=5$ 的椭圆为底而垂直于长轴的截面是等边三角形的立体的体积.

解 设立体底椭圆方程为$\frac{x^2}{a^2}+\frac{y^2}{b^2}=1$,则立体截面面积

$$A(x)=\frac{\sqrt{3}}{4}[2y(x)]^2=\sqrt{3}b^2\left(1-\frac{x^2}{a^2}\right),$$

故所求立体体积

$$V=\int_{-a}^{a}A(x)\mathrm{d}x=\sqrt{3}b^2\int_{-a}^{a}\left(1-\frac{x^2}{a^2}\right)\mathrm{d}x$$

$$=\frac{4\sqrt{3}ab^2}{3}.$$

$$V\Big|_{\substack{a=10\\b=5}}=\frac{1000\sqrt{3}}{3}.$$

18. 求由圆 $x^2+(y-5)^2=16$ 绕 x 轴旋转而成的环体的体积.

解 因为 $y=5\pm\sqrt{16-x^2}$,而 $-4\leqslant x\leqslant 4$,所求环体体积是由半圆 $y=5+\sqrt{16-x^2}$ 与半圆 $y=5-\sqrt{16-x^2}$ 绕 x 轴旋转生成的旋转体体积之差,即

$$V=\pi\int_{-4}^{4}[(5+\sqrt{16-x^2})^2-(5-\sqrt{16-x^2})^2]\mathrm{d}x$$

$$=2\pi\int_0^4 20\sqrt{16-x^2}\,\mathrm{d}x=160\pi^2.$$

19. 求曲线 $xy=a(a>0)$ 与直线 $x=a$，$x=2a$ 及 $y=0$ 所围成的图形分别绕 Ox 轴、Oy 轴旋转一周所得旋转体的体积.

解　(1)绕 Ox 轴，$y=\dfrac{a}{x}$，则

$$V_x=\pi\int_a^{2a}y^2\mathrm{d}x=\pi\int_a^{2a}\left(\frac{a}{x}\right)^2\mathrm{d}x=\frac{a\pi}{2}.$$

(2)绕 Oy 轴，$x=\dfrac{a}{y}$，则绕 Oy 轴的体积要分两部分考虑，V_1 部分是由曲线 $x=\dfrac{a}{y}$ 与直线 $y=1$，$y=\dfrac{1}{2}$ 所围平面图形绕 Oy 轴旋转所得体积减去一个以 a 为底半径，高为 $\dfrac{1}{2}$ 的圆柱体的体积，V_2 部分是两个圆柱体体积之差，于是得到

$$V_1=\pi\int_{\frac{1}{2}}^{1}x^2\mathrm{d}y-\pi\frac{1}{2}a^2=\pi\int_{\frac{1}{2}}^{1}\frac{a^2}{y^2}\mathrm{d}y-\frac{\pi a^2}{2}=\frac{\pi a^2}{2},$$

$$V_2=\pi\cdot\frac{1}{2}(2a)^2-\pi\frac{1}{2}a^2=\frac{3}{2}\pi a^2.$$

所以 $V_y=V_1+V_2=\dfrac{\pi}{2}a^2+\dfrac{3\pi}{2}a^2=2\pi a^2.$

下例推导出平面图形绕 Oy 轴旋转所生成旋转体的体积公式.

20. 证明由 $y=f(x)(f(x)\geqslant 0)$ 及 $x=a$、$x=b(0<a<b)$、$y=0$ 围成的曲边梯形绕 y 轴旋转一周形成的旋转体体积

$$V=2\pi\int_a^b xf(x)\mathrm{d}x.$$

证明　将$[a,b]$分为 n 个子区间，子区间$[x,x+\Delta x]$上的小曲边梯形面积

$$\Delta S\approx f(x)\Delta x,$$

绕 y 轴旋转一周，小旋转体体积为

$$\Delta V\approx 2\pi xf(x)\Delta x.$$

从而

$$V=2\pi\int_a^b xf(x)\mathrm{d}x.$$

用此公式计算 19 题绕 Oy 轴旋转所得旋转体的体积

$$V_y=2\pi\int_a^{2a}x\cdot\frac{a}{x}\mathrm{d}x=2\pi a^2.$$

显然要简便多了.

21. 由曲线 $y=\sin x(x\in[0,\pi])$ 与 x 轴所围图形分别绕(1)Oy 轴;(2)直线 $y=1$,旋转而成的旋转体的体积.

解 (1) $V=2\pi\int_0^\pi x\sin x\mathrm{d}x$

$$=2\pi\left(-x\cos x\Big|_0^\pi+\int_0^\pi\cos x\mathrm{d}x\right)$$

$$=2\pi^2.$$

(2) $V=\pi\int_0^\pi[1^2-(1-\sin x)^2]\mathrm{d}x$

$$=\pi\int_0^\pi(2\sin x-\sin^2 x)\mathrm{d}x$$

$$=\pi\left(-2\cos x\Big|_0^\pi-\int_0^\pi\frac{1-\cos 2x}{2}\mathrm{d}x\right)$$

$$=4\pi-\frac{1}{2}\pi^2.$$

22. 由直线 $x=\frac{1}{2}$ 与抛物线 $y^2=2x$ 所包围的图形绕直线 $y=1$ 旋转,求这旋转体的体积和表面积.

解 设 $x=\frac{1}{2}$ 与 $y^2=2x$ 的交点为 $A\left(\frac{1}{2},1\right)$ 和 $B\left(\frac{1}{2},-1\right)$. 由 $y^2=2x$,设 $y_1=-\sqrt{2x}$,$y_2=\sqrt{2x}$,则

$$V=\pi\int_0^{\frac{1}{2}}[(y_1-1)^2-(y_2-1)^2]\mathrm{d}x$$

$$=\pi\int_0^{\frac{1}{2}}(-\sqrt{2x}-1)^2-(\sqrt{2x}-1)^2]\mathrm{d}x$$

$$=\pi\int_0^{\frac{1}{2}}4\sqrt{2x}\mathrm{d}x=\frac{4}{3}\pi.$$

由弧 AOB 得旋转体表面积

$$A_1=2\pi\int_0^{\frac{1}{2}}\left[\,|y_1-1|+|y_2-1|\,\right]\sqrt{1+y'^2}\,dx$$

$$=4\pi\int_0^{\frac{1}{2}}\sqrt{1+\frac{1}{2x}}\,dx.$$

令$\sqrt{1+\frac{1}{2x}}=u$，则

$$A_1=-4\pi\int_{+\infty}^{\sqrt{2}}\frac{u^2}{(u^2-1)^2}du$$

$$=\pi\int_{\sqrt{2}}^{+\infty}\left[\frac{1}{(u-1)^2}+\frac{1}{(u+1)^2}+\frac{2}{u^2-1}\right]du$$

$$=2\pi[\sqrt{2}+\ln(\sqrt{2}+1)].$$

由直线 AB 旋转所得的面积为

$$A_2=4\pi,$$

所以全表面积为

$$A=A_1+A_2=2\pi[2+\sqrt{2}+\ln(\sqrt{2}+1)].$$

23. 由心形线 $\rho=4(1+\cos\theta)$ 和直线 $\theta=0$ 及 $\theta=\frac{\pi}{2}$ 所围图形绕极轴旋转所成旋转体的体积.

解　因为 $x=\rho\cos\theta=4(1+\cos\theta)\cos\theta$,

$y=\rho\sin\theta=4(1+\cos\theta)\sin\theta$.

又当 $\theta=0$ 时，$x=8$；$\theta=\frac{\pi}{2}$ 时，$x=0$. 所以

$$V=\pi\int_0^8 y^2\,dx$$

$$=\pi\int_{\frac{\pi}{2}}^0 16(1+\cos\theta)^2\sin^2\theta\,d[4(1+\cos\theta)\cos\theta]$$

$$=64\pi\int_{\frac{\pi}{2}}^0(1+\cos\theta)^2(1-\cos^2\theta)(2\cos\theta+1)\,d\cos\theta$$

$$=160\pi.$$

24. 以椭圆$\frac{x^2}{a^2}+\frac{y^2}{b^2}\leqslant 1(0<b<a)$为底的柱体，被一个通过短轴而与底面成$\alpha$角的平面所截，求截得部分的体积.

解　过y轴上的点y作垂直于y轴的截面，则截面为一直角三角形，其面积为

$$A(y)=\frac{1}{2}x\cdot x\tan\alpha=\frac{1}{2}a^2\left(1-\frac{y^2}{b^2}\right)\tan\alpha,$$

所以

$$\begin{aligned}V&=\int_{-b}^{b}A(y)\mathrm{d}y=\int_{-b}^{b}\frac{1}{2}a^2\left(1-\frac{y^2}{b^2}\right)\tan\alpha\mathrm{d}y\\&=2\int_0^b\frac{a^2}{2}\tan\alpha\left(1-\frac{y^2}{b^2}\right)\mathrm{d}y\\&=\frac{2}{3}a^2b\tan\alpha.\end{aligned}$$

25. 将边长为a的正方形$ABCD$分为三等分，如图 3-7 所示，按EF、GH将正方形折围成三棱柱，此时正方形对角线BD被折成空间曲线$BP—PQ—QA$，求此折线绕AB轴旋转所得体积.

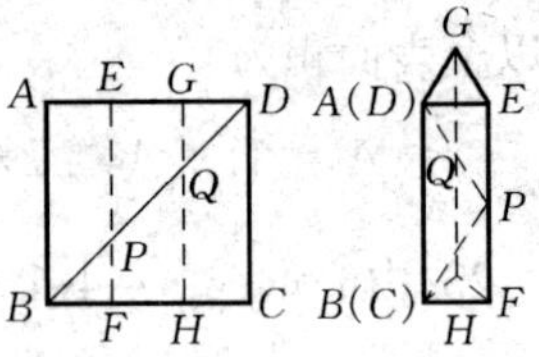

图 3-7

解　因折线$BP—PQ—QA$由三段直线组成，故其绕AB轴旋转所得的旋转体亦由三部分组成.

(1)上下两头是体积相等的圆锥形旋转体，其底半径r等于P点(或Q点)到AB轴的距离，等于$\frac{a}{3}$，其高$=PF=QG=\frac{a}{3}$. 故体积为

$$V_1=V_3=\frac{1}{3}\pi\left(\frac{1}{3}a\right)^2\frac{a}{3}=\frac{1}{81}\pi a^3.$$

(2)中间部分的旋转体的侧面是一个旋转单叶双曲面. 选$B(C)$点为坐标原点，以有向直线$B(C)F$为x轴，$B(C)A(D)$为z轴，垂直于$B(C)A$的有向直线为y轴组成空间直角坐标系，则依题意得P、Q的

坐标为

$$P\left(\frac{a}{3},0,\frac{a}{3}\right),Q\left(\frac{a}{6},\frac{\sqrt{3}}{6}a,\frac{2}{3}a\right).$$

故直线 PQ 的方程为

$$\frac{x-\frac{a}{3}}{-\frac{a}{6}}=\frac{y-0}{\frac{\sqrt{3}a}{6}}=\frac{z-\frac{a}{3}}{\frac{a}{3}},$$

其参数方程为

$$x=\frac{1}{6}a(2-t),y=\frac{\sqrt{3}}{6}at,z=\frac{a}{3}(1+t).$$

由此得旋转面上任一点至 Oz 轴的距离

$$d_z=\sqrt{x^2+y^2}=\frac{a}{3}\sqrt{1-t+t^2},$$

故中间部分旋转体的体积

$$\begin{aligned}V_2&=\int_{\frac{a}{3}}^{\frac{2}{3}a}\pi d_z^2\mathrm{d}z=\frac{1}{27}\pi a^3\int_0^1(1-t+t^2)\mathrm{d}t\\&=\frac{5}{162}\pi a^3.\end{aligned}$$

(3)整个旋转体的体积

$$V=V_1+V_2+V_3=2\frac{\pi a^3}{81}+\frac{5}{162}\pi a^3=\frac{1}{18}\pi a^3.$$

26. 计算曲线 $\rho=a(1+\cos\theta)(a>0)$的弧长.

解　由方程知此曲线为心形线,它关于极轴对称,故弧长

$$\begin{aligned}s&=2\int_0^\pi\sqrt{\rho^2(\theta)+\rho'^2(\theta)}\mathrm{d}\theta\\&=2\int_0^\pi\sqrt{2a^2(1+\cos\theta)}\mathrm{d}\theta\\&=4a\int_0^\pi\cos\frac{\theta}{2}\mathrm{d}\theta=8a.\end{aligned}$$

27. 求由曲线 $y^3=x^2$ 及 $y=\sqrt{2-x^2}$ 所围成的图形的周长.

解 由曲线方程知该图形关于 y 轴对称，如图 3-8 所示. 所以

$$s=2(\overset{\frown}{OA}+\overset{\frown}{AC}).$$

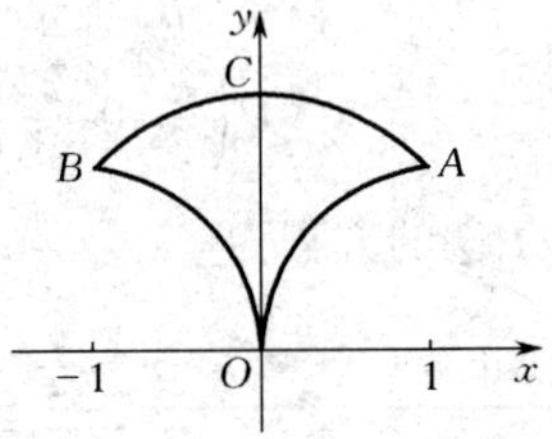

图 3-8

解方程组 $\begin{cases}y^3=x^2,\\ y=\sqrt{2-x^2},\end{cases}$

得交点 $A(1,1)$，$B(-1,1)$.

解方程组 $\begin{cases}y=\sqrt{2-x^2},\\ x=0,\end{cases}$

得交点 $C(0,\sqrt{2})$.

所以 $$s_{\overset{\frown}{OA}}=\int_0^1\sqrt{1+x'^2}\,\mathrm{d}y=\int_0^1\sqrt{1+\frac{9}{4}y}\,\mathrm{d}y$$

$$=\frac{13\sqrt{13}-8}{27},$$

$$s_{\overset{\frown}{AC}}=\int_0^1\sqrt{1+y'^2}\,\mathrm{d}x=\int_0^1\sqrt{2}\frac{1}{\sqrt{2-x^2}}\mathrm{d}x$$

$$=\sqrt{2}\arcsin\frac{x}{\sqrt{2}}\Big|_0^1=\frac{\sqrt{2}}{4}\pi,$$

故 $$s=2\left(\frac{13\sqrt{13}-8}{27}+\frac{\sqrt{2}}{4}\pi\right).$$

计算弧长的公式中被积函数都是正的，又因弧长一定是正值，故定积分限时，一定注意积分下限小于积分上限. 例如计算 $s_{\overset{\frown}{AC}}$ 不能取 $s_{\overset{\frown}{AC}}=\int_1^0\sqrt{1+y'^2}\,\mathrm{d}x$.

28. 计算曲线 $y=\int_0^x\sqrt{\sin x}\,\mathrm{d}x$ 的全长.

解 由方程知 $\sin x\geqslant 0$，故 $0\leqslant x\leqslant\pi$，所求弧长

$$s=\int_0^{\pi}\sqrt{1+y'^2}\,\mathrm{d}x=\int_0^{\pi}\sqrt{1+\sin x}\,\mathrm{d}x$$

$$=\int_0^{\pi}\frac{|\cos x|}{\sqrt{1-\sin x}}\mathrm{d}x$$

$$= -\int_0^{\frac{\pi}{2}} \frac{d(1-\sin x)}{\sqrt{1-\sin x}} + \int_{\frac{\pi}{2}}^{\pi} \frac{d(1-\sin x)}{\sqrt{1-\sin x}}$$

$$=4.$$

29. 在星形线 $x=a\cos^3 t, y=a\sin^3 t$ 上，已知两点 $A(a,0)$ 及 $B(0,a)$，求 M 点使 $\widehat{AM}=\frac{1}{4}\widehat{AB}$.

解　因为 $x'=-3a\cos^2 t\sin t, y'=3a\sin^2 t\cos t$，所以 $\sqrt{x'^2+y'^2}=\sqrt{(-3a\cos^2 t\sin t)^2+(3a\sin^2 t\cos t)^2}=3a\sin t\cos t$，则在星形线上 $[0,t]$ 一段的弧长为

$$s(t)=\int_0^t \sqrt{x'^2+y'^2}\,dt=\int_0^t 3a\sin t\cos t\,dt$$

$$=3a\left.\frac{\sin^2 t}{2}\right|_0^t.$$

由 A 到 B 对应 $t=0$ 到 $t=\frac{\pi}{2}$，

$$\widehat{AB}=3a\left.\frac{\sin^2 t}{2}\right|_0^{\frac{\pi}{2}}=\frac{3}{2}a,$$

设 M 点对应 t_0，则

$$\widehat{AM}=3a\frac{\sin^2 t_0}{2}=\frac{1}{4}(\widehat{AB})=\frac{3}{8}a,$$

得

$$\sin t_0=\frac{1}{2}, t_0=\frac{\pi}{6}.$$

故所求点 M 的坐标为 $x_0=\frac{3\sqrt{3}}{8}a, y_0=\frac{1}{8}a$.

30. 曲线 $x^2+(y-b)^2=a^2(a<b)$ 绕 x 轴旋转而成的圆环面的表面积.

解　环体的表面积等于上半圆 $y=b+\sqrt{a^2-x^2}$ 与下半圆 $y=b-\sqrt{a^2-x^2}$ 分别绕 x 轴旋转而成的侧面积之和.

上半圆 $y'=\frac{-x}{\sqrt{a^2-x^2}}$，下半圆 $y'=\frac{x}{\sqrt{a^2-x^2}}$，

故都有 $\sqrt{1+y'^2}=\frac{a}{\sqrt{a^2-x^2}}$.

于是 $S=2\pi\int_{-a}^{a}[b+\sqrt{a^2-x^2}+b-\sqrt{a^2-x^2}]\frac{a}{\sqrt{a^2-x^2}}dx$

$$=8\pi ab\int_0^a\frac{1}{\sqrt{a^2-x^2}}dx=4\pi^2ab.$$

31. 由曲线 $x=a\cos^3t, y=a\sin^3t$ 绕直线 $y=x$ 旋转所得旋转面侧面积.

解 曲线关于 $y=\pm x$ 对称,只需考虑 $t\in\left[\frac{\pi}{4},\frac{3\pi}{4}\right]$一段曲线.

任取曲线的一小微元,端点坐标$(x(t),y(t))=(a\cos^3t,a\sin^3t)$,它到直线 $y=x$ 的距离是

$$l(t)=\frac{a\sin^3t-a\cos^3t}{\sqrt{2}}.$$

曲线微元的弧长

$$ds=\sqrt{x'(t)^2+y'(t)^2}dt=3a|\sin t\cos t|dt,$$

因而此曲线微元绕 $y=x$ 旋转所得曲面微元的面积

$$dS=2\pi l(t)ds=2\pi\frac{a\sin^3t-a\cos^3t}{\sqrt{2}}\cdot3a|\sin t\cos t|dt,$$

因此整个旋转面的面积是

$$S=2\frac{6a^2\pi}{\sqrt{2}}\int_{\frac{\pi}{4}}^{\frac{3}{4}\pi}[\sin^3t-\cos^3t]|\sin t\cos t|dt$$

$$=6\sqrt{2}a^2\pi\left[\int_{\frac{\pi}{4}}^{\frac{\pi}{2}}(\sin^3t-\cos^3t)\sin t\cos t\,dt\right.$$

$$\left.-\int_{\frac{\pi}{2}}^{\frac{3\pi}{4}}(\sin^3t-\cos^3t)\sin t\cos t\,dt\right]$$

$$=\frac{3}{5}\pi a^2(4\sqrt{2}-1).$$

32. 某立体上下底面平行且与 x 轴垂直,若平行于底的截面面积

为 x 的二次多项式，证明该立体的体积为

$$V=\frac{h}{6}(B_1+4M+B_2)$$

（其中 h 为立体的高，B_1、B_2 分别是底面面积，M 为中截面面积）.

证明　设 $S(x)=ax^2+bx+c$，

则
$$V=\int_0^h S(x)\mathrm{d}x=\int_0^h (ax^2+bx+c)\mathrm{d}x$$
$$=\frac{h}{6}(2ah^2+3bh+6c).$$

欲证 $V=\frac{h}{6}(B_1+4M+B_2)$，

只需证　$B_1+4M+B_2=2ah^2+3bh+6c$　即可.

因为 $S(x)=ax^2+bx+c$，而 $B_1=S(0)=c$，

$$B_2=S(h)=ah^2+bh+c, 4M=4S\left(\frac{h}{2}\right)=4\left(\frac{ah^2}{4}+\frac{bh}{2}+c\right)$$
$$=ah^2+2bh+4c,$$

于是

$$B_1+4M+B_2=c+(ah^2+2bh+4c)+(ah^2+bh+c)$$
$$=2ah^2+3bh+6c.$$

命题得证.

33. 设函数 $f(x)$ 在 $[a,b]$ 上可导，且 $f(x)>0$，$f'(x)>0$，试证明在 (a,b) 内存在惟一的点 x_0，使曲线 $y=f(x)$ 与两直线 $y=f(x_0)$，$x=a$ 所围成的平面图形绕 Ox 轴旋转所得旋转体的体积 V_1 是曲线 $y=f(x)$ 与两直线 $y=f(x_0)$，$x=b$ 所围成的平面图形绕 Ox 轴旋转所得旋转体体积 V_2 的 4 倍（即 $V_1=4V_2$）.

证明　先证存在性.

设存在点为 x_0，因为

$$V_1=\pi\int_a^{x_0}[f^2(x_0)-f^2(x)]\mathrm{d}x,$$

$$V_2=\pi\int_{x_0}^{b}[f^2(x)-f^2(x_0)]\mathrm{d}x.$$

欲证　$V_1=4V_2$,即证

$$\int_a^{x_0}[f^2(x_0)-f^2(x)]\mathrm{d}x=4\int_{x_0}^{b}[f^2(x)-f^2(x_0)]\mathrm{d}x,$$

或证

$$\int_a^{x_0}[f^2(x_0)-f^2(x)]\mathrm{d}x-4\int_{x_0}^{b}[f^2(x)-f^2(x_0)]\mathrm{d}x=0.$$

为此,设辅助函数

$$F(x)=\int_a^{x}[f^2(x)-f^2(t)]\mathrm{d}t-4\int_x^{b}[f^2(t)-f^2(x)]\mathrm{d}t.$$

由 $f(x)$在$[a,b]$上连续知 $F(x)$在$[a,b]$连续,又

$F(a)=-4\int_a^{b}[f^2(t)-f^2(a)]\mathrm{d}t<0$(因为 $f'(x)>0$ 故 $f(x)$单增),

$$F(b)=\int_a^{b}[f^2(b)-f^2(t)]\mathrm{d}t>0,$$

故由闭区间上连续函数性质,存在点 $x_0\in(a,b)$,使 $F(x_0)=0$,

即　$\int_a^{x_0}[f^2(x_0)-f^2(t)]\mathrm{d}t-4\int_{x_0}^{b}[f^2(t)-f^2(x_0)]\mathrm{d}t=0$,

亦即　$$V_1=4V_2.$$

再证惟一性.

因 $F(x)=(x-a)f^2(x)-\int_a^{x}f^2(t)\mathrm{d}t-4\int_x^{b}f^2(t)\mathrm{d}t$

$$+4(b-x)f^2(x),$$

所以　$F'(x)=2(x-a)f(x)f'(x)+8(b-x)f(x)f'(x)>0$

(因为 $f(x)>0,f'(x)>0,(x-a)>0,(b-x)>0$),

由此得 $F(x)$在$[a,b]$上单增,且 $F(a)<0,F(b)>0$ 故存在惟一点 $x_0\in(a,b)$,使

$$F(x_0)=0.$$

综上命题得证.

34. 设有一半径为 R，长度为 l 的圆柱体平放在深度为 $2R$ 的水池中(圆柱体的侧面与水面相切)。设圆柱体的比重为 $\rho(\rho>1)$，现将圆柱体从水中移出水面，问需做多少功?

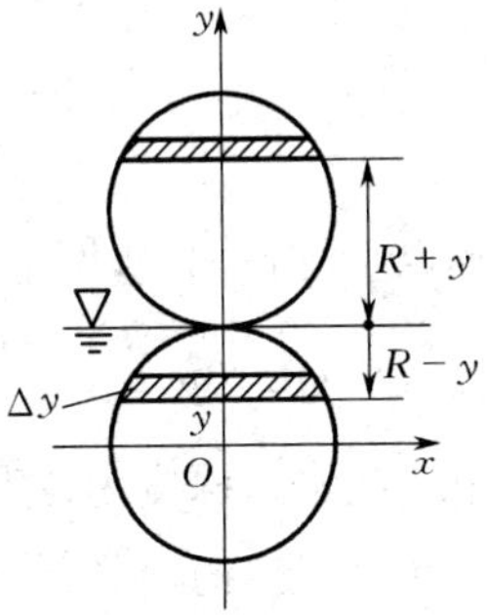

图 3-9

解　建立坐标系如图 3-9 所示把平放的圆柱体从水中移出，相当把每一个水平薄层提高 $2R$，所做的功包括将薄层提升到水面，提升力所做的功及从水面提高到 $R+y$ 高度提升力做功之和。水下部分提升力

$$F_1=(\rho-1)2xl\,\mathrm{d}y,$$

所以
$$dW_1=(\rho-1)2xl(R-y)\mathrm{d}y.$$

水上部分提升力

$$F_2=\rho 2xl\,\mathrm{d}y,$$

$$dW_2=\rho(R+y)2xl\,\mathrm{d}y,$$

故
$$dW=dW_1+dW_2=2l\sqrt{R^2-y^2}[(2\rho-1)R+y]\mathrm{d}y,$$

因此
$$W=\int_{-R}^{R}2l\sqrt{R^2-y^2}[(2\rho-1)R+y]\mathrm{d}y$$
$$=(2\rho-1)l\pi R^3.$$

35. 用铁锤将一铁钉击入木板，设木板对铁钉之阻力与铁钉击入木板之深度成正比，在铁钉击第一次时能将铁钉击入木板内 1 cm，如果铁锤每次打击铁钉所做的功相等，问铁锤击第二次时，能把铁钉又击入多少 cm?

解　设击入深度为 x cm，则 $F=kx$(k 为比例常数)，击第一次所做的功为

$$W_1=\int_0^1 F\mathrm{d}x=\int_0^1 kx\,\mathrm{d}x=\frac{k}{2}.$$

设第二次锤击后，铁钉进入的总深度为 H，则第二次锤击所做的

功为

$$W_2=\int_1^H kx\mathrm{d}x=\frac{k}{2}(H^2-1).$$

由题设　$W_1=W_2$，即$\frac{k}{2}=\frac{k}{2}(H^2-1)$，

所以　　$H=\sqrt{2}$.

故第二次击入深度为$(\sqrt{2}-1)$ cm.

36. 质量分布均匀的细直棒 AB，其长为 l，质量为 M，在其中垂线上距棒 a 单位处有质量为 m 的质点 G，试求该棒对质点 G 的引力.

解　建立坐标系如图 3-10 所示，任一小段$[x,x+\mathrm{d}x]$对质点 G 的引力为

$$\mathrm{d}F=k\,\frac{\frac{M}{l}m}{a^2+x^2}\mathrm{d}x,$$

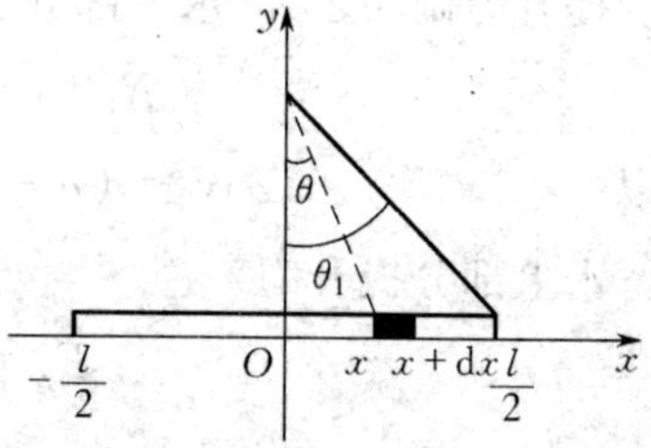

图 3-10

此引力分解为与棒平行和垂直的两个分力 $\mathrm{d}F_x$ 和 $\mathrm{d}F_y$. 由棒的对称性，故与棒平行的分力 $\mathrm{d}F_x=0$，而与棒垂直的分力 $\mathrm{d}F_y$ 为

$$\mathrm{d}F_y=k\,\frac{\frac{M}{l}m}{a^2+x^2}\mathrm{d}x(\cos\theta)=\frac{kMma}{l(a^2+x^2)^{3/2}},$$

故棒对质点 G 的引力(方向与棒垂直)

$$F=F_y=2\int_0^{\frac{l}{2}}\frac{kMma}{l(a^2+x^2)^{3/2}}\mathrm{d}x=\frac{2kmM}{a\sqrt{4a^2+l^2}}.$$

37. 一块高为 a，底为 b 的等腰三角形薄板，垂直地沉没在水中，顶在下，底与水面相齐，试计算薄板每面所受的压力. 如果把它倒放，使它的顶与水面相齐，而底与水面平行，压力又如何？

解　(1)如图 3-11 所示，取水平面上的底为 x 轴，则 AB 直线的

方程为

$$\frac{x}{\frac{b}{2}}+\frac{y}{a}=1,$$

即
$$x=\frac{b}{2}-\frac{b}{2a}y,$$

所以

$$\mathrm{d}S=2x\mathrm{d}y=\frac{b}{a}(a-y)\mathrm{d}y,$$

$$\mathrm{d}p=\rho y\mathrm{d}S=y\cdot\frac{b}{a}(a-y)\mathrm{d}y,$$

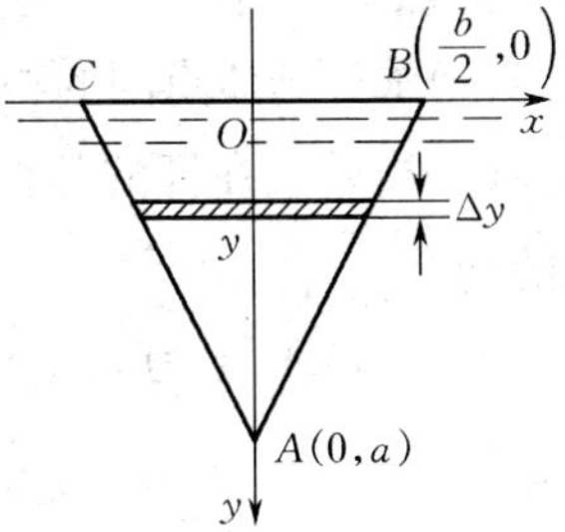

图 3-11

其中 $\rho=1\ \mathrm{t/m^3}$，故此三角形板每面所受压力为

$$p_1=\int_0^a\frac{b}{a}(ay-y^2)\mathrm{d}y=\frac{1}{6}a^2b.$$

(2)取坐标系如图 3-12 所示，则直线 OC 的方程为

$$y=\frac{a}{\frac{b}{2}}x,$$

即

$$x=\frac{b}{2a}y,$$

所以　$\mathrm{d}S=2x\mathrm{d}y=\frac{b}{a}y\mathrm{d}y,$

$$\mathrm{d}p=\rho y\mathrm{d}S=\frac{b}{a}y^2\mathrm{d}y,$$

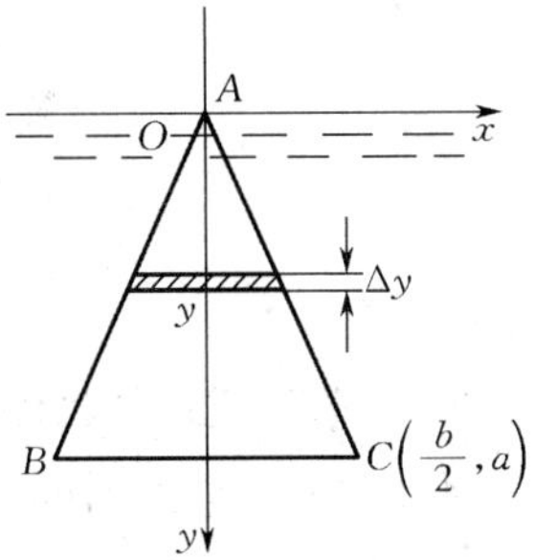

图 3-12

三角形板所受压力 p_2 为

$$p_2=\int_0^a\frac{b}{a}y^2\mathrm{d}y=\frac{1}{3}a^2b.$$

由此可见 $p_1=\frac{1}{2}p_2$，即三角形板顶点在下时所受压力较小.

38. 一质量为 M，长为 l 的均匀杆 AB 吸引着质量为 m 的一质点

C,此质点 C 位于 AB 杆的延长线上,并与较近的端点 B 的距离为 a

(1)求杆与质点间的相互吸引力;

(2)当质点在杆的延长线上从距离 r_1 处移至 r_2 处时求吸引力所做的功.

解 (1)取 A 为坐标原点,Ox 轴在 AB 上且向右为正,则

$$\mathrm{d}F=\frac{km\frac{M}{l}\mathrm{d}x}{(l+a-x)^2}=\frac{kmM}{l}\frac{\mathrm{d}x}{(l+a-x)^2},$$

$$F=\frac{kmM}{l}\int_0^l\frac{\mathrm{d}x}{(l+a-x)^2}=\frac{kmM}{a(l+a)}.$$

(2)由(1)知,位于 B、C 间距 A 端为 x 的点与杆 AB 的引力为

$$F=\frac{kmM}{x(x-l)},$$

所以

$$W=\int_{l+r_1}^{l+r_2}\frac{kmM}{x(x-l)}\mathrm{d}x$$

$$=\frac{kmM}{l}\ln\frac{r_2(r_1+l)}{r_1(r_2+l)}.$$

39. 一单位质量的物体做简谐振动 $s=a\cos nt$,试求在四分之一周期的时间内其动能对时间的平均值.

解 周期 $T=\frac{2\pi}{n},\frac{T}{4}=\frac{\pi}{2n}$.

$$v(t)=\frac{\mathrm{d}s}{\mathrm{d}t}=-an\sin nt,$$

动能 $$W=\frac{1}{2}mv^2=\frac{1}{2}a^2n^2\sin^2 nt.$$

于是动能对时间的平均值

$$\overline{W}=\frac{1}{\frac{\pi}{2n}}\int_0^{\frac{\pi}{2n}}\frac{a^2n^2}{2}\sin^2 nt\,\mathrm{d}t$$

$$
\begin{aligned}
&= \frac{a^2 n^3}{\pi} \int_0^{\frac{\pi}{2n}} \frac{1}{2}(1 - \cos 2nt)\,\mathrm{d}t \\
&= \frac{a^2 n^3}{2\pi} \left(t - \frac{1}{2n} \sin 2nt \right) \bigg|_0^{\frac{\pi}{2n}} \\
&= \frac{a^2 n^2}{4}.
\end{aligned}
$$

第 4 章　矢量代数与空间解析几何

4.1　矢量代数

重要公式与结论

设非零矢量 $\boldsymbol{a}=x_1\boldsymbol{i}+y_1\boldsymbol{j}+z_1\boldsymbol{k},\boldsymbol{b}=x_2\boldsymbol{i}+y_2\boldsymbol{j}+z_2\boldsymbol{k},$

$$\boldsymbol{c}=x_3\boldsymbol{i}+y_3\boldsymbol{j}+z_3\boldsymbol{k}.$$

一、有关矢量的概念

$\boldsymbol{a}$ 的模 $|\boldsymbol{a}|=\sqrt{x_1^2+y_1^2+z_1^2}$.

$\boldsymbol{a}$ 的方向余弦 $\cos\alpha=\dfrac{x_1}{|\boldsymbol{a}|},\cos\beta=\dfrac{y_1}{|\boldsymbol{a}|},\cos\gamma=\dfrac{z_1}{|\boldsymbol{a}|}$，且 $\cos^2\alpha+\cos^2\beta+\cos^2\gamma=1$，其中 α、β、γ 为 $\boldsymbol{a}$ 的方向角.

与 $\boldsymbol{a}$ 同方向的单位矢量 $\boldsymbol{a}^\circ=\dfrac{\boldsymbol{a}}{|\boldsymbol{a}|}=\{\cos\alpha,\cos\beta,\cos\gamma\}$.

$\boldsymbol{a}$ 在 $\boldsymbol{b}$ 上的投影 $\mathrm{Prj}_{\boldsymbol{b}}\boldsymbol{a}=|\boldsymbol{a}|\cos(\widehat{\boldsymbol{a},\boldsymbol{b}})$，其中 $0\leqslant(\widehat{\boldsymbol{a},\boldsymbol{b}})\leqslant\pi$.

二、矢量的数量积、矢量积和混合积

1. $\boldsymbol{a}$ 与 $\boldsymbol{b}$ 的数量积

$$\boldsymbol{a}\cdot\boldsymbol{b}=|\boldsymbol{a}||\boldsymbol{b}|\cos(\widehat{\boldsymbol{a},\boldsymbol{b}}),$$

特别地，$|\boldsymbol{a}|^2=\boldsymbol{a}\cdot\boldsymbol{a}$.

坐标表达式 $\boldsymbol{a}\cdot\boldsymbol{b}=x_1x_2+y_1y_2+z_1z_2$.

$\boldsymbol{a}$ 与 $\boldsymbol{b}$ 的夹角余弦 $\cos(\widehat{\boldsymbol{a},\boldsymbol{b}})=\dfrac{\boldsymbol{a}\cdot\boldsymbol{b}}{|\boldsymbol{a}||\boldsymbol{b}|}$.

2. $\boldsymbol{a}$ 与 $\boldsymbol{b}$ 的矢量积

$\boldsymbol{a}\times\boldsymbol{b}$ 是一个矢量. 它的模 $|\boldsymbol{a}\times\boldsymbol{b}|=|\boldsymbol{a}||\boldsymbol{b}|\sin(\widehat{\boldsymbol{a},\boldsymbol{b}})$，它的方向

依右手法则来确定，且 $(\boldsymbol{a}\times\boldsymbol{b})\perp\boldsymbol{a}$ 及 $\boldsymbol{b}$.

特别地，$\boldsymbol{a}\times\boldsymbol{a}=\boldsymbol{0}$.

$\boldsymbol{a}\times\boldsymbol{b}$ 的坐标表达式为

$$a\times b=\begin{vmatrix} i & j & k \\ x_1 & y_1 & z_1 \\ x_2 & y_2 & z_2 \end{vmatrix}.$$

$\boldsymbol{a}\times\boldsymbol{b}=-\boldsymbol{b}\times\boldsymbol{a}$（负交换律）.

$|\boldsymbol{a}\times\boldsymbol{b}|$ 在数值上等于以 $\boldsymbol{a}$、$\boldsymbol{b}$ 为邻边的平行四边形的面积.

3. $\boldsymbol{a}$、$\boldsymbol{b}$、$\boldsymbol{c}$ 的混合积

$[\boldsymbol{abc}]=(\boldsymbol{a}\times\boldsymbol{b})\cdot\boldsymbol{c}$ 是一个数量. 当 $[\boldsymbol{abc}]\neq 0$ 时，其绝对值表示以 $\boldsymbol{a}$、$\boldsymbol{b}$、$\boldsymbol{c}$ 为棱的平行六面体的体积. 其坐标表达式为

$$[\boldsymbol{abc}]=\begin{vmatrix} x_1 & y_1 & z_1 \\ x_2 & y_2 & z_2 \\ x_3 & y_3 & z_3 \end{vmatrix}.$$

混合积具有轮换性　$[\boldsymbol{abc}]=[\boldsymbol{bca}]=[\boldsymbol{cab}]$.

三、非零矢量平行、垂直、共面的条件

1. 非零矢量平行的条件

$$\boldsymbol{a}/\!/\boldsymbol{b}\Leftrightarrow\boldsymbol{a}\times\boldsymbol{b}=\boldsymbol{0}\Leftrightarrow\frac{x_1}{x_2}=\frac{y_1}{y_2}=\frac{z_1}{z_2}\Leftrightarrow\boldsymbol{b}=\lambda\boldsymbol{a}.$$

2. 非零矢量垂直的条件

$$\boldsymbol{a}\perp\boldsymbol{b}\Leftrightarrow\boldsymbol{a}\cdot\boldsymbol{b}=0\Leftrightarrow x_1x_2+y_1y_2+z_1z_2=0.$$

3. 非零矢量共面的条件

$$\boldsymbol{a}、\boldsymbol{b}、\boldsymbol{c}\text{ 共面}\Leftrightarrow[\boldsymbol{abc}]=0\Leftrightarrow\begin{vmatrix} x_1 & y_1 & z_1 \\ x_2 & y_2 & z_2 \\ x_3 & y_3 & z_3 \end{vmatrix}=0.$$

例题选解

一、选择题

1. 在空间直角坐标系中，点 $M(a,b,c)$关于 Ox 轴对称的点N 的坐标是

(A)$(a,b,-c)$. (B)$(a,-b,c)$.

(C)$(a,-b,-c)$. (D)$(-a,-b,c)$.

答(C)

2. 设 $\boldsymbol{a}$、$\boldsymbol{b}$ 为非零矢量，且 $\boldsymbol{a}\perp\boldsymbol{b}$，则必有

(A)$|\boldsymbol{a}+\boldsymbol{b}|=|\boldsymbol{a}|+|\boldsymbol{b}|$. (B)$|\boldsymbol{a}-\boldsymbol{b}|=|\boldsymbol{a}|-|\boldsymbol{b}|$.

(C)$|\boldsymbol{a}+\boldsymbol{b}|=|\boldsymbol{a}-\boldsymbol{b}|$. (D)$\boldsymbol{a}+\boldsymbol{b}=\boldsymbol{a}-\boldsymbol{b}$.

答(C)

3. 设 $\boldsymbol{a}$、$\boldsymbol{b}$ 互相平行，但方向相反，则当$|\boldsymbol{a}|>|\boldsymbol{b}|>0$ 时，必有

(A)$|\boldsymbol{a}+\boldsymbol{b}|=|\boldsymbol{a}|-|\boldsymbol{b}|$. (B)$|\boldsymbol{a}+\boldsymbol{b}|>|\boldsymbol{a}|-|\boldsymbol{b}|$.

(C)$|\boldsymbol{a}+\boldsymbol{b}|<|\boldsymbol{a}|-|\boldsymbol{b}|$. (D)$|\boldsymbol{a}+\boldsymbol{b}|=|\boldsymbol{a}|+|\boldsymbol{b}|$.

答(A)

4. 设三矢量 $\boldsymbol{a}$、$\boldsymbol{b}$、$\boldsymbol{c}$ 满足关系式 $\boldsymbol{a}+\boldsymbol{b}+\boldsymbol{c}=\boldsymbol{0}$，则 $\boldsymbol{a}\times\boldsymbol{b}=$

(A)$\boldsymbol{c}\times\boldsymbol{b}$. (B)$\boldsymbol{b}\times\boldsymbol{c}$. (C)$\boldsymbol{a}\times\boldsymbol{c}$. (D)$\boldsymbol{b}\times\boldsymbol{a}$.

答(B)

5. 设 $\boldsymbol{a}$、$\boldsymbol{b}$、$\boldsymbol{c}$ 都是单位矢量，且 $\boldsymbol{a}+\boldsymbol{b}+\boldsymbol{c}=\boldsymbol{0}$，则 $\boldsymbol{a}\cdot\boldsymbol{b}+\boldsymbol{b}\cdot\boldsymbol{c}+\boldsymbol{c}\cdot\boldsymbol{a}=$

(A)0. (B)3. (C)$-\dfrac{3}{2}$. (D)$\dfrac{1}{3}$.

答(C)

6. 设矢量 $\boldsymbol{d}$ 与三坐标面 xOy、yOz、zOx 的夹角分别为 ξ、η、ζ $\left(0\leqslant\xi,\eta,\zeta\leqslant\dfrac{\pi}{2}\right)$时，则 $\cos^2\xi+\cos^2\eta+\cos^2\zeta=$

(A)0. (B)1. (C)2. (D)3.

答(C)

二、计算题

7.说明下列各式是矢量,还是数量,或根本无意义.

(1)$\boldsymbol{a}\cdot(\boldsymbol{b}\times\boldsymbol{c})$;　　(2)$\boldsymbol{a}\cdot(\boldsymbol{b}\cdot\boldsymbol{c})$;

(3)$\boldsymbol{a}\times(\boldsymbol{b}\times\boldsymbol{c})$;　　(4)$\boldsymbol{a}\times(\boldsymbol{b}\cdot\boldsymbol{c})$.

解　(1)是数量;(3)是矢量;(2)和(4)无意义.因为 $\boldsymbol{b}\cdot\boldsymbol{c}$ 的结果是一个数量,而数量与矢量之间只定义了数乘运算,没有数量积或矢量积运算.

8.判断下列各式是否正确,说明理由,并改正错处.

(1)$2\boldsymbol{i}>\boldsymbol{j}$;

(2)$\boldsymbol{a}\cdot\boldsymbol{b}=|\boldsymbol{a}||\boldsymbol{b}|\cos(\widehat{\boldsymbol{a},\boldsymbol{b}})$,$\boldsymbol{a}\times\boldsymbol{b}=|\boldsymbol{a}||\boldsymbol{b}|\sin(\widehat{\boldsymbol{a},\boldsymbol{b}})$;

(3)$\boldsymbol{a}\cdot\boldsymbol{b}=\boldsymbol{b}\cdot\boldsymbol{a}$,$\boldsymbol{a}\times\boldsymbol{b}=\boldsymbol{b}\times\boldsymbol{a}$;

(4)设 $\boldsymbol{a}$、$\boldsymbol{b}$ 为非零矢量,若 $\boldsymbol{a}\cdot\boldsymbol{b}=0$,则 $\boldsymbol{a}\times\boldsymbol{b}=\boldsymbol{0}$;

(5)若 $\boldsymbol{a}\neq\boldsymbol{0}$ 且 $\boldsymbol{a}\cdot\boldsymbol{b}=\boldsymbol{a}\cdot\boldsymbol{c}$,则必有 $\boldsymbol{b}=\boldsymbol{c}$;

(6)若 $\boldsymbol{a}\neq\boldsymbol{0}$ 且 $\boldsymbol{a}\times\boldsymbol{b}=\boldsymbol{a}\times\boldsymbol{c}$,则必有 $\boldsymbol{b}=\boldsymbol{c}$;

(7)$(\boldsymbol{a}\cdot\boldsymbol{b})\boldsymbol{c}=\boldsymbol{a}(\boldsymbol{b}\cdot\boldsymbol{c})$;

(8)$(\boldsymbol{a}\times\boldsymbol{b})\cdot\boldsymbol{c}=\boldsymbol{a}\cdot(\boldsymbol{b}\times\boldsymbol{c})$;

(9)若 $\boldsymbol{a}\times\boldsymbol{b}+\boldsymbol{b}\times\boldsymbol{c}+\boldsymbol{c}\times\boldsymbol{a}=\boldsymbol{0}$,则 $\boldsymbol{a}$、$\boldsymbol{b}$、$\boldsymbol{c}$ 共面.

解　(1)错.因为矢量本身不能比较大小.正确的不等式应为 $|2\boldsymbol{i}|>|\boldsymbol{j}|$.

(2)第一个等式正确.第二个等式错.因为等式左端是矢量,而右端却是数量,这显然不对.正确的等式为 $|\boldsymbol{a}\times\boldsymbol{b}|=|\boldsymbol{a}||\boldsymbol{b}|\sin(\widehat{\boldsymbol{a},\boldsymbol{b}})$.

(3)第一个等式正确.第二个等式错.因为矢积不满足交换律.正确的等式为 $\boldsymbol{a}\times\boldsymbol{b}=-\boldsymbol{b}\times\boldsymbol{a}$.

(4)错.因为由条件仅知 $\boldsymbol{a}\perp\boldsymbol{b}$,故 $|\boldsymbol{a}\times\boldsymbol{b}|=|\boldsymbol{a}||\boldsymbol{b}|\neq0$.结论应修改为 $\boldsymbol{a}\times\boldsymbol{b}\neq\boldsymbol{0}$.

(5)错.因为由条件知 $|\boldsymbol{a}|\mathrm{Prj}_{\boldsymbol{a}}\boldsymbol{b}=|\boldsymbol{a}|\mathrm{Prj}_{\boldsymbol{a}}\boldsymbol{c}$,故 $\mathrm{Prj}_{\boldsymbol{a}}\boldsymbol{b}=\mathrm{Prj}_{\boldsymbol{a}}\boldsymbol{c}$,但显然由此并不能推出 $\boldsymbol{b}=\boldsymbol{c}$ 的结论.

(6)错.因为由条件知 $\boldsymbol{a}\times\boldsymbol{b}-\boldsymbol{a}\times\boldsymbol{c}=\boldsymbol{0}$,即 $\boldsymbol{a}\times(\boldsymbol{b}-\boldsymbol{c})=\boldsymbol{0}$,这等价

于 $\boldsymbol{a}/\!/(\boldsymbol{b}-\boldsymbol{c})$,但由此并不能得出 $\boldsymbol{b}-\boldsymbol{c}=\boldsymbol{0}$ 的结论.

(7)错.因为等式左端的矢量与 $\boldsymbol{c}$ 共线,而右端的矢量却与 $\boldsymbol{a}$ 共线.但 $\boldsymbol{a}$ 与 $\boldsymbol{c}$ 未必共线.

(8)正确.因为由混合积的轮换性及数积的交换律知 $(\boldsymbol{a}\times\boldsymbol{b})\cdot\boldsymbol{c}=[\boldsymbol{abc}]=[\boldsymbol{bca}]=(\boldsymbol{b}\times\boldsymbol{c})\cdot\boldsymbol{a}=\boldsymbol{a}\cdot(\boldsymbol{b}\times\boldsymbol{c})$.

(9)正确.因为由条件知 $\boldsymbol{a}\cdot(\boldsymbol{a}\times\boldsymbol{b}+\boldsymbol{b}\times\boldsymbol{c}+\boldsymbol{c}\times\boldsymbol{a})=0$,而 $\boldsymbol{a}\perp\boldsymbol{a}\times\boldsymbol{b}$ 且 $\boldsymbol{a}\perp\boldsymbol{c}\times\boldsymbol{a}$,故 $\boldsymbol{a}\cdot(\boldsymbol{b}\times\boldsymbol{c})=0$,即 $[\boldsymbol{abc}]=0$,因此 $\boldsymbol{a}$、$\boldsymbol{b}$、$\boldsymbol{c}$ 共面.

注意　矢量的概念及运算不同于实数的概念及运算,千万不能把实数的运算性质轻易地照搬到矢量的运算中.

9.下列说法是否正确,为什么?

(1) $\boldsymbol{i}+\boldsymbol{j}+\boldsymbol{k}$ 是单位矢量;

(2) $-\boldsymbol{k}$ 不是单位矢量;

(3)与 Ox、Oy、Oz 三个坐标轴的正向夹角相等的矢量,其方向角为 $\frac{\pi}{3}$、$\frac{\pi}{3}$、$\frac{\pi}{3}$.

解　(1)错.因为 $|\boldsymbol{i}+\boldsymbol{j}+\boldsymbol{k}|=\sqrt{3}\neq1$;

(2)错.因为 $|-\boldsymbol{k}|=1$;

(3)错.因为任一矢量的三个方向角 α、β、γ 应满足关系式 $\cos^2\alpha+\cos^2\beta+\cos^2\gamma=1$.当 $\alpha=\beta=\gamma$ 时,有 $3\cos^2\alpha=1$,因此 $\alpha=\beta=\gamma=\arccos\left(\pm\frac{\sqrt{3}}{3}\right)\neq\frac{\pi}{3}$.

事实上,均以 $\frac{\pi}{3}$ 作为三个方向角的矢量是根本不存在的(因为 $3\cos^2\frac{\pi}{3}=\frac{3}{4}\neq1$).

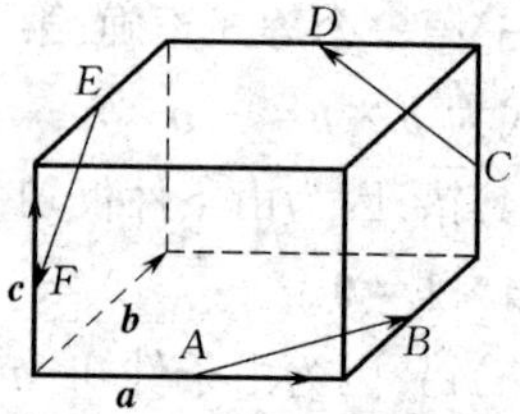

图 4-1

10.如图 4-1 所示,在以矢量 $\boldsymbol{a}$、$\boldsymbol{b}$、$\boldsymbol{c}$ 为三条棱的长方体中,A、B、C、D、E、F 为所在边的中点.求证:$\overrightarrow{AB}$、$\overrightarrow{CD}$、

$\overrightarrow{EF}$构成封闭折线.

证明　因为$\overrightarrow{AB}=\frac{1}{2}\boldsymbol{a}+\frac{1}{2}\boldsymbol{b}$,$\overrightarrow{CD}=\frac{1}{2}\boldsymbol{c}+\left(-\frac{1}{2}\boldsymbol{a}\right)$,$\overrightarrow{EF}=\left(-\frac{1}{2}\boldsymbol{b}\right)+\left(-\frac{1}{2}\boldsymbol{c}\right)$,故$\overrightarrow{AB}+\overrightarrow{CD}+\overrightarrow{EF}=\frac{1}{2}\boldsymbol{a}+\frac{1}{2}\boldsymbol{b}+\frac{1}{2}\boldsymbol{c}-\frac{1}{2}\boldsymbol{a}-\frac{1}{2}\boldsymbol{b}-\frac{1}{2}\boldsymbol{c}=\boldsymbol{0}$.

因此,$\overrightarrow{AB}$、$\overrightarrow{CD}$、$\overrightarrow{EF}$构成封闭折线.

11.设有平行四边形 $ABCD$,M、N 分别为DC、BC 的中点(见图 4-2).已知$\overrightarrow{AM}=\boldsymbol{m}$,$\overrightarrow{AN}=\boldsymbol{n}$,试将 AB、AD 用$\boldsymbol{m}$、$\boldsymbol{n}$ 来表示.

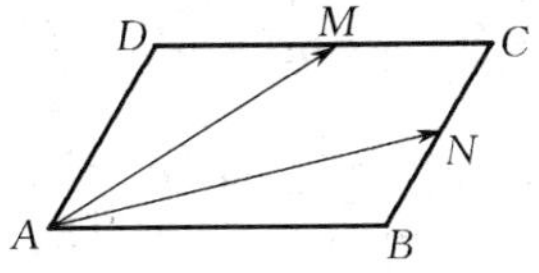

图 4-2

解法一　因为

$$\begin{cases}\overrightarrow{AB}+\overrightarrow{BN}=\overrightarrow{AN}=\boldsymbol{n}, & ①\\ \overrightarrow{AD}+\overrightarrow{DM}=\overrightarrow{AM}=\boldsymbol{m}, & ②\end{cases}$$

而 $\begin{cases}\overrightarrow{BN}=\frac{1}{2}\overrightarrow{BC}=\frac{1}{2}\overrightarrow{AD},\\ \overrightarrow{DM}=\frac{1}{2}\overrightarrow{DC}=\frac{1}{2}\overrightarrow{AB},\end{cases}$ 代入①②得

$$\begin{cases}\overrightarrow{AB}+\frac{1}{2}\overrightarrow{AD}=\boldsymbol{n}, & ③\\ \overrightarrow{AD}+\frac{1}{2}\overrightarrow{AB}=\boldsymbol{m}. & ④\end{cases}$$

由③、④解得

$$\overrightarrow{AB}=\frac{2}{3}(2\boldsymbol{n}-\boldsymbol{m}),\overrightarrow{AD}=\frac{2}{3}(2\boldsymbol{m}-\boldsymbol{n}).$$

解法二　直接由图中的几何关系来求解.

$$\begin{aligned}\overrightarrow{AB}&=2\overrightarrow{MC}=2(-\boldsymbol{m}+\boldsymbol{n}+\overrightarrow{NC})=2(-\boldsymbol{m}+\boldsymbol{n}+\overrightarrow{BN})\\&=2(-\boldsymbol{m}+\boldsymbol{n}+\overrightarrow{BA}+\boldsymbol{n})=2(-\boldsymbol{m}+2\boldsymbol{n})-2\overrightarrow{AB},\end{aligned}$$

于是
$$\overrightarrow{AB}=\frac{2}{3}(2\boldsymbol{n}-\boldsymbol{m}).$$

同理可求得
$$\overrightarrow{AD}=\frac{2}{3}(2\boldsymbol{m}-\boldsymbol{n}).$$

12. 已知不共线的非零矢量 $\boldsymbol{a}$ 和 $\boldsymbol{b}$，试求它们夹角平分线上的单位矢量(用已知矢量 $\boldsymbol{a}$、$\boldsymbol{b}$ 表示).

解 因为 $\boldsymbol{a}$、$\boldsymbol{b}$ 夹角平分线的方向必为 $\boldsymbol{a}^\circ+\boldsymbol{b}^\circ$ 的方向，而

$$\boldsymbol{a}^\circ=\frac{\boldsymbol{a}}{|\boldsymbol{a}|},\boldsymbol{b}^\circ=\frac{\boldsymbol{b}}{|\boldsymbol{b}|}.$$

令 $\boldsymbol{c}=\boldsymbol{a}^\circ+\boldsymbol{b}^\circ=\dfrac{|\boldsymbol{b}|\boldsymbol{a}+|\boldsymbol{a}|\boldsymbol{b}}{|\boldsymbol{a}||\boldsymbol{b}|}$，则

$$\boldsymbol{c}^\circ=\frac{\boldsymbol{c}}{|\boldsymbol{c}|}=\frac{|\boldsymbol{b}|\boldsymbol{a}+|\boldsymbol{a}|\boldsymbol{b}}{|\boldsymbol{a}||\boldsymbol{b}|}\cdot\frac{|\boldsymbol{a}||\boldsymbol{b}|}{||\boldsymbol{b}|\boldsymbol{a}+|\boldsymbol{a}|\boldsymbol{b}|}=\frac{|\boldsymbol{b}|\boldsymbol{a}+|\boldsymbol{a}|\boldsymbol{b}}{||\boldsymbol{b}|\boldsymbol{a}+|\boldsymbol{a}|\boldsymbol{b}|},$$

即为所求.

13. 已知三个非零矢量 $\boldsymbol{a}$、$\boldsymbol{b}$、$\boldsymbol{c}$，其中任意两个矢量都不共线，但 $\boldsymbol{a}+\boldsymbol{b}$ 与 $\boldsymbol{c}$ 共线，$\boldsymbol{b}+\boldsymbol{c}$ 与 $\boldsymbol{a}$ 共线. 求这三个矢量的和.

解 因为 $\boldsymbol{a}+\boldsymbol{b}$ 与 $\boldsymbol{c}$ 共线，$\boldsymbol{b}+\boldsymbol{c}$ 与 $\boldsymbol{a}$ 共线，故存在实数 λ、μ，使

$$\begin{cases}\boldsymbol{a}+\boldsymbol{b}=\lambda\boldsymbol{c}, & ①\\ \boldsymbol{b}+\boldsymbol{c}=\mu\boldsymbol{a}. & ②\end{cases}$$

①－②得 $\boldsymbol{a}-\boldsymbol{c}=\lambda\boldsymbol{c}-\mu\boldsymbol{a}\Rightarrow(1+\mu)\boldsymbol{a}=(1+\lambda)\boldsymbol{c}$.

再由 $\boldsymbol{a}$、$\boldsymbol{c}$ 为不共线的非零矢量知

$$1+\mu=1+\lambda=0.$$

于是 $\lambda=\mu=-1$，代入①或②得

$$\boldsymbol{a}+\boldsymbol{b}+\boldsymbol{c}=\boldsymbol{0}.$$

14. 已知矢量 $\boldsymbol{p}$、$\boldsymbol{q}$、$\boldsymbol{r}$ 两两垂直，且 $|\boldsymbol{p}|=1$，$|\boldsymbol{q}|=2$，$|\boldsymbol{r}|=3$，求 $\boldsymbol{s}=\boldsymbol{p}+\boldsymbol{q}+\boldsymbol{r}$ 的模及 $\boldsymbol{s}$ 与 $\boldsymbol{p}$ 的夹角余弦.

解
$$|\boldsymbol{s}|=\sqrt{|\boldsymbol{s}|^2}=\sqrt{\boldsymbol{s}\cdot\boldsymbol{s}}=\sqrt{(\boldsymbol{p}+\boldsymbol{q}+\boldsymbol{r})\cdot(\boldsymbol{p}+\boldsymbol{q}+\boldsymbol{r})}$$
$$=\sqrt{|\boldsymbol{p}|^2+|\boldsymbol{q}|^2+|\boldsymbol{r}|^2}=\sqrt{14}.$$

$$\cos(\widehat{\boldsymbol{s},\boldsymbol{p}})=\frac{\boldsymbol{s}\cdot\boldsymbol{p}}{|\boldsymbol{s}||\boldsymbol{p}|}=\frac{(\boldsymbol{p}+\boldsymbol{q}+\boldsymbol{r})\cdot\boldsymbol{p}}{|\boldsymbol{s}||\boldsymbol{p}|}$$
$$=\frac{|\boldsymbol{p}|^2}{|\boldsymbol{s}||\boldsymbol{p}|}=\frac{|\boldsymbol{p}|}{|\boldsymbol{s}|}=\frac{1}{\sqrt{14}}.$$

15. 已知 $|\boldsymbol{a}|=10$，$|\boldsymbol{b}|=2$，$\boldsymbol{a}\cdot\boldsymbol{b}=12$，求 $|\boldsymbol{a}\times\boldsymbol{b}|$.

解　$|\boldsymbol{a}\times\boldsymbol{b}|=|\boldsymbol{a}||\boldsymbol{b}|\sin(\widehat{\boldsymbol{a},\boldsymbol{b}})=|\boldsymbol{a}||\boldsymbol{b}|\sqrt{1-\cos^2(\widehat{\boldsymbol{a},\boldsymbol{b}})}$

$$=|\boldsymbol{a}||\boldsymbol{b}|\sqrt{1-\left(\frac{\boldsymbol{a}\cdot\boldsymbol{b}}{|\boldsymbol{a}||\boldsymbol{b}|}\right)^2}=\sqrt{|\boldsymbol{a}|^2|\boldsymbol{b}|^2-(\boldsymbol{a}\cdot\boldsymbol{b})^2}$$

$$=\sqrt{(20)^2-(12)^2}=16.$$

16. 设 $\boldsymbol{A}=2\boldsymbol{a}+\boldsymbol{b},\boldsymbol{B}=k\boldsymbol{a}+\boldsymbol{b}$，其中 $|\boldsymbol{a}|=1,|\boldsymbol{b}|=2$ 且 $\boldsymbol{a}\perp\boldsymbol{b}$，问

(1) k 为何值时，$\boldsymbol{A}\perp\boldsymbol{B}$；

(2) k 为何值时，以 $\boldsymbol{A}$ 与 $\boldsymbol{B}$ 为邻边的三角形的面积为 3.

解　(1) 由 $\boldsymbol{A}\cdot\boldsymbol{B}=0$ 及

$$\begin{aligned}\boldsymbol{A}\cdot\boldsymbol{B}&=(2\boldsymbol{a}+\boldsymbol{b})\cdot(k\boldsymbol{a}+\boldsymbol{b})\\&=2k|\boldsymbol{a}|^2+(2+k)\boldsymbol{a}\cdot\boldsymbol{b}+|\boldsymbol{b}|^2=2k+4,\end{aligned}$$

得　$2k+4=0$，即 $k=-2$.

(2) 以 $\boldsymbol{A}$ 与 $\boldsymbol{B}$ 为邻边的三角形的面积等于以 $\boldsymbol{A}$ 与 $\boldsymbol{B}$ 为邻边的平行四边形面积的一半. 故

$$\begin{aligned}3&=\frac{1}{2}|\boldsymbol{A}\times\boldsymbol{B}|=\frac{1}{2}|(2\boldsymbol{a}+\boldsymbol{b})\times(k\boldsymbol{a}+\boldsymbol{b})|\\&=\frac{1}{2}|2\boldsymbol{a}\times\boldsymbol{b}+\boldsymbol{b}\times k\boldsymbol{a}|\\&=\frac{1}{2}|2-k||\boldsymbol{a}||\boldsymbol{b}|\sin(\widehat{\boldsymbol{a},\boldsymbol{b}})=|2-k|.\end{aligned}$$

因此，$2-k=\pm3$，即 $k=-1$ 或 $k=5$.

17. 已知矢量 $\boldsymbol{a}+3\boldsymbol{b}$ 垂直于矢量 $7\boldsymbol{a}-5\boldsymbol{b}$，矢量 $\boldsymbol{a}-4\boldsymbol{b}$ 垂直于矢量 $7\boldsymbol{a}-2\boldsymbol{b}$. 试确定 $\boldsymbol{a}$ 与 $\boldsymbol{b}$ 的夹角.

解　因为

$$\begin{cases}(\boldsymbol{a}+3\boldsymbol{b})\cdot(7\boldsymbol{a}-5\boldsymbol{b})=0\\(\boldsymbol{a}-4\boldsymbol{b})\cdot(7\boldsymbol{a}-2\boldsymbol{b})=0\end{cases}\Leftrightarrow\begin{cases}7|\boldsymbol{a}|^2+16\boldsymbol{a}\cdot\boldsymbol{b}-15|\boldsymbol{b}|^2=0, & ①\\7|\boldsymbol{a}|^2-30\boldsymbol{a}\cdot\boldsymbol{b}+8|\boldsymbol{b}|^2=0, & ②\end{cases}$$

①－②得 $46\boldsymbol{a}\cdot\boldsymbol{b}=23|\boldsymbol{b}|^2$，即 $2|\boldsymbol{a}||\boldsymbol{b}|\cos(\widehat{\boldsymbol{a},\boldsymbol{b}})=|\boldsymbol{b}|^2$.

故　$$\cos(\widehat{\boldsymbol{a},\boldsymbol{b}})=\frac{|\boldsymbol{b}|}{2|\boldsymbol{a}|}. \qquad ③$$

同理，由 $8\times(1)+15\times(2)$ 可得　$$\cos(\widehat{\boldsymbol{a},\boldsymbol{b}})=\frac{|\boldsymbol{a}|}{2|\boldsymbol{b}|}. \qquad ④$$

由③④易见，$\frac{|\boldsymbol{b}|}{2|\boldsymbol{a}|}=\frac{|\boldsymbol{a}|}{2|\boldsymbol{b}|}$，从而有 $|\boldsymbol{a}|=|\boldsymbol{b}|$.

于是 $\cos(\widehat{\boldsymbol{a},\boldsymbol{b}})=\frac{1}{2}$，即 $(\widehat{\boldsymbol{a},\boldsymbol{b}})=\frac{\pi}{3}$.

18. 设有两力 $\boldsymbol{F}_1$ 及 $\boldsymbol{F}_2$，已知 $|\boldsymbol{F}_1|=5\ \mathrm{N}$，$|\boldsymbol{F}_2|=3\ \mathrm{N}$，$(\widehat{\boldsymbol{F}_1,\boldsymbol{F}_2})=\frac{\pi}{3}$，求合力 $\boldsymbol{F}=\boldsymbol{F}_1+\boldsymbol{F}_2$ 的大小和方向.

解
$$\begin{aligned}|\boldsymbol{F}|&=|\boldsymbol{F}_1+\boldsymbol{F}_2|=\sqrt{(\boldsymbol{F}_1+\boldsymbol{F}_2)\cdot(\boldsymbol{F}_1+\boldsymbol{F}_2)}\\&=\sqrt{|\boldsymbol{F}_1|^2+2\boldsymbol{F}_1\cdot\boldsymbol{F}_2+|\boldsymbol{F}_2|^2}\\&=\sqrt{|\boldsymbol{F}_1|^2+2|\boldsymbol{F}_1||\boldsymbol{F}_2|\cos(\widehat{\boldsymbol{F}_1,\boldsymbol{F}_2})+|\boldsymbol{F}_2|^2}=7\ \mathrm{N}.\end{aligned}$$

求 $\boldsymbol{F}$ 的方向，只需求出 $\boldsymbol{F}$ 与 $\boldsymbol{F}_1$(或 $\boldsymbol{F}_2$)间的夹角 θ 即可.

因为
$$\begin{aligned}|\boldsymbol{F}\times\boldsymbol{F}_1|&=|(\boldsymbol{F}_1+\boldsymbol{F}_2)\times\boldsymbol{F}_1|=|\boldsymbol{F}_2\times\boldsymbol{F}_1|\\&=|\boldsymbol{F}_1||\boldsymbol{F}_2|\sin(\widehat{\boldsymbol{F}_1,\boldsymbol{F}_2})\\&=|\boldsymbol{F}_1||\boldsymbol{F}_2|\sin\frac{\pi}{3},\end{aligned}\qquad①$$

又
$$|\boldsymbol{F}\times\boldsymbol{F}_1|=|\boldsymbol{F}||\boldsymbol{F}_1|\sin\theta,\qquad②$$

由①②，有
$$\sin\theta=\frac{|\boldsymbol{F}_2|\sin\frac{\pi}{3}}{|\boldsymbol{F}|}=\frac{3\sqrt{3}}{14}.$$

因此，
$$\theta=\arcsin\frac{3\sqrt{3}}{14}.$$

19. 用矢量代数的方法证明：对角线互相平分的四边形是平行四边形.

证明 任意作对角线互相平分的四边形 $ABCD$(图 4-3)，并设对角线 AC 与 BD 相交于点 E. 需证明 $\overrightarrow{AD}=\overrightarrow{BC}$，$\overrightarrow{BA}=\overrightarrow{CD}$.

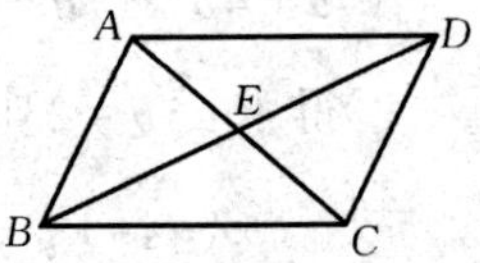

图 4-3

由题设已知 $\overrightarrow{AE}=\overrightarrow{EC}$，$\overrightarrow{BE}=\overrightarrow{ED}$.

于是，$\overrightarrow{AD}=\overrightarrow{AE}+\overrightarrow{ED}=\overrightarrow{BE}+\overrightarrow{EC}=\overrightarrow{BC}$.

同理$\overrightarrow{BA}=\overrightarrow{CD}$.故 $ABCD$ 为平行四边形.

20.证明平行四边形对角线长的平方和等于边长的平方和.

解　任意作平行四边形 $ABCD$(图 4-3),对角线为 AC 及 BD.只需证$|\overrightarrow{AC}|^2+|\overrightarrow{BD}|^2=2(|\overrightarrow{AB}|^2+|\overrightarrow{BC}|^2)$,

已知　$\overrightarrow{AD}=\overrightarrow{BC},\overrightarrow{AB}=\overrightarrow{DC},\overrightarrow{AC}=\overrightarrow{AB}+\overrightarrow{BC}$,

$\overrightarrow{BD}=\overrightarrow{BA}+\overrightarrow{AD}=-\overrightarrow{AB}+\overrightarrow{BC}$,

于是,

$$\begin{aligned}&|\overrightarrow{AC}|^2+|\overrightarrow{BD}|^2\\=&(\overrightarrow{AB}+\overrightarrow{BC})\cdot(\overrightarrow{AB}+\overrightarrow{BC})+(-\overrightarrow{AB}+\overrightarrow{BC})\cdot(-\overrightarrow{AB}+\overrightarrow{BC})\\=&|\overrightarrow{AB}|^2+|\overrightarrow{BC}|^2+2\,\overrightarrow{AB}\cdot\overrightarrow{BC}+|\overrightarrow{AB}|^2+|\overrightarrow{BC}|^2-2\,\overrightarrow{AB}\cdot\overrightarrow{BC}\\=&2(|\overrightarrow{AB}|^2+|\overrightarrow{BC}|^2).\end{aligned}$$

21.证明三角形的余弦定理.

证明　任意作$\triangle ABC$(见图 4-4).

令$\overrightarrow{CB}=\boldsymbol{a},\overrightarrow{CA}=\boldsymbol{b},\overrightarrow{AB}=\boldsymbol{c}$,

则　$\boldsymbol{c}=\boldsymbol{a}-\boldsymbol{b}$.

于是　$$\begin{aligned}|\boldsymbol{c}|^2&=\boldsymbol{c}\cdot\boldsymbol{c}\\&=(\boldsymbol{a}-\boldsymbol{b})\cdot(\boldsymbol{a}-\boldsymbol{b})=|\boldsymbol{a}|^2-2\boldsymbol{a}\cdot\boldsymbol{b}+|\boldsymbol{b}|^2\\&=|\boldsymbol{a}|^2+|\boldsymbol{b}|^2-2|\boldsymbol{a}||\boldsymbol{b}|\cos(\widehat{\boldsymbol{a},\boldsymbol{b}}),\end{aligned}$$

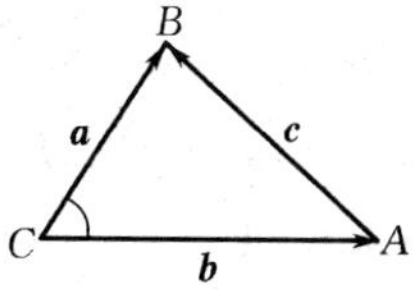

图 4-4

因此,三角形的余弦定理成立.

22.证明三角形的三条高线交于一点.

证明　任意作$\triangle ABC$,并分别作 BC、CA 边上的高线 AD 与 BE 相交于 H.连接 CH 并延长交 AB 于 F(见图 4-5).

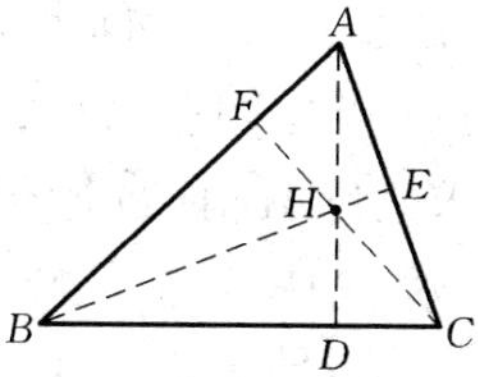

图 4-5

只需证$\overrightarrow{CF}\perp\overrightarrow{AB}$,或等价地证$\overrightarrow{CH}\perp\overrightarrow{AB}$.

因为$\overrightarrow{BE}\perp\overrightarrow{CA}\Leftrightarrow\overrightarrow{HB}\perp\overrightarrow{CA}$,故$\overrightarrow{CA}\cdot\overrightarrow{HB}=0$.

同理可得　$\overrightarrow{AH}\cdot\overrightarrow{CB}=0$.因此,

$$\overrightarrow{CH}\cdot\overrightarrow{AB}=(\overrightarrow{CA}+\overrightarrow{AH})\cdot(\overrightarrow{AH}+\overrightarrow{HB})$$

$$=\overrightarrow{CA}\cdot\overrightarrow{AH}+\overrightarrow{CA}\cdot\overrightarrow{HB}+\overrightarrow{AH}\cdot\overrightarrow{AH}+\overrightarrow{AH}\cdot\overrightarrow{HB}$$
$$=\overrightarrow{CA}\cdot\overrightarrow{AH}+\overrightarrow{AH}\cdot\overrightarrow{AH}+\overrightarrow{AH}\cdot\overrightarrow{HB}$$
$$=\overrightarrow{AH}\cdot(\overrightarrow{CA}+\overrightarrow{AH}+\overrightarrow{HB})$$
$$=\overrightarrow{AH}\cdot\overrightarrow{CB}=0$$

即 $\overrightarrow{CH}\perp\overrightarrow{AB}$.

注意 利用矢量的坐标,可将矢量运算化为代数运算,这是矢量代数运算中非常重要的方法,也需熟练掌握.

23.求一单位矢量 $\boldsymbol{p}$,使 $\boldsymbol{p}$ 与 $\boldsymbol{a}=\boldsymbol{i}-3\boldsymbol{j}+\boldsymbol{k}$ 及 $\boldsymbol{b}=2\boldsymbol{i}-\boldsymbol{j}+3\boldsymbol{k}$ 两矢量均垂直.

解 与 $\boldsymbol{a}$ 和 $\boldsymbol{b}$ 均垂直的矢量必在 $\pm(\boldsymbol{a}\times\boldsymbol{b})$ 的方向上.因此

$$\boldsymbol{p}=\pm\frac{\boldsymbol{a}\times\boldsymbol{b}}{|\boldsymbol{a}\times\boldsymbol{b}|}.$$

而 $$\boldsymbol{a}\times\boldsymbol{b}=\begin{vmatrix}\boldsymbol{i}&\boldsymbol{j}&\boldsymbol{k}\\1&-3&1\\2&-1&3\end{vmatrix}=-8\boldsymbol{i}-\boldsymbol{j}+5\boldsymbol{k}=\{-8,-1,5\},$$

故 $$\boldsymbol{p}=\pm\frac{1}{\sqrt{(-8)^2+(-1)^2+5^2}}\{-8,-1,5\}$$
$$=\pm\frac{\sqrt{10}}{30}\{-8,-1,5\}.$$

注意 与 $\boldsymbol{a}$ 和 $\boldsymbol{b}$ 均垂直的方向有两个,它们的方向恰好相反.

24.给定四点 $A(1,-2,3)$,$B(4,-4,-3)$,$C(2,4,3)$,$D(8,6,6)$,求矢量 $\overrightarrow{AB}$ 在 $\overrightarrow{CD}$ 上的投影.

解 $\overrightarrow{AB}=\{3,-2,-6\}$,
$\overrightarrow{CD}=\{6,2,3\}$.

因此,$$\mathrm{Prj}_{CD}\overrightarrow{AB}=|\overrightarrow{AB}|\cos(\widehat{\overrightarrow{AB},\overrightarrow{CD}})=\frac{\overrightarrow{AB}\cdot\overrightarrow{CD}}{|\overrightarrow{CD}|}$$
$$=\frac{3\times6+(-2)\times2+(-6)\times3}{\sqrt{6^2+2^2+3^2}}=-\frac{4}{7}.$$

25.试求矢量 $\boldsymbol{s}=\{\sqrt{2},-3,-5\}$ 在与坐标轴 Ox、Oz 构成角 $\alpha=$

45°、$\gamma=60°$，而与 Oy 轴构成锐角 β 的轴上的投影.

解　设与 Ox 轴、Oz 轴构成 $\alpha=45°$、$\gamma=60°$，而与 Oy 轴构成锐角 β 的轴为 l 轴.

因为　$\cos^2\alpha+\cos^2\beta+\cos^2\gamma=1$.

即　$\left(\frac{\sqrt{2}}{2}\right)^2+\cos^2\beta+\left(\frac{1}{2}\right)^2=1$，故 $\cos^2\beta=\frac{1}{4}$.

又因为 $0\leqslant\beta<\frac{\pi}{2}$，于是 $\cos\beta=\frac{1}{2}$，这样就得到 l 轴上的单位矢量 $\boldsymbol{l}^{\circ}=\left\{\frac{\sqrt{2}}{2},\frac{1}{2},\frac{1}{2}\right\}$. 因此

$$\begin{aligned}\mathrm{Prj}_l\boldsymbol{s}&=|\boldsymbol{s}|\cos(\widehat{\boldsymbol{s},\boldsymbol{l}})=\boldsymbol{s}\cdot\boldsymbol{l}^{\circ}\\&=\{\sqrt{2},-3,-5\}\cdot\left\{\frac{\sqrt{2}}{2},\frac{1}{2},\frac{1}{2}\right\}=-3.\end{aligned}$$

26. 已知△ABC 的顶点分别为 $A(1,-1,2)$、$B(5,-6,2)$ 和 $C(1,3,-1)$. 求由顶点 B 到边 AC 的高的长度 h_b.

解法一　利用矢量的矢量积求解.

$$h_b=|\overrightarrow{AB}|\sin(\widehat{\overrightarrow{AB},\overrightarrow{AC}})=|\overrightarrow{AB}|\frac{|\overrightarrow{AB}\times\overrightarrow{AC}|}{|\overrightarrow{AB}||\overrightarrow{AC}|}=\frac{|\overrightarrow{AB}\times\overrightarrow{AC}|}{|\overrightarrow{AC}|},$$

而　$\overrightarrow{AB}=\{4,-5,0\}$，$\overrightarrow{AC}=\{0,4,-3\}$，

$$\overrightarrow{AB}\times\overrightarrow{AC}=\begin{vmatrix}\boldsymbol{i}&\boldsymbol{j}&\boldsymbol{k}\\4&-5&0\\0&4&-3\end{vmatrix}=\{15,12,16\},$$

故

$$h_b=\frac{\sqrt{15^2+12^2+16^2}}{\sqrt{4^2+(-3)^2}}=5.$$

解法二　设点 B 到边 AC 的垂足为 D，则

$$\begin{aligned}|\overrightarrow{AD}|&=|\mathrm{Prj}_{AC}\overrightarrow{AB}|=|\overrightarrow{AB}||\cos(\widehat{\overrightarrow{AB},\overrightarrow{AC}})|=\frac{|\overrightarrow{AB}\cdot\overrightarrow{AC}|}{|\overrightarrow{AC}|}\\&=\frac{|4\times0+(-5)\times4+0\times(-3)|}{\sqrt{4^2+(-3)^2}}=4,\end{aligned}$$

于是，$h_b=\sqrt{|\overrightarrow{AB}|^2-|\overrightarrow{AD}|^2}=\sqrt{4^2+(-5)^2-4^2}=5$.

27. 已知三点 $A(-1,2,3)$、$B(1,1,1)$ 和 $C(0,0,5)$. 试证三角形 ABC 是直角三角形，并求角 B.

解　因为 $\overrightarrow{AB}=\{2,-1,-2\}$，$\overrightarrow{AC}=\{1,-2,2\}$. 所以

$$\overrightarrow{AB}\cdot\overrightarrow{AC}=2+2-4=0.$$

故角 A 为直角，即 $\triangle ABC$ 是直角三角形.

又因为 $\overrightarrow{BA}=\{-2,1,2\}$，$\overrightarrow{BC}=\{-1,-1,4\}$，于是

$$\angle B=\arccos\frac{\overrightarrow{BA}\cdot\overrightarrow{BC}}{|\overrightarrow{BA}||\overrightarrow{BC}|}=\arccos\frac{2-1+8}{3\sqrt{18}}=\arccos\frac{\sqrt{2}}{2}=\frac{\pi}{4}.$$

28. 设点 $A(1,0,-1)$，矢量 $\overrightarrow{AB}$ 的方向角 $\alpha=60^\circ$，$\beta=45^\circ$，且 $|\overrightarrow{AB}|=10$.

(1)求方向角 γ；

(2)求点 B 的坐标.

解　(1)由 $\cos^2 60^\circ+\cos^2 45^\circ+\cos^2\gamma=1$，可知

$$\cos\gamma=\pm\frac{1}{2}，即\ \gamma=60^\circ 或\ \gamma=120^\circ.$$

(2)设点 B 的坐标为 (x_0,y_0,z_0)，则由

$$\overrightarrow{AB}=|\overrightarrow{AB}|(\overrightarrow{AB})^\circ=10\left\{\frac{1}{2},\frac{\sqrt{2}}{2},\pm\frac{1}{2}\right\}=5\{1,\sqrt{2},\pm1\},$$

及　$\overrightarrow{AB}=\{x_0-1,y_0,z_0+1\}$，

可得　$x_0-1=5$，$y_0=5\sqrt{2}$，$z_0+1=\pm5$.

即点 B 的坐标为 $(6,5\sqrt{2},4)$ 或 $(6,5\sqrt{2},-6)$.

29. 已知三角形 ABC 的两个顶点 $A(-4,-1,-2)$ 和 $B(3,5,-16)$，且知 AC 的中点在 y 轴上，BC 的中点在 xOz 平面上，求第三个顶点 C 的坐标.

解　设点 C 的坐标为 (x_0,y_0,z_0)，AC 的中点为 D，BC 的中点为 E.

因点 D 在 y 轴上，故点 $D(0,y,0)$.

又 D 是 AC 的中点，因此 $\overrightarrow{AD}=\overrightarrow{DC}$.

比较 $\overrightarrow{AD}$ 和 $\overrightarrow{DC}$ 的第一和第三个坐标有

$$\begin{cases}0-(-4)=x_0-0,\\0-(-2)=z_0-0,\end{cases}\quad 即\begin{cases}x_0=4,\\z_0=2.\end{cases}\qquad ①$$

同理，因点 E 在 xOz 平面上，故 E 的第二个坐标必为零；再由 E 是 BC 的中点，知 $\overrightarrow{BE}=\overrightarrow{EC}$.

比较 $\overrightarrow{BE}$ 和 $\overrightarrow{EC}$ 的第二个坐标，可得

$$0-5=y_0-0, 即\quad y_0=-5.\qquad ②$$

综合①②，得 $C(4,-5,2)$.

30. 已知矢量 $\boldsymbol{b}$ 与矢量 $\boldsymbol{a}=\{6,-8,-7.5\}$ 共线，且与 Oz 轴构成锐角，同时 $|\boldsymbol{b}|=50$，求 $\boldsymbol{b}$ 的坐标.

解　因为 $\boldsymbol{b}$ 与 $\boldsymbol{a}$ 共线且 γ 为锐角，故存在常数 $\lambda>0$，使

$$\boldsymbol{b}=-\lambda\boldsymbol{a}=\{-6\lambda,8\lambda,7.5\lambda\}.$$

又因为　$|\boldsymbol{b}|=\sqrt{6^2+8^2+(7.5)^2}\,\lambda=12.5\lambda$，且 $|\boldsymbol{b}|=50$，因此 $\lambda=4$. 故所求

$$\boldsymbol{b}=\{-24,32,30\}.$$

31. 已知三点 A、B、C 的矢径分别为 $\overrightarrow{OA}=2\boldsymbol{i}+4\boldsymbol{j}+\boldsymbol{k}$、$\overrightarrow{OB}=3\boldsymbol{i}+7\boldsymbol{j}+5\boldsymbol{k}$、$\overrightarrow{OC}=4\boldsymbol{i}+10\boldsymbol{j}+9\boldsymbol{k}$. 试证 A、B、C 三点在同一直线上.

证明　只需证矢量 $\overrightarrow{AB}$ 与 $\overrightarrow{AC}$ 共线，即 $\overrightarrow{AB}\times\overrightarrow{AC}=\boldsymbol{0}$.

由

$$\overrightarrow{AB}\times\overrightarrow{AC}=\begin{vmatrix}\boldsymbol{i}&\boldsymbol{j}&\boldsymbol{k}\\1&3&4\\2&6&8\end{vmatrix}=\boldsymbol{0}$$

即得.

32. 已知四点 $A(1,0,1)$、$B(4,4,6)$、$C(2,2,3)$ 及 $D(10,10,15)$. 试证 A、B、C、D 四点在同一平面上.

证明　只需证矢量 $\overrightarrow{AB}$、$\overrightarrow{AC}$、$\overrightarrow{AD}$ 共面，即

$$(\overrightarrow{AB}\times\overrightarrow{AC})\cdot\overrightarrow{AD}=0.$$

由

$$(\overrightarrow{AB}\times\overrightarrow{AC})\cdot\overrightarrow{AD}=\begin{vmatrix}4-1 & 4-0 & 6-1\\ 2-1 & 2-0 & 3-1\\ 10-1 & 10-0 & 15-1\end{vmatrix}$$

$$=\begin{vmatrix}3 & 4 & 5\\ 1 & 2 & 2\\ 9 & 10 & 14\end{vmatrix}=0$$

即得.

33. 已知单位矢量$\overrightarrow{OA}$与三个坐标轴的夹角相等,B 是点 $M(1,-3,2)$关于点 $N(-1,2,1)$的对称点.求$\overrightarrow{OA}\times\overrightarrow{OB}$.

解 因为单位矢量$\overrightarrow{OA}$与三个坐标轴的夹角相等,故设$\overrightarrow{OA}=\{\cos\alpha,\cos\alpha,\cos\alpha\}$.

再由 $3\cos^2\alpha=1$,可得 $\cos\alpha=\pm\frac{\sqrt{3}}{3}$. 即

$$\overrightarrow{OA}=\pm\frac{\sqrt{3}}{3}\{1,1,1\}.$$

设点 B 的坐标为(x,y,z),因为点 B 是点 M 关于点 N 的对称点,故$\overrightarrow{MN}=\overrightarrow{NB}$,即

$$\{-2,5,-1\}=\{x+1,y-2,z-1\}.$$

于是

$$\begin{cases}-2=x+1\\ 5=y-2\\ -1=z-1\end{cases}\Leftrightarrow x=-3,y=7,z=0.$$

因此

$$\overrightarrow{OA}\times\overrightarrow{OB}=\pm\frac{\sqrt{3}}{3}\begin{vmatrix}\boldsymbol{i} & \boldsymbol{j} & \boldsymbol{k}\\ 1 & 1 & 1\\ -3 & 7 & 0\end{vmatrix}=\pm\frac{\sqrt{3}}{3}(-7,-3,10).$$

34. 设 $\boldsymbol{a}=\boldsymbol{i}+\boldsymbol{j}$、$\boldsymbol{b}=-2\boldsymbol{j}+\boldsymbol{k}$,求以矢量 $\boldsymbol{a}$、$\boldsymbol{b}$ 为边的平行四边形的对角线的长度.

解 因为以矢量 $\boldsymbol{a}$、$\boldsymbol{b}$ 为边的平行四边形的两条对角线分别为 $\boldsymbol{a}+$

$\boldsymbol{b}$ 和 $\boldsymbol{a}-\boldsymbol{b}$,故只需求 $|\boldsymbol{a}+\boldsymbol{b}|$ 和 $|\boldsymbol{a}-\boldsymbol{b}|$ 即可.

$$|\boldsymbol{a}+\boldsymbol{b}|=|\{1,-1,1\}|=\sqrt{3},$$

$$|\boldsymbol{a}-\boldsymbol{b}|=|\{1,3,-1\}|=\sqrt{11}.$$

因此,所求对角线的长度为$\sqrt{3}$和$\sqrt{11}$.

35. 已知 $|\boldsymbol{p}|=5$, $|\boldsymbol{q}|=3$, $\boldsymbol{p}$ 与 $\boldsymbol{q}$ 的夹角为$\frac{\pi}{6}$,求以矢量 $\boldsymbol{a}=\boldsymbol{p}-2\boldsymbol{q}$, $\boldsymbol{b}=\boldsymbol{p}-3\boldsymbol{q}$ 为邻边的平行四边形的面积S.

解　$$\begin{aligned} S &= |\boldsymbol{a}\times\boldsymbol{b}|=|(\boldsymbol{p}-2\boldsymbol{q})\times(\boldsymbol{p}-3\boldsymbol{q})| \\ &= |-3\boldsymbol{p}\times\boldsymbol{q}-2\boldsymbol{q}\times\boldsymbol{p}|=|-\boldsymbol{p}\times\boldsymbol{q}| \\ &= |\boldsymbol{p}||\boldsymbol{q}|\sin(\widehat{\boldsymbol{p},\boldsymbol{q}}) \\ &= 5\times3\times\sin\frac{\pi}{6}=\frac{15}{2}. \end{aligned}$$

36. 求以 $A(0,0,0)$、$B(3,4,-1)$、$C(2,3,5)$和 $D(6,0,-3)$为顶点的四面体的体积 V.

解　因为所求体积 V 是以矢量$\overrightarrow{AB}$、$\overrightarrow{AC}$及$\overrightarrow{AD}$为棱的平行六面体体积的六分之一,故

$$V=\frac{1}{6}|(\overrightarrow{AB}\times\overrightarrow{AC})\cdot\overrightarrow{AD}|=\frac{1}{6}\left|\begin{vmatrix}3&4&-1\\2&3&5\\6&0&-3\end{vmatrix}\right|=\frac{45}{2}.$$

37. 用矢量代数的方法证明

$$|x_1y_1+x_2y_2+x_3y_3|\leqslant\sqrt{x_1^2+x_2^2+x_3^2}\sqrt{y_1^2+y_2^2+y_3^2}.$$

证明　令 $\boldsymbol{a}=\{x_1,x_2,x_3\}$, $\boldsymbol{b}=\{y_1,y_2,y_3\}$,则

$$|\boldsymbol{a}\cdot\boldsymbol{b}|=|\boldsymbol{a}||\boldsymbol{b}||\cos(\widehat{\boldsymbol{a},\boldsymbol{b}})|\leqslant|\boldsymbol{a}||\boldsymbol{b}|.$$

而　$$|\boldsymbol{a}\cdot\boldsymbol{b}|=|x_1y_1+x_2y_2+x_3y_3|,$$

$$|\boldsymbol{a}||\boldsymbol{b}|=\sqrt{x_1^2+x_2^2+x_3^2}\sqrt{y_1^2+y_2^2+y_3^2}.$$

因此所证不等式成立.

4.2 平面与直线

重要公式与结论

一、平面方程

1.点法式方程

$$A(x-x_0)+B(y-y_0)+C(z-z_0)=0,$$

其中 $M_0(x_0,y_0,z_0)$是平面上一定点,非零矢量 $\boldsymbol{n}=\{A,B,C\}$为平面的法线矢量.

2.一般式方程

$$Ax+By+Cz+D=0 \quad (A^2+B^2+C^2\neq 0),$$

其中系数 A、B、C 为平面法线矢量$\boldsymbol{n}$ 的坐标,即 $\boldsymbol{n}=\{A,B,C\}$.

应特别注意特殊平面位置所对应的特殊的三元一次方程.

平面过原点$\Leftrightarrow D=0$;

平面平行于 Ox 轴$\Leftrightarrow A=0$;

平面过 Ox 轴$\Leftrightarrow A=D=0$;

平面平行于 xOy 坐标面$\Leftrightarrow A=B=0$,等等.

3.三点式方程

$$\begin{vmatrix} x-x_1 & y-y_1 & z-z_1 \\ x_2-x_1 & y_2-y_1 & z_2-z_1 \\ x_3-x_1 & y_3-y_1 & z_3-z_1 \end{vmatrix}=0,$$

其中 $M_1(x_1,y_1,z_1)$、$M_2(x_2,y_2,z_2)$、$M_3(x_3,y_3,z_3)$是平面上的三个已知点.

4.截距式方程

$$\frac{x}{a}+\frac{y}{b}+\frac{z}{c}=1 \quad (abc\neq 0),$$

其中 a、b、c 分别为平面在三个坐标轴上的截距.

二、空间直线方程

1. 标准式(对称式、点向式)方程

$$\frac{x-x_0}{m}=\frac{y-y_0}{n}=\frac{z-z_0}{p},$$

其中 $M_0(x_0,y_0,z_0)$是直线上一定点,非零矢量 $\boldsymbol{s}=\{m,n,p\}$为直线的方向矢量.

2. 参量式方程

$$\begin{cases}x=x_0+mt,\\ y=y_0+nt,\\ z=z_0+pt\end{cases}\quad (t\text{ 为参数}),$$

其中 $M_0(x_0,y_0,z_0)$是直线上一定点,非零矢量 $\boldsymbol{s}=\{m,n,p\}$为直线的方向矢量.

3. 一般式(面交式)方程

$$\begin{cases}A_1x+B_1y+C_1z+D_1=0,\\ A_2x+B_2y+C_2z+D_2=0,\end{cases}$$

其中 $$A_1:B_1:C_1\neq A_2:B_2:C_2.$$

它表示二不平行平面的交线,其方向矢量可取为

$$\boldsymbol{s}=\begin{vmatrix}\boldsymbol{i}&\boldsymbol{j}&\boldsymbol{k}\\ A_1&B_1&C_1\\ A_2&B_2&C_2\end{vmatrix}.$$

4. 两点式方程

$$\frac{x-x_1}{x_2-x_1}=\frac{y-y_1}{y_2-y_1}=\frac{z-z_1}{z_2-z_1},$$

其中 $M_1(x_1,y_1,z_1)$和 $M_2(x_2,y_2,z_2)$为直线上的两个已知点.

三、直线、平面间的位置关系

设两平面 π_1、π_2 的法线矢量分别为 $\boldsymbol{n}_1=\{A_1,B_1,C_1\}$、$\boldsymbol{n}_2=\{A_2,B_2,C_2\}$,两直线 l_1、l_2 的方向矢量分别为 $\boldsymbol{s}_1=\{m_1,n_1,p_1\}$、$\boldsymbol{s}_2=\{m_2,n_2,p_2\}$.

1. 两平面 π_1 与 π_2 的夹角 θ(通常指锐角)

由 $\cos\theta=\dfrac{|\boldsymbol{n}_1\cdot\boldsymbol{n}_2|}{|\boldsymbol{n}_1||\boldsymbol{n}_2|}=\dfrac{|A_1A_2+B_1B_2+C_1C_2|}{\sqrt{A_1^2+B_1^2+C_1^2}\sqrt{A_2^2+B_2^2+C_2^2}}$确定.

2. 两直线 l_1 与 l_2 的夹角 θ(通常指锐角)

由 $\cos\theta=\dfrac{|\boldsymbol{s}_1\cdot\boldsymbol{s}_2|}{|\boldsymbol{s}_1||\boldsymbol{s}_2|}=\dfrac{|m_1m_2+n_1n_2+p_1p_2|}{\sqrt{m_1^2+n_1^2+p_1^2}\sqrt{m_2^2+n_2^2+p_2^2}}$确定.

3. 平面 π_1 与直线 l_1 的夹角 θ(通常指锐角)

由 $\sin\theta=\dfrac{|\boldsymbol{n}_1\cdot\boldsymbol{s}_1|}{|\boldsymbol{n}_1||\boldsymbol{s}_1|}=\dfrac{|A_1m_1+B_1n_1+C_1p_1|}{\sqrt{A_1^2+B_1^2+C_1^2}\sqrt{m_1^2+n_1^2+p_1^2}}$确定.

4. 两平面平行、垂直的充要条件

$$\pi_1/\!/\pi_2\Leftrightarrow\boldsymbol{n}_1/\!/\boldsymbol{n}_2\Leftrightarrow\frac{A_1}{A_2}=\frac{B_1}{B_2}=\frac{C_1}{C_2}.$$

$$\pi_1\perp\pi_2\Leftrightarrow\boldsymbol{n}_1\perp\boldsymbol{n}_2\Leftrightarrow A_1A_2+B_1B_2+C_1C_2=0.$$

5. 两直线平行、垂直、共面的充要条件

$$l_1/\!/l_2\Leftrightarrow\boldsymbol{s}_1/\!/\boldsymbol{s}_2\Leftrightarrow\frac{m_1}{m_2}=\frac{n_1}{n_2}=\frac{p_1}{p_2}\Leftrightarrow\boldsymbol{s}_1=\lambda\boldsymbol{s}_2.$$

$$l_1\perp l_2\Leftrightarrow\boldsymbol{s}_1\perp\boldsymbol{s}_2\Leftrightarrow m_1m_2+n_1n_2+p_1p_2=0.$$

l_1 与 l_2 共面 $\Leftrightarrow(\boldsymbol{s}_1\times\boldsymbol{s}_2)\cdot\overrightarrow{M_1M_2}=0$

$$\Leftrightarrow\begin{vmatrix}m_1 & n_1 & p_1\\ m_2 & n_2 & p_2\\ x_2-x_1 & y_2-y_1 & z_2-z_1\end{vmatrix}=0,$$

其中 $M_1(x_1,y_1,z_1)$、$M_2(x_2,y_2,z_2)$分别为 l_1、l_2 上的已知点.

6. 直线与平面平行、垂直的充要条件

$$l_1/\!/\pi_1\Leftrightarrow\boldsymbol{s}_1\perp\boldsymbol{n}_1\Leftrightarrow A_1m_1+B_1n_1+C_1p_1=0,$$

$$l_1\perp\pi_1\Leftrightarrow\boldsymbol{s}_1/\!/\boldsymbol{n}_1\Leftrightarrow\frac{A_1}{m_1}=\frac{B_1}{n_1}=\frac{C_1}{p_1}\Leftrightarrow\boldsymbol{s}_1=\lambda\boldsymbol{n}_1.$$

四、点 $M_0(x_0,y_0,z_0)$到平面 $\pi:Ax+By+Cz+D=0$ 的距离

$$d=\frac{|Ax_0+By_0+Cz_0+D|}{\sqrt{A^2+B^2+C^2}}.$$

例题选解

一、选择题

1. 已知平面通过点$(k,k,0)$与$(2k,2k,0)$，其中 $k\neq 0$，且垂直于 xOy 面，该平面的一般式方程 $Ax+By+Cz+D=0$ 的系数必满足

(A)$A=-B, C=D=0$.　　(B)$B=-C, A=D=0$.

(C)$C=-A, B=D=0$.　　(D)$C=A, B=D=0$.

答(A)

2. 设空间直线的方程为$\dfrac{x}{0}=\dfrac{y}{1}=\dfrac{z}{2}$，则该直线过原点且

(A)垂直于 Oy 轴，但不平行于 Ox 轴.

(B)垂直于 Ox 轴.

(C)垂直于 Oz 轴，但不平行于 Ox 轴.

(D)平行于 Ox 轴.

答(B)

3. 直线$\dfrac{x-1}{2}=\dfrac{y+1}{-1}=z+1$与直线$\dfrac{x+2}{-4}=\dfrac{y-2}{2}=\dfrac{z}{-2}$之间的关系是

(A)重合.　　(B)平行.　　(C)相交.　　(D)异面.

答(B)

4. 直线$\dfrac{x+3}{-2}=\dfrac{y+4}{-7}=\dfrac{z}{3}$与平面 $4x-2y-2z=3$ 的关系是

(A)平行，但直线不在平面上.　　(B)垂直相交.

(C)直线在平面上.　　(D)相交但不垂直.

答(A)

5. 设直线 L 的方程为$\begin{cases}A_1x+B_1y+C_1z+D_1=0,\\A_2x+B_2y+C_2z+D_2=0,\end{cases}$ 其中所有系数均不为零. 如果$\dfrac{A_1}{D_1}=\dfrac{A_2}{D_2}$，则直线 L

(A)平行 Ox 轴.　　(B)与 Ox 轴相交.

(C)通过原点. (D)与 Ox 轴重合.

答(B)

6. 设空间直线 $L_1: x-1=\frac{y+1}{2}=\frac{z}{\lambda}$ 与 $L_2: x+1=y-1=\frac{z}{t}$ 相交于一点,则 $\lambda : t=$

(A)3:2. (B)1:2. (C)2:3. (D)1:3.

答(A)

二、计算题

7. 指出下列各平面位置的特点,并作出示意图.

(1) $2x-3y+z=0$; (2) $3x-2=0$;

(3) $x+2y-z-2=0$; (4) $x+z=1$;

(5) $-2x+y=0$.

解 (1)方程 $2x-3y+z=0$ 中缺常数项,即 $D=0$,故平面通过原点.

同时,平面过 xOy 坐标面上的直线 $2x-3y=0, z=0$ 及 yOz 坐标面上的直线 $-3y+z=0, x=0$. 作图 4-6.

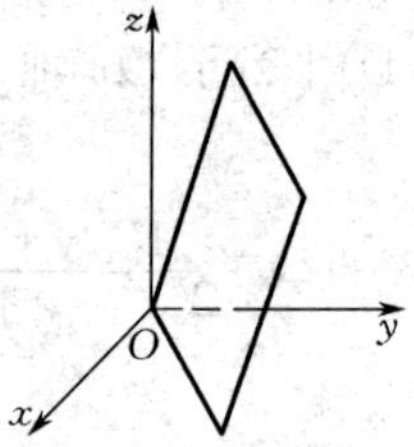

图 4-6

(2)方程 $3x-2=0$ 中缺少 y、z,即 $B=C=0$,故平面平行于 yOz 坐标面.

同时,平面过点 $\left(\frac{2}{3},0,0\right)$. 于是作图 4-7.

(3)将完全三元一次方程 $x+2y-z-2=0$ 化为平面的截距式方程 $\frac{x}{2}+\frac{y}{1}+\frac{z}{-2}=1$,容易看出平面位置的特点. 作图 4-8.

(4)方程 $x+z=1$ 中缺 y,即 $B=0$. 故平面平行于 Oy 轴.

且平面过 xOz 坐标面上的直线 $x+z=1, y=0$. 于是作图 4-9.

(5)方程 $-2x+y=0$ 中缺 z 及常数项,即 $C=D=0$. 故平面通过 Oz 轴. 且平面过 xOy 坐标面上的直线 $-2x+y=0, z=0$. 于是作图 4-10.

8. 下列条件是否能惟一确定一个平面?

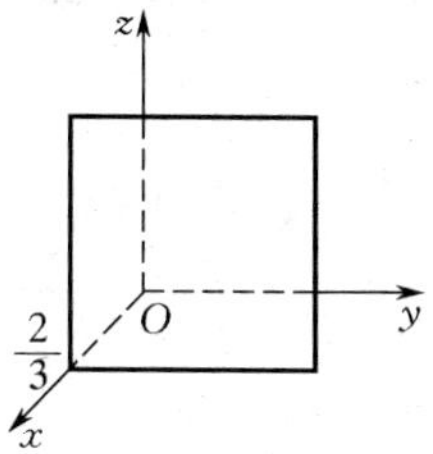

图 4-7

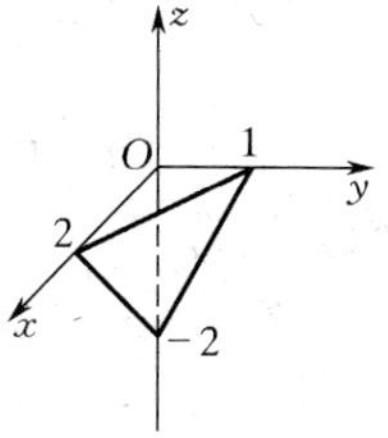

图 4-8

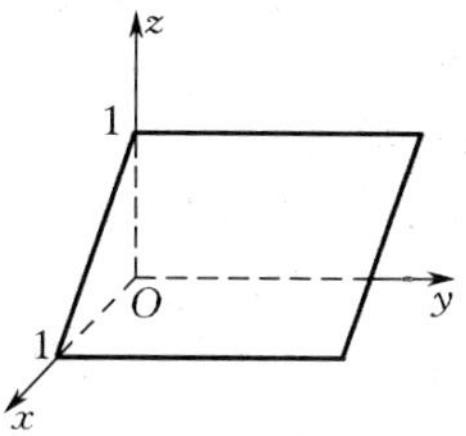

图 4-9

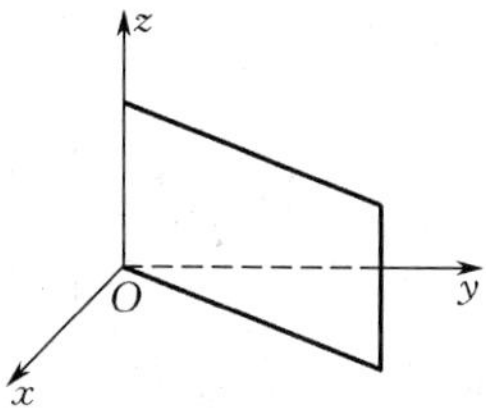

图 4-10

(1)过一点且平行于一已知平面；

(2)过一点且垂直于一已知平面；

(3)过一点且平行于一已知直线；

(4)过一点且垂直于一已知直线；

(5)过一点且垂直于两个已知平面；

(6)过两点且垂直于一已知平面.

解　(1)能.

(2)不能.因为过一点且垂直于一已知平面的平面有无穷多个.

(3)不能.因为过一点且平行于一已知直线的平面有无穷多个.

(4)能.

(5)当两个平面平行时,不能;否则,能.

(6)当过两点的矢量垂直于已知平面时,不能;否则,能.

9.设点 $P(3,-6,2)$为从原点到一平面的垂足,求该平面的方程.

解 因点 P 为从原点到平面的垂足,故点 P 在该平面上,且可取平面法矢

$$\boldsymbol{n}=\overrightarrow{OP}=\{3,-6,2\}.$$

于是,所求平面方程为

$$3(x-3)-6(y+6)+2(z-2)=0,$$

即

$$3x-6y+2z-49=0.$$

10. 已知三角形的顶点为 $A(2,1,5)$、$B(0,4,-1)$和 $C(3,4,-7)$,求通过点 $M(2,-6,3)$且平行于此三角形所在平面的平面方程.

解 设所求平面的法矢量为 $\boldsymbol{n}$. 因该平面平行于$\triangle ABC$ 所在平面,故可取

$$\boldsymbol{n}=\overrightarrow{AB}\times\overrightarrow{AC}=\begin{vmatrix}\boldsymbol{i} & \boldsymbol{j} & \boldsymbol{k}\\ -2 & 3 & -6\\ 1 & 3 & -12\end{vmatrix}=-3\{6,10,3\},$$

因此,所求平面的方程为

$$6(x-2)+10(y+6)+3(z-3)=0,$$

即

$$6x+10y+3z+39=0.$$

11. 求过点 $M_1(4,1,2)$和 $M_2(-3,5,-1)$且垂直于平面 π_1:$6x-2y+3z+7=0$ 的平面方程.

解法一 利用平面的点法式方程.

已知平面过点 M_1(或 M_2),故只需求平面的法矢量 $\boldsymbol{n}$.

显然,$\boldsymbol{n}_1\perp\overrightarrow{M_1M_2}$且 $\boldsymbol{n}\perp\boldsymbol{n}_1$($\boldsymbol{n}_1=\{6,-2,3\}$),因此取

$$\boldsymbol{n}=\overrightarrow{M_1M_2}\times\boldsymbol{n}_1=\begin{vmatrix}\boldsymbol{i} & \boldsymbol{j} & \boldsymbol{k}\\ -7 & 4 & -3\\ 6 & -2 & 3\end{vmatrix}=\{6,3,-10\},$$

故所求平面的方程为 $6(x-4)+3(y-1)-10(z-2)=0$,

即

$$6x+3y-10z-7=0.$$

解法二 利用平面的一般式方程.

因平面过点 M_1,故可设平面方程为

$$A(x-4)+B(y-1)+C(z-2)=0.$$

由 $\boldsymbol{n}\perp\boldsymbol{n}_1$，有　$6A-2B+3C=0$.

再由平面过点 M_2，有 $-7A+4B-3C=0$.

解线性方程组

$$\begin{cases}6A-2B+3C=0,\\-7A+4B-3C=0.\end{cases}\text{得}\begin{cases}A=-\dfrac{6}{10}C,\\B=-\dfrac{3}{10}C.\end{cases}$$

代入平面方程并化简，即得所求平面方程

$$6x+3y-10z-7=0.$$

解法三　利用三矢量共面的充要条件.

在所求平面上任取一点 $M(x,y,z)$，则由题设可知：矢量 $\overrightarrow{M_1M}$，$\overrightarrow{M_1M_2}$ 与 $\boldsymbol{n}_1$ 共面（注意，我们所讨论的矢量为自由矢量，这里利用了 $\boldsymbol{n}_1$ 为自由矢量），于是

$$(\overrightarrow{M_1M}\times\overrightarrow{M_1M_2})\cdot\boldsymbol{n}_1=0,$$

即

$$\begin{vmatrix}x-4 & y-1 & z-2\\-3-4 & 5-1 & -1-2\\6 & -2 & 3\end{vmatrix}=0.$$

故所求平面方程为　$6x+3y-10z-7=0$.

注意　熟练、灵活地运用矢量这个工具来求解平面或直线问题是非常重要的. 从不同的角度进行求解，就形成了一题多解的情况. 这种情况在空间解析几何这部分内容中是常见的.

12. 求平行于 y 轴，且经过点 $P(4,2,-2)$ 和 $Q(5,1,7)$ 的平面方程.

解法一　利用平面的点法式方程.

设所求平面的法矢量为 $\boldsymbol{n}$，则 $\boldsymbol{n}\perp\boldsymbol{j}$ 且 $\boldsymbol{n}\perp\overrightarrow{PQ}$. 于是，可取

$$\boldsymbol{n}=\boldsymbol{j}\times\overrightarrow{PQ}=\begin{vmatrix}\boldsymbol{i} & \boldsymbol{j} & \boldsymbol{k}\\0 & 1 & 0\\5-4 & 1-2 & 7+2\end{vmatrix}=\{9,0,-1\}.$$

故所求平面方程为　$9(x-4)-(z+2)=0$,

即
$$9x-z-38=0.$$

解法二 利用平面的一般式方程.

因平面平行于 y 轴,故设平面方程为
$$Ax+Cz+D=0, \quad ①$$
将点 P、Q 的坐标分别代入,得
$$\begin{cases}4A-2C+D=0\\5A+7C+D=0\end{cases}\Rightarrow\begin{cases}A=\dfrac{-9}{38}D.\\C=\dfrac{1}{38}D.\end{cases}$$
代入①并化简,得平面方程 $9x-z-38=0$.

解法三 利用三矢量共面的充要条件.

在所求平面上任取一点 $M(x,y,z)$,则三矢量 $\overrightarrow{PM}$、$\overrightarrow{PQ}$、$\boldsymbol{j}$ 共面,这等价于 $(\overrightarrow{PM}\times\overrightarrow{PQ})\cdot\boldsymbol{j}=0$,

即
$$\begin{vmatrix}x-4 & y-2 & z+2\\5-4 & 1-2 & 7+2\\0 & 1 & 0\end{vmatrix}=0,$$
因此所求平面方程为 $9x-z-38=0$.

解法四 利用平面的三点式方程.

因为平面平行于 y 轴,所以它必垂直于 xOz 坐标面.又因该平面过点 P,因此平面也过 P 点在 xOz 面上的投影点 $P'(4,0,-2)$,于是平面过三点 P、Q 及 P'.据平面三点式方程知,所求平面方程为
$$\begin{vmatrix}x-4 & y-2 & z+2\\5-4 & 1-2 & 7+2\\4-4 & 0-2 & -2+2\end{vmatrix}=0,$$
即
$$9x-z-38=0.$$

13.一平面过点 $A(2,4,-3)$,且通过 Oz 轴,求此平面方程.

解法一 利用平面的一般式方程.

因为平面过 Oz 轴,故设平面方程为
$$Ax+By=0, \quad ①$$

再将点 A 的坐标代入,得

$$2A+4B=0,\qquad 即\ A=-2B.$$

代入①式并化简,即得所求平面方程为

$$2x-y=0.$$

解法二　利用平面的点法式方程.

设平面法矢量为 $\boldsymbol{n}$. 因平面过 Oz 轴,故平面过原点 O 且过矢量 $\boldsymbol{k}$,因此可取

$$\boldsymbol{n}=\overrightarrow{OA}\times\boldsymbol{k}=\begin{vmatrix}\boldsymbol{i} & \boldsymbol{j} & \boldsymbol{k}\\ 2 & 4 & -3\\ 0 & 0 & 1\end{vmatrix}=2\{2,-1,0\},$$

得平面方程

$$2(x-2)-(y-4)=0,$$

即

$$2x-y=0.$$

解法三　利用平面的三点式方程.

在 Oz 轴上任取两点. 例如取点 $O(0,0,0)$ 和点 $P(0,0,1)$,再加上已知点 $A(2,4,-3)$,即得平面方程

$$\begin{vmatrix}x & y & z\\ 0 & 0 & 1\\ 2 & 4 & -3\end{vmatrix}=0,即\quad 2x-y=0.$$

14. 已知三平面 $\pi_1:2x+y-z-2=0$、$\pi_2:x-3y+z+1=0$ 和 $\pi_3:x+y+z-3=0$.

(1)判定 π_1、π_2、π_3 仅有一个公共点 M_0,并求 M_0 的坐标;

(2)通过点 M_0,作平面平行于平面 $x+y+2z=0$.

解　(1)设平面 π_i 的法矢为 $\boldsymbol{n}_i(i=1,2,3)$,则

$$\pi_1、\pi_2、\pi_3\ 仅有一个公共点 \Leftrightarrow (\boldsymbol{n}_1\times\boldsymbol{n}_2)\cdot\boldsymbol{n}_3\neq 0.$$

而这由

$$(\boldsymbol{n}_1\times\boldsymbol{n}_2)\cdot\boldsymbol{n}_3=\begin{vmatrix}2 & 1 & -1\\ 1 & -3 & 1\\ 1 & 1 & 1\end{vmatrix}\neq 0\ 即得.$$

求解线性方程组 $\begin{cases} 2x_0 + y_0 - z_0 - 2 = 0, \\ x_0 - 3y_0 + z_0 + 1 = 0, \\ x_0 + y_0 + z_0 - 3 = 0, \end{cases}$

得 $M_0(1,1,1)$.

(2)由题设,取所求平面法矢量 $\boldsymbol{n} = \{1,1,2\}$,则得平面方程为

$$(x-1) + (y-1) + 2(z-1) = 0,$$

即

$$x + y + 2z - 4 = 0.$$

15. 一平面通过两点 $M_1(0,-1,0)$ 和 $M_2(0,0,1)$,且与 xOy 坐标面成 $\frac{\pi}{3}$ 角,求此平面方程.

解法一　利用平面的一般式方程.

设平面方程为　$Ax + By + Cz + D = 0,$　①

因该平面与 xOy 坐标面成 $\frac{\pi}{3}$ 角,故

$$(\widehat{\boldsymbol{n},\boldsymbol{k}}) = \frac{\pi}{3} \text{或} (\widehat{\boldsymbol{n},\boldsymbol{k}}) = \frac{2}{3}\pi,$$

即

$$\cos\frac{\pi}{3} = \frac{|\{A,B,C\}\cdot\{0,0,1\}|}{\sqrt{A^2+B^2+C^2}} = \frac{|C|}{\sqrt{A^2+B^2+C^2}}.$$

化简得　$A^2 + B^2 - 3C^2 = 0.$　②

将点 M_1、M_2 的坐标代入平面方程①,得

$$\begin{cases} -B + D = 0, \\ C + D = 0, \end{cases} \text{即} \begin{cases} B = D, \\ C = -D. \end{cases}$$

代入②式,有　$A = \pm\sqrt{2}D.$

因此所求平面方程为　$\pm\sqrt{2}x + y - z + 1 = 0.$

解法二　利用平面的点法式方程.

设所求平面的法矢量 $\boldsymbol{n} = \{A,B,C\}$.

因该平面与 xOy 坐标面成 $\frac{\pi}{3}$ 角,故

$$\cos\frac{\pi}{3} = \frac{|\{A,B,C\}\cdot\{0,0,1\}|}{\sqrt{A^2+B^2+C^2}} = \frac{|C|}{\sqrt{A^2+B^2+C^2}},$$

化简得　　$$A^2+B^2-3C^2=0.\qquad ①$$

又因为 $\boldsymbol{n}\perp\overrightarrow{M_1M_2}$，而 $\overrightarrow{M_1M_2}=\{0,1,1\}$.

因此　$\boldsymbol{n}\cdot\overrightarrow{M_1M_2}=B+C=0$,

从而　　$B=-C$,　　②

将②代入①，得　$A^2=2C^2$，即 $A=\pm\sqrt{2}C$.

故　　$$\boldsymbol{n}=\{\pm\sqrt{2},-1,1\}.$$

因此所求平面方程为

$$\pm\sqrt{2}(x-0)-(y+1)+(z-0)=0,$$

即　　$$\pm\sqrt{2}-y+z-1=0.$$

16. 试求平面 $\pi_1:2x-y+z-7=0$ 和平面 $\pi_2:x+y+2z-11=0$ 的夹角平分面 π 的方程.

解法一　利用点到平面的距离.

任取夹角平分面上点 $M(x,y,z)$，则点 M 到两平面 π_1 和 π_2 的距离相等，即

$$\frac{|2x-y+z-7|}{\sqrt{4+1+1}}=\frac{|x+y+2z-11|}{\sqrt{1+1+4}},$$

于是　　$$2x-y+z-7=\pm(x+y+2z-11).$$

因此所求平面方程为

$$x-2y-z+4=0\quad 或\quad x+z-6=0.$$

解法二　利用平面的点法式方程.

取 π_1 的法矢量 $\boldsymbol{n}_1=\{2,-1,1\}$，其单位法矢量为 $\boldsymbol{n}^\circ{}_1$. π_2 的法矢量 $\boldsymbol{n}_2=\{1,1,2\}$，其单位法矢量为 $\boldsymbol{n}^\circ{}_2$. 则夹角平分面的法矢量 $\boldsymbol{n}$ 必在 $\boldsymbol{n}^\circ{}_1+\boldsymbol{n}^\circ{}_2$ 或 $\boldsymbol{n}^\circ{}_1-\boldsymbol{n}^\circ{}_2$ 的方向上.

因为 $|\boldsymbol{n}_1|=|\boldsymbol{n}_2|$，故可取 $\boldsymbol{n}=\boldsymbol{n}_1+\boldsymbol{n}_2$ 或 $\boldsymbol{n}=\boldsymbol{n}_1-\boldsymbol{n}_2$.

再取 π_1 与 π_2 的交线

$$\begin{cases}2x-y+z-7=0,\\ x+y+2z-11=0\end{cases}\quad 上一点\ M_0(x_0,y_0,z_0),$$

为方便，令 $z_0=0$，解得 $x_0=6,y_0=5$，则 $M_0(6,5,0)$ 在夹角平分面 π

上.

当取 $\boldsymbol{n}=\boldsymbol{n}_1+\boldsymbol{n}_2=3\{1,0,1\}$时,得平面方程

$$(x-6)+(z-0)=0,\quad 即\quad x+z-6=0.$$

当取 $\boldsymbol{n}=\boldsymbol{n}_1-\boldsymbol{n}_2=\{1,-2,1\}$时,得平面方程

$$(x-6)-2(y-5)-(z-0)=0,\quad 即\quad x-2y-z+4=0.$$

解法三 利用平面束方法.

作过 π_1 与 π_2 的交线的平面束方程

$$\lambda(2x-y+z-7)+\mu(x+y+2z-11)=0,$$

即 $$(2\lambda+\mu)x+(-\lambda+\mu)y+(\lambda+2\mu)z+(-7\lambda-11\mu)=0,$$

则所求平面必在该平面束之中.

选择 λ、μ,使所求平面与 π_1 和 π_2 的夹角相等.这只需

$$\frac{|\boldsymbol{n}\cdot\boldsymbol{n}_1|}{|\boldsymbol{n}||\boldsymbol{n}_1|}=\frac{|\boldsymbol{n}\cdot\boldsymbol{n}_2|}{|\boldsymbol{n}||\boldsymbol{n}_2|},\quad 即\quad \frac{|\boldsymbol{n}\cdot\boldsymbol{n}_1|}{|\boldsymbol{n}_1|}=\frac{|\boldsymbol{n}\cdot\boldsymbol{n}_2|}{|\boldsymbol{n}_2|}.$$

亦即
$$\begin{aligned}&|2(2\lambda+\mu)-(-\lambda+\mu)+(\lambda+2\mu)|\\ =&|(2\lambda+\mu)+(-\lambda+\mu)+2(\lambda+2\mu)|,\end{aligned}$$

从而
$$2\lambda+\mu=\pm(\lambda+2\mu),$$

故
$$\lambda=\mu\quad 或\quad \lambda=-\mu.$$

于是得夹角平分面方程

$$x+z-6=0\quad 或\quad x-2y-z+4=0.$$

17. 一平面通过两平面 $\pi_1: x+5y+z=0$ 和 $\pi_2: x-z+4=0$ 的交线,且与平面 $\pi_3: x-4y-8z+12=0$ 成45°角,求此平面方程.

解 利用平面束方法.

作过平面 π_1、π_2 的交线的平面束方程

$$\lambda(x+5y+z)+\mu(x-z+4)=0,$$

即
$$(\lambda+\mu)x+(5\lambda)y+(\lambda-\mu)z+4\mu=0.$$

故
$$\boldsymbol{n}=\{\lambda+\mu,5\lambda,\lambda-\mu\}.$$

依题意,$(\widehat{\boldsymbol{n},\boldsymbol{n}_3})=\frac{\pi}{4}$或$\frac{3}{4}\pi$. 即

$$\cos\frac{\pi}{4}=\frac{|\boldsymbol{n}\cdot\boldsymbol{n}_3|}{|\boldsymbol{n}||\boldsymbol{n}_3|}$$

$$=\frac{|(\lambda+\mu)-4\times5\lambda-8(\lambda-\mu)|}{\sqrt{(\lambda+\mu)^2+(5\lambda)^2+(\lambda-\mu)^2}\sqrt{1+4^2+8^2}},$$

化简得
$$3\lambda(3\lambda+4\mu)=0.$$

于是 $\lambda=0$ 或 $\lambda=-\frac{4}{3}\mu$.

代回平面束方程即得所求平面的方程为

$$x-z+4=0\quad 或\quad x+20y+7z-12=0.$$

18. 一平面过点 $A(2,1,-1)$ 且在 Ox 轴和 Oy 轴上的截距分别为 2 和 1,求此平面方程.

解法一　利用平面的截距式方程.

设平面在 Oz 轴上的截距为 c,则平面方程为

$$\frac{x}{2}+\frac{y}{1}+\frac{z}{c}=1.$$

将点 A 的坐标代入 $\frac{2}{2}+\frac{1}{1}+\frac{-1}{c}=1$,得 $c=1$.

因此所求平面方程为 $\frac{x}{2}+\frac{y}{1}+\frac{z}{1}=1$,

即
$$x+2y+2z-2=0.$$

解法二　利用平面的三点式方程.

由题设,平面过三点 $A(2,1,-1)$、$B(2,0,0)$ 及 $C(0,1,0)$,故所求平面方程为

$$\begin{vmatrix} x & y-1 & z \\ 2 & 1-1 & -1 \\ 2 & 0-1 & 0 \end{vmatrix}=0,即\quad x+2y+2z-2=0.$$

解法三　利用平面的点法式方程.

设所求平面的法矢量为 $\boldsymbol{n}$,因为点 $B(2,0,0)$ 和 $C(0,1,0)$ 在该平面上,故不妨取

$$n=\overrightarrow{AC}\times\overrightarrow{BC}=\begin{vmatrix} \boldsymbol{i} & \boldsymbol{j} & \boldsymbol{k} \\ -2 & 1-1 & 1 \\ -2 & 1 & 0 \end{vmatrix}=-\{1,2,2\}.$$

于是,所求平面方程为 $(x-2)+2(y-1)+2(z+1)=0$,

即
$$x+2y+2z-2=0.$$

19. 一平面平行于平面 $2x+y+2z+5=0$,且与三个坐标面构成的四面体的体积为 1 个单位. 求此平面的方程.

解 利用平面的截距式方程.

由题设,设所求平面的方程为

$$2x+y+2z+D=0,\quad 其中\ D\neq 0.$$

化为截距式方程 $\dfrac{x}{-\dfrac{D}{2}}+\dfrac{y}{-D}+\dfrac{z}{-\dfrac{D}{2}}=1.$

因该平面与三个坐标面所围四面体的体积为 1 个单位,故

$$1=\frac{1}{6}\left|\frac{D}{2}\cdot D\cdot\frac{D}{2}\right|=\frac{1}{24}D^3.$$

于是,
$$D=\pm 2\sqrt[3]{3}.$$

因此所求平面方程为 $2x+y+2z\pm 2\sqrt[3]{3}=0.$

20. 试决定参数 k 的值,使原点到平面 $2x-y+kz=6$ 的距离等于 2.

解 由题设知

$$2=\frac{|2\times 0-6\times 0+k\times 0-6|}{\sqrt{2^2+(-1)^2+k^2}},$$

化简得
$$k=\pm 2.$$

21. 一平面平行于平面 $2x-y+3z-1=0$,且与此平面的距离为 $\sqrt{14}$,求此平面的方程.

解 由题设,设所求平面方程为

$$2x-y+3z+D=0.$$

取平面 $2x-y+3z-1=0$ 上的一点 $M_0(0,-1,0)$,则此二平面

间的距离等于点 M_0 到所求平面的距离.即

$$\sqrt{14}=\frac{|2\times 0+(-1)\times(-1)+3\times 0+D|}{\sqrt{2^2+(-1)^2+3^2}},$$

故 $D=13$ 或 $D=-15$.因此,所求平面的方程为

$$2x-y+3z+13=0 \quad 或 \quad 2x-y+3z-15=0.$$

22.试在平面 $x+y+z-1=0$ 与三个坐标面所围成的四面体内求一点,使它与四面体各侧面的距离相等,并求内切于该四面体的球面方程.

解　设所求点为 $M_0(x_0,y_0,z_0)$,则 x_0、y_0、z_0 均大于零,且 $x_0+y_0+z_0<1$.

由 M_0 到各坐标面及平面 $x+y+z-1=0$ 的距离相等,得

$$x_0=y_0=z_0=\frac{|x_0+y_0+z_0-1|}{\sqrt{1+1+1}},$$

于是有

$$x_0=\frac{|3x_0-1|}{\sqrt{3}}.$$

解之得　$x_0=\dfrac{3\pm\sqrt{3}}{6}$　(舍去正号,因为此时 $x_0+y_0+z_0>1$).

因此,点 M_0 为$\left(\dfrac{3-\sqrt{3}}{6},\dfrac{3-\sqrt{3}}{6},\dfrac{3-\sqrt{3}}{6}\right)$.

所求球面方程为

$$\left(x-\frac{3-\sqrt{3}}{6}\right)^2+\left(y-\frac{3-\sqrt{3}}{6}\right)^2+\left(z-\frac{3-\sqrt{3}}{6}\right)^2=\left(\frac{3-\sqrt{3}}{6}\right)^2.$$

23.求经过点 $A(3,4,-4)$ 且方向角为 $60°$、$45°$、$120°$ 的直线方程.

解　利用直线的标准式(点向式)方程.

取直线的方向矢量 $\boldsymbol{s}=\{\cos 60°,\cos 45°,\cos 120°\}$

$$=\frac{1}{2}\{1,\sqrt{2},-1\}.$$

故所求直线的方程为

$$\frac{x-3}{1}=\frac{y-4}{\sqrt{2}}=\frac{z+4}{-1}.$$

24. 求过点 $M(2,0,-3)$ 且平行于 Ox 轴的直线方程.

解 利用直线的标准式(点向式)方程.

因直线平行于 Ox 轴,即直线的方向矢量 $\boldsymbol{s}$ 满足 $\boldsymbol{s}/\!/\boldsymbol{i}$,故不妨取 $\boldsymbol{s}=\{1,0,0\}$.

因此直线方程为 $\dfrac{x-2}{1}=\dfrac{y}{0}=\dfrac{z+3}{0}$,

或
$$\begin{cases} y=0, \\ z+3=0. \end{cases}$$

25. 求通过点 $(0,1,2)$ 且与平面 $x+y-3z+1=0$ 垂直的直线方程.并用标准式、参量式、一般式三种形式表示.

解 因所求直线垂直于已知平面,故可取已知平面的法矢为该直线的方向矢量,即

$$\boldsymbol{s}=\{1,1,-3\}.$$

因此,直线的标准式方程为

$$\frac{x}{1}=\frac{y-1}{1}=\frac{z-2}{-3}. \qquad ①$$

令 $\dfrac{x}{1}=\dfrac{y-1}{1}=\dfrac{z-2}{-3}=t$,得直线的参量式方程

$$\begin{cases} x=t, \\ y=1+t, \\ z=2-3t. \end{cases}$$

将①式拆成两个方程,得直线的一般式方程

$$\begin{cases} x=y-1, \\ x=\dfrac{z-2}{-3}, \end{cases} \quad 即 \quad \begin{cases} x-y+1=0, \\ 3x+z-2=0. \end{cases}$$

26. 将直线的一般式(面交式)方程 $\begin{cases} x+y-z=0, \\ x-y+2=0 \end{cases}$ 化为标准式(对称式)方程及参量式方程.

解法一 利用直线的标准式方程.

在直线$\begin{cases}x+y-z=0,\\x-y+2=0\end{cases}$ 上任取一点(x_0,y_0,z_0).为方便,取 $x_0=0$,则 $y_0=2$,$z_0=2$,得直线上的点$(0,2,2)$.

再由两平面法矢量的矢量积求得直线的方向矢量

$$\boldsymbol{s}=\boldsymbol{n}_1\times\boldsymbol{n}_2=\begin{vmatrix}\boldsymbol{i}&\boldsymbol{j}&\boldsymbol{k}\\1&1&-1\\1&-1&0\end{vmatrix}=-\{1,1,2\},$$

于是,得直线的标准式方程为

$$\frac{x}{1}=\frac{y-2}{1}=\frac{z-2}{2}.$$

令$\frac{x}{1}=\frac{y-2}{1}=\frac{z-2}{2}=t$,得直线的参量方程

$$\begin{cases}x=t,\\y=2+t,\\z=2+2t.\end{cases}$$

解法二　利用直线的两点式方程.

在直线$\begin{cases}x+y-z=0\\x-y+2=0\end{cases}$ 上任取两点 $M_1(x_1,y_1,z_1)$及 $M_2(x_2,y_2,z_2)$,为方便,令 $x_1=0$,则 $y_1=z_1=2$,得点 $M_1(0,2,2)$;

再令 $x_2=2$,则 $y_2=4$,$z_2=6$,得另一点 $M_2(2,4,6)$.

取直线的方向矢量 $\boldsymbol{s}=\overrightarrow{M_1M_2}=2\{1,1,2\}$.

于是,直线的标准式方程为 $\frac{x-2}{1}=\frac{y-4}{1}=\frac{z-6}{2}$.

参量式方程为 $\begin{cases}x=2+t,\\y=4+t,\\z=6+2t.\end{cases}$

解法三　利用消元法.

已知直线方程为

$$\begin{cases}x+y-z=0, & ①\\x-y+2=0. & ②\end{cases}$$

由②得
$$y=x+2. \tag{③}$$
再由①－②(消去 x),得 $2y-z-2=0$,

即
$$y=\frac{z+2}{2}. \tag{④}$$

联立③④,得
$$x+2=y=\frac{z+2}{2}.$$

即直线的标准式方程为 $\dfrac{x+2}{1}=\dfrac{y}{1}=\dfrac{z+2}{2}$.

且参量式方程为 $\begin{cases}x=-2+t,\\ y=t,\\ z=-2+2t.\end{cases}$

注意 直线的标准式方程及参量式方程均不是惟一的,因为方程的形式随取点的不同而不同.这正如一条直线的方程可以看作是由不同的两个平面相交而得到的不同的面交式方程一样.

27. 证明直线 $l_1:\begin{cases}4x+z-1=0,\\ x-2y+3=0\end{cases}$

与直线 $l_2:\begin{cases}3x+y-z+4=0,\\ y+2z-8=0\end{cases}$ 相交.

解法一 利用两直线相交的充要条件.

l_1 与 l_2 相交$\Leftrightarrow l_1$ 与 l_2 共面且 l_1 与 l_2 不平行$\Leftrightarrow(\boldsymbol{s}_1\times\boldsymbol{s}_2)\cdot\overrightarrow{M_1M_2}=0$ 且 $\boldsymbol{s}_1\not\parallel\boldsymbol{s}_2$,其中 $\boldsymbol{s}_i$ 为直线 l_i 的方向矢,M_i 为 l_i 上的一点($i=1,2$).

为此,先将 l_1、l_2 化为参量式(或标准式).

令 $x=t$,得 l_1 的参量式方程
$$\begin{cases}x=t,\\ y=\dfrac{t}{2}+\dfrac{3}{2},\\ z=-4t+1.\end{cases}$$

于是,$\boldsymbol{s}_1=\left\{1,\dfrac{1}{2},-4\right\}$,$M_1\left(0,\dfrac{3}{2},1\right)$.

令 $z=t$,得 l_2 的参量式方程

$$\begin{cases}x=t-4,\\ y=-2t+8,\\ z=t.\end{cases}$$

于是,$\boldsymbol{s}_2=\{1,-2,1\}$,$M_2(-4,8,0)$.

可见 $\boldsymbol{s}_1\not\parallel\boldsymbol{s}_2$;又

$$(\boldsymbol{s}_1\times\boldsymbol{s}_2)\cdot\overrightarrow{M_1M_2}=\begin{vmatrix}1 & \frac{1}{2} & -4\\ 1 & -2 & 1\\ -4 & 8-\frac{3}{2} & -1\end{vmatrix}=0,$$

故直线 l_1 与 l_2 相交.

解法二 求二直线的惟一交点.

求 l_1、l_2 的交点,等价于解三元一次方程组

$$\begin{cases}4x+z=1,\\ x-2y=-3,\\ 3x+y-z=-4,\\ y+2z=8,\end{cases}\quad \text{求得惟一解}\quad \begin{cases}x=-\dfrac{3}{5},\\ y=\dfrac{6}{5},\\ z=\dfrac{17}{5}.\end{cases}$$

即四个平面有惟一交点,故 l_1、l_2 相交(说交点惟一,是为了排除两直线重合的情况).

28. 要使直线 $l:\begin{cases}A_1x+B_1y+C_1z+D_1=0, & (\pi_1)\\ A_2x+B_2y+C_2z+D_2=0, & (\pi_2)\end{cases}$

(1)与 Ox 轴平行; (2)与 Oy 轴相交;

(3)经过原点; (4)与 Oz 轴重合.

其系数应满足什么条件?

解 (1)因 $l\parallel Ox$ 轴,故 $\pi_1\parallel Ox$ 轴且 $\pi_2\parallel Ox$ 轴,于是,$A_1=A_2=0$.

(2)因 l 与 Oy 轴相交,故 π_1,π_2 均与 Oy 轴相交且交于同一点.

由 π_1 与 Oy 轴的交点为 $\left(0,-\dfrac{D_1}{B_1},0\right)$，$\pi_2$ 与 Oy 轴的交点为 $\left(0,-\dfrac{D_2}{B_2},0\right)$，知

$$-\frac{D_1}{B_1}=-\frac{D_2}{B_2},\quad 即\quad \frac{D_1}{B_1}=\frac{D_2}{B_2}.$$

(3)因 l 过原点，故 π_1 与 π_2 均过原点. 于是，$D_1=D_2=0$.

(4)因 l 与 Oz 轴重合，故 l 与 Oz 轴平行且 l 经过原点. 由(1)及(3)有

$$C_1=C_2=0 且 D_1=D_2=0.$$

29. 通过点 $A(2,-1,3)$ 作平面 $\pi: x-2y-2z+11=0$ 的垂线，并求平面上的垂足.

解法一 求垂线与平面的交点.

过点 A 作 π 的垂线，只需取垂线的方向矢

$$\boldsymbol{s}=\boldsymbol{n}=\{1,-2,-2\},$$

则垂线的参量方程为 $\begin{cases} x=t+2, \\ y=-2t-1, \\ z=-2t+3, \end{cases}$

将其代入平面 π 的方程，解得 $t=-1$.

从而得垂线与平面的交点(1,1,5)，此即为所求的垂足.

解法二 求三个平面的交点.

将垂线方程 $\dfrac{x-2}{1}=\dfrac{y+1}{-2}=\dfrac{z-3}{-2}$ 改写为一般式方程

$$\begin{cases} x-2=\dfrac{y+1}{-2}, \\ x-2=\dfrac{z-3}{-2}, \end{cases} \quad 即 \quad \begin{cases} 2x+y-3=0, \\ 2x+z-7=0. \end{cases}$$

解线性方程组 $\begin{cases} 2x+y-3=0 \\ 2x+z-7=0, \\ x-2y-2z+11=0, \end{cases}$ 得 $\begin{cases} x=1, \\ y=1, \\ z=5, \end{cases}$

则点(1,1,5)即为所求垂足.

30. 求点 $P(1,-4,5)$ 在直线 $l:\begin{cases}y-z+1=0,\\x+2z=0\end{cases}$ 上的投影点的坐标.

解　过点 P 作垂直于直线 l 的平面 π,则 π 与 l 的交点 M_0 即为所求.

取平面 π 的法矢量 $\boldsymbol{n}$ 为 l 的方向矢量,即

$$\boldsymbol{n}=\boldsymbol{s}=\begin{vmatrix}\boldsymbol{i} & \boldsymbol{j} & \boldsymbol{k}\\0 & 1 & -1\\1 & 0 & 2\end{vmatrix}=\{2,-1,-1\},$$

则 π 为

$$2(x-1)-(y+4)-(z-5)=0,$$

即

$$2x-y-z-1=0.$$

解线性方程组 $\begin{cases}y-z+1=0,\\x+2z=0,\\2x-y-z-1=0,\end{cases}$ 得 $M_0(0,-1,0)$.

31. 已知直线 $l:\begin{cases}3x+2y+4z-11=0, & (\pi_1)\\2x+y-3z-1=0, & (\pi_2)\end{cases}$ 和平面 $\pi:2x+y+z-1=0$.

(1)求直线 l 与平面 π 的夹角 θ;

(2)证明直线 l 与平面 π 相交,并求交点.

解　(1)取 l 的方向矢量

$$\boldsymbol{s}=\boldsymbol{n}_1\times\boldsymbol{n}_2=\begin{vmatrix}\boldsymbol{i} & \boldsymbol{j} & \boldsymbol{k}\\3 & 2 & 4\\2 & 1 & -3\end{vmatrix}=-\{10,-17,1\}.$$

由直线与平面的夹角公式,得

$$\sin\theta=\frac{|Am+Bn+Cp|}{\sqrt{A^2+B^2+C^2}\cdot\sqrt{m^2+n^2+p^2}}$$

$$=\frac{|2\times10+1\times(-17)+1\times1|}{\sqrt{2^2+1+1}\cdot\sqrt{10^2+17^2+1}}=\frac{2\sqrt{65}}{195}.$$

故 $\theta=\arcsin\dfrac{2\sqrt{65}}{195}$.

(2)直线 l 与平面 π 相交 $\Leftrightarrow \boldsymbol{s}\not\perp\boldsymbol{n}\Leftrightarrow \boldsymbol{s}\cdot\boldsymbol{n}\neq 0\Leftrightarrow\theta\neq\dfrac{\pi}{2}$.

这一点由(1)易见.下面求交点.

化直线 l 的方程为参量方程.为此,求直线 l 上一点 (x_0,y_0,z_0).为方便,取 $x_0=1$,则 $y_0=2,z_0=1$.故得 l 的参量方程

$$\begin{cases}x=1+10t,\\ y=2-17t,\\ z=1+t.\end{cases}$$

代入平面 π 的方程,有 $2(1+10t)+(2-17t)+(1+t)-1=0$,解之,得 $t=-1$,将其代回直线 l 的参量方程,即得交点的坐标 $(-9,19,0)$.

求交点也可通过解由直线方程与平面方程联立的方程组 $\begin{cases}3x+2y+4z-11=0,\\ 2x+y-3z-1=0,\\ 2x+y+z-1=0\end{cases}$ 得到.

32.求与原点关于平面 $6x+2y-9z+121=0$ 对称的点.

解 作过原点且垂直于已知平面的直线.该直线的方向矢量

$$\boldsymbol{s}=\boldsymbol{n}=\{6,2,-9\}.$$

则直线的参量方程为 $\begin{cases}x=6t,\\ y=2t,\\ z=-9t.\end{cases}$

依题意,只需求 t_0 使

$$\frac{|6\times0+2\times0-9\times0+121|}{\sqrt{6^2+2^2+9^2}}=\frac{|6\times6t_0+2\times2t_0-9\times(-9t_0)+121|}{\sqrt{6^2+2^2+9^2}},$$

即 $121=121|t_0+1|$,亦即 $t_0+1=\pm1$.

于是,$t_0=-2$ 或 $t_0=0$(舍).

故所求对称点为$(-12,-4,18)$.

33. 要使直线$\frac{x-a}{3}=\frac{y}{-2}=\frac{z+1}{a}$在平面 $3x+4y-az=3a-1$ 上，求 a.

解法一　利用直线的参量式方程.

将直线方程化为参量式方程$\begin{cases}x=a+3t,\\ y=-2t,\\ z=-1+at,\end{cases}$代入平面方程后应使其成为恒等式

$$3(a+3t)+4\times(-2t)-a(-1+at)\equiv 3a-1,$$

即

$$(1-a^2)t+(a+1)\equiv 0.$$

故 $\begin{cases}1-a^2=0\\ a+1=0\end{cases}$，于是，$a=-1$.

解法二　利用直线在平面上的充要条件.

直线 l 在平面 π 上$\Leftrightarrow \boldsymbol{s}\perp\boldsymbol{n}$ 且 l 上已知点 $M_0(a,0,-1)$在 π 上$\Leftrightarrow$ $\boldsymbol{s}\cdot\boldsymbol{n}=0$ 且 $M_0(a,0,-1)$满足平面 π 的方程. 故

$$\begin{cases}\{3,-2,a\}\cdot\{3,4,-a\}=0,\\ 3\times a+4\times 0-a\times(-1)=3a-1\end{cases}\Leftrightarrow\begin{cases}1-a^2=0,\\ a+1=0\end{cases}$$

于是，$a=-1$.

34. 求通过直线 $l_1: x=2t-1, y=3t+2, z=2t-3$ 和直线 $l_2: x=2t+3, y=3t-1, z=2t+1$ 的平面方程.

解法一　利用平面的点法式方程.

因 $\boldsymbol{s}_1=\{2,3,2\}=\boldsymbol{s}_2$，故 $l_1 /\!/ l_2$；又 l_2 上的点 $M_2(3,-1,1)$不满足 l_1 的方程，因此通过 l_1、l_2 可确定一平面，且点 $M_1(-1,2,-3)$和 M_2 在该平面上.

取平面法矢量

$$\boldsymbol{n}=\boldsymbol{s}_1\times\overrightarrow{M_1M_2}=\begin{vmatrix}\boldsymbol{i} & \boldsymbol{j} & \boldsymbol{k}\\ 2 & 3 & 2\\ 3+1 & -1-2 & 1+3\end{vmatrix}=18\{1,0,-1\}.$$

于是得所求平面的方程

$$(x+1)-(z+3)=0,\text{即 } x-z-2=0.$$

解法二 利用平面的三点式方程.

已知 l_1、l_2 上点 $M_1(-1,2,-3)$ 和 $M_2(3,-1,1)$.

再在 l_1 的参量方程中,令 $t=1$,得 l_1 上的另一点 $M_3(1,5,-1)$.

由平面的三点式方程,得

$$\begin{vmatrix} x+1 & y-2 & z+3 \\ 3+1 & -1-2 & 1+3 \\ 1+1 & 5-2 & -1+3 \end{vmatrix}=0,\text{即 } x-z-2=0.$$

35.问由直线 $l_1:\dfrac{x+3}{5}=\dfrac{y+1}{2}=\dfrac{z-2}{4}$ 和直线 $l_2:\dfrac{x-8}{3}=\dfrac{y-1}{1}=\dfrac{z-6}{2}$ 能否决定一个平面? 若能,求此平面的方程.

解 $s_1=\{5,2,4\}, s_2=\{3,1,2\}$,显然 $s_1 \not\parallel s_2$,且

$$(s_1\times s_2)\cdot\overrightarrow{M_1M_2}=\begin{vmatrix} 5 & 2 & 4 \\ 3 & 1 & 2 \\ 8+3 & 1+1 & 6-2 \end{vmatrix}=0,$$

故 l_1 与 l_2 共面且相交.所以由 l_1、l_2 可确定一平面.

取该平面的法矢

$$n=s_1\times s_2=\begin{vmatrix} i & j & k \\ 5 & 2 & 4 \\ 3 & 1 & 2 \end{vmatrix}=\{0,2,-1\},$$

所求平面方程为 $2(y+1)-(z-2)=0,$

即 $$2y-z+4=0.$$

36.设一平面垂直于平面 $z=0$,且通过点 $M_0(1,1,1)$ 到直线 $l:\begin{cases} y-z+1=0, \\ z=0 \end{cases}$ 的垂线,求此平面的方程.

解法一 利用平面束方法.

第一步,求出点 M_0 到直线 l 的垂线 l' 的方程.

为此，求过 M_0 且垂直于 l 的平面 π'.

显然，可取 π' 的法矢量 $\boldsymbol{n}'=\boldsymbol{s}$，即

$$\boldsymbol{n}'=\begin{vmatrix}\boldsymbol{i} & \boldsymbol{j} & \boldsymbol{k}\\ 0 & 1 & -1\\ 0 & 0 & 1\end{vmatrix}=\{1,0,0\}.$$

于是，π' 的方程为　$x-1=0$.

再求 l 与 π' 的交点 M_1，即求解线性方程组

$$\begin{cases}y-z+1=0,\\ z=0,\\ x=1,\end{cases}\qquad 得\ M_1(1,-1,0).$$

由两点式得垂线 l' 的方程

$$\frac{x-1}{0}=\frac{y-1}{-2}=\frac{z-1}{-1},\quad 即\begin{cases}x-1=0,\\ y-2z+1=0.\end{cases}$$

第二步，写出过 l' 的平面束方程，并从中求出与平面 $z=0$ 垂直的平面方程，则该方程即为所求.

过 l' 的平面束方程为

$\lambda(x-1)+\mu(y-2z+1)=0$，　即 $\lambda x+\mu y-2\mu z-\lambda+\mu=0$.

因为　$\boldsymbol{n}\cdot\boldsymbol{k}=\{\lambda,\mu,-2\mu\}\cdot\{0,0,1\}=-2\mu=0$，

故 $\mu=0$. 于是，平面 $x-1=0$ 即为所求.

解法二　利用平面的一般式方程.

第一步，求出点 M_0 到直线 l 的垂线 l' 的方程(过程同解法一的第一步).

第二步，设所求平面的方程为

$$Ax+By+Cz+D=0，其法矢量\ \boldsymbol{n}=\{A,B,C\}.$$

则

$$\begin{cases}\boldsymbol{n}\cdot\boldsymbol{k}=0,\\ M_0\ 满足平面方程，有\\ \boldsymbol{n}\cdot\boldsymbol{s}'=0,\end{cases}\begin{cases}C=0,\\ A+B+C+D=0,\\ 2B+C=0,\end{cases}$$

其中 $\boldsymbol{s}'=\{0,-2,-1\}$ 为 M_2 到 l 的垂线的方向矢量.

得 $B=0, C=0, A=-D$.

于是,所求平面的方程为 $x-1=0$.

37. 验证三个平面 $\pi_1: x+y-2z-1=0$, $\pi_2: x+2y-z+1=0$ 及 $\pi_3: 4x+5y-7z-2=0$ 通过同一直线,并写出该直线的对称式方程.

解法一 验证由 π_1、π_2 决定的直线在 π_3 上.

设 π_1、π_2 的交线 $l\begin{cases}x+y-2z-1=0,\\x+2y-z+1=0\end{cases}$ 的方向矢量为 $\boldsymbol{s}$,并取

$$\boldsymbol{s}=\boldsymbol{n}_1\times\boldsymbol{n}_2=\begin{vmatrix}\boldsymbol{i} & \boldsymbol{j} & \boldsymbol{k}\\1 & 1 & -2\\1 & 2 & -1\end{vmatrix}=\{3,-1,1\}.$$

再取 l 上的点 (x_0, y_0, z_0),为方便,令 $z_0=0$,解得

$$x_0=3, y_0=-2.$$

于是得 l 的参量方程 $\begin{cases}x=3+3t,\\y=-2-t,\\z=t,\end{cases}$

将其代入 π_3,得 $4(3+3t)+5(-2-t)-7t-2\equiv0$.

因此 l 在 π_3 上,即三个平面 π_1、π_2、π_3 通过同一直线,且该直线的对称式方程为

$$\frac{x-3}{3}=\frac{y+2}{-1}=\frac{z}{1}.$$

解法二 利用平面束方法.

作通过 π_1、π_2 的交线的平面束方程

$$\lambda(x+y-2z-1)+\mu(x+2y-z+1)=0,$$

即 $$(\lambda+\mu)x+(\lambda+2\mu)y+(-2\lambda-\mu)z+(-\lambda+\mu)=0.$$

下面验证 π_3 为该平面束方程中的一个.即存在 λ_0、μ_0,使

$$(\lambda_0+\mu_0)x+(\lambda_0+2\mu_0)y+(-2\lambda_0-\mu_0)z+(-\lambda_0+\mu_0)$$
$$=4x+5y-7z-2.$$

只需取 $\lambda_0=3, \mu_0=1$.

求直线的对称式方程同解法一.

38. 求过点 $M_0(2,1,3)$ 且与直线 $l:\begin{cases}2x+y+2z-5=0,\\ x+y-3=0\end{cases}$ 垂直相交的直线方程.

解法一　利用直线的两点式方程.

过点 M_0 作直线 l 的垂面 π，求 π 与 l 的交点 P，则由点 M_0 和 P 所确定的直线即为所求.

取 π 的法矢量

$$\boldsymbol{n}=\boldsymbol{s}=\begin{vmatrix}\boldsymbol{i} & \boldsymbol{j} & \boldsymbol{k}\\ 2 & 1 & 2\\ 1 & 1 & 0\end{vmatrix}=-\{2,-2,-1\}.$$

故平面 π 的方程为　$2(x-2)-2(y-1)-(z-3)=0,$

即
$$2x-2y-z+1=0.$$

求解线性方程组

$$\begin{cases}2x+y+2z-5=0,\\ x+y-3=0,\\ 2x-2y-z+1=0,\end{cases}$$

得　$P\left(\frac{4}{3},\frac{5}{3},\frac{1}{3}\right)$. 于是所求直线方程为

$$\frac{x-2}{\frac{4}{3}-2}=\frac{y-1}{\frac{5}{3}-1}=\frac{z-3}{\frac{1}{3}-3},$$

即
$$\frac{x-2}{1}=\frac{y-1}{-1}=\frac{z-3}{4}.$$

解法二　利用直线的标准式方程.

设所求直线 l' 的方向矢量 $\boldsymbol{s}'=\{m,n,p\}$.

由题设 $l\perp l'$，故 $\boldsymbol{s}\cdot\boldsymbol{s}'=0$，即

$$2m-2n-p=0. \qquad ①$$

再在已知直线 l 上取点 $M_1(2,1,0)$，则三矢量 $\boldsymbol{s}$、$\boldsymbol{s}'$、$\overrightarrow{M_0M_1}$ 共面. 于是有

$$\begin{vmatrix} -2 & 2 & 1 \\ m & n & p \\ 0 & 0 & -3 \end{vmatrix} = 0,$$

即

$$m + n = 0. \qquad ②$$

联立①②求解，得 $n = -m, p = 4m$. 于是，$\boldsymbol{s}' = m\{1, -1, 4\}$. 故所求直线方程为

$$\frac{x-2}{1} = \frac{y-1}{-1} = \frac{z-3}{4}.$$

39. 通过平面 $x + y + z = 1$ 和直线 $\begin{cases} y = 1, \\ z = -1 \end{cases}$ 的交点，在已知平面上，求垂直于已知直线的直线方程.

解　利用直线的面交式(一般式)方程.

先求已知平面和已知直线的交点，即解线性方程组

$$\begin{cases} x + y + z = 1, \\ y = 1, \\ z = -1, \end{cases}$$

得交点坐标 $(1, 1, -1)$.

再过交点作垂直于已知直线的平面 π. 只需取其法矢量为已知直线的方向矢量，即

$$\boldsymbol{n} = \begin{vmatrix} \boldsymbol{i} & \boldsymbol{j} & \boldsymbol{k} \\ 0 & 1 & 0 \\ 0 & 0 & 1 \end{vmatrix} = \{1, 0, 0\}.$$

故平面 π 的方程为　$x - 1 = 0$.

则 π 与已知平面的交线 $\begin{cases} x - 1 = 0, \\ x + y + z = 1, \end{cases}$ 即为所求.

40. 过点 $M_0(1, -2, 3)$ 作一直线，使其与 Oz 轴相交，且和直线 l: $\frac{x}{4} = \frac{y-3}{3} = \frac{z-2}{-2}$ 垂直. 求此直线方程.

解法一　利用直线的面交式(一般式)方程.

设所求直线为 l'.

因 l' 过点 M_0 且与直线 l 垂直,故 l' 必在过点 M_0 且与 l 垂直的平面 π_1 上. 取 π_1 的法矢量 $\boldsymbol{n}_1=\boldsymbol{s}$,则得 π_1 的方程

$$4(x-1)+3(y+2)-2(z-3)=0, \quad 即\ 4x+3y-2z+8=0.$$

又因为 l' 过点 M_0 且与 Oz 轴相交,故 l' 必在过点 M_0 且过 Oz 轴的平面 π_2 上. 因 π_2 过 Oz 轴,可设其方程为

$$Ax+By=0.$$

再代入点 M_0 的坐标,得 $A-2B=0$,因此得 π_2 的方程

$$2x+y=0,$$

则所求直线 l' 即为二平面 π_1 与 π_2 的交线

$$\begin{cases}4x+3y-2z+8=0,\\2x+y=0.\end{cases}$$

解法二　利用直线的标准式方程.

设所求直线 l' 与 Oz 轴的交点为 $M_0(0,0,z_0)$,则 l' 的方向矢量 $\boldsymbol{s}'=\{1,-2,3-z_0\}$.

由 $l\perp l'$ 知 $\boldsymbol{s}\perp\boldsymbol{s}'$,其中 $\boldsymbol{s}=\{4,3,-2\}$,由此得 $z_0=4$. 所以

$$\boldsymbol{s}'=\{1,-2,-1\}.$$

于是,l' 的方程为

$$\frac{x-1}{1}=\frac{y+2}{-2}=\frac{z-3}{-1}.$$

解法三　利用直线的两点式方程.

作平面 π_1(π_1 的定义见解法一),并求 π_1 与 Oz 轴的交点 P. 即解方程组

$$\begin{cases}4x+3y-2z+8=0,\\x=0,\\y=0,\end{cases}$$

得交点 P 的坐标(0,0,4). 则所求直线为过点 M_0 和 P 的直线. 由两点式得

$$\frac{x-0}{1-0}=\frac{y-0}{-2-0}=\frac{z-4}{3-4},\quad 即\frac{x}{1}=\frac{y}{-2}=\frac{z-4}{-2}.$$

41. 一直线通过点 A(0,1,1)且和直线 $l_1: x=y=z$ 及 $l_2: \frac{x}{1}=\frac{y}{-2}=\frac{z-1}{-1}$ 相交,求该直线的方程.

解法一　利用直线的一般式方程.

设所求直线为 l.

因 l 过点 A 且与 l_1 相交,故 l 在由点 A 和 l_1 确定的平面 π_1 上.取 π_1 的法矢量

$$\boldsymbol{n}_1=\boldsymbol{s}_1\times\overrightarrow{AM_1}=\begin{vmatrix}\boldsymbol{i} & \boldsymbol{j} & \boldsymbol{k}\\ 1 & 1 & 1\\ 0-0 & 0-1 & 0-1\end{vmatrix}=\{0,1,-1\},$$

其中 M_1 为 l_1 上的已知点(0,0,0).因此平面 π_1 的方程为

$$y-z=0.$$

类似地,l 在由 A 和 l_2 确定的平面 π_2 上.取 π_2 的法矢量

$$\boldsymbol{n}_2=\boldsymbol{s}_2\times\overrightarrow{AM_2}=\begin{vmatrix}\boldsymbol{i} & \boldsymbol{j} & \boldsymbol{k}\\ 1 & -2 & -1\\ 0-0 & 0-1 & 1-1\end{vmatrix}=-\{1,0,1\}.$$

故 π_2 的方程为　　$x+z-1=0.$

由 l 为 π_1 与 π_2 的交线,得 l 的方程为

$$\begin{cases}y-z=0,\\ x+z-1=0.\end{cases}$$

解法二　利用直线的标准式方程.

设所求直线 l 的方向矢量为 $\boldsymbol{s}$.因为 l 在 π_1 及 π_2(π_1、π_2 的定义见解法一)上,故 $\boldsymbol{s}\perp\boldsymbol{n}_1$ 且 $\boldsymbol{s}\perp\boldsymbol{n}_2$.即

$$\boldsymbol{s}=\boldsymbol{n}_1\times\boldsymbol{n}_2=\begin{vmatrix}\boldsymbol{i} & \boldsymbol{j} & \boldsymbol{k}\\ 0 & 1 & -1\\ -1 & 0 & -1\end{vmatrix}=-\{1,-1,-1\},$$

故所求直线方程为$\dfrac{x}{1}=\dfrac{y-1}{-1}=\dfrac{z-1}{-1}$.

42. 求直线 $l:\begin{cases}2x-y+z-1=0,\\x+y-z+1=0,\end{cases}$ 在平面 $\pi: x+2y-z=0$ 上的投影直线的方程.

解法一　利用直线的面交式方程.

作过 l 且与 π 垂直的平面 π_1,则所求投影直线为 π 与 π_1 的交线.

设 π_1 的法矢量为 $\boldsymbol{n}_1$,则 $\boldsymbol{n}_1\perp\boldsymbol{s}$($\boldsymbol{l}$ 的方向矢量),且 $\boldsymbol{n}_1\perp\boldsymbol{n}$($\pi$ 的法矢量).

取
$$\boldsymbol{s}=\begin{vmatrix}\boldsymbol{i}&\boldsymbol{j}&\boldsymbol{k}\\2&-1&1\\1&1&-1\end{vmatrix}=3\{0,1,1\},$$

并取
$$\boldsymbol{n}_1=\begin{vmatrix}\boldsymbol{i}&\boldsymbol{j}&\boldsymbol{k}\\0&1&1\\1&2&-1\end{vmatrix}=-\{3,-1,1\}.$$

再在 l 上任取一点 $M_0(x_0,y_0,z_0)$,易知 M_0 必在 π_1 上.

令 $z_0=1$,由 l 的方程得 $x_0=0, y_0=0$,即 $M_0(0,0,1)$.

于是,平面 π_1 的方程为 $3x-y+z-1=0$. 所求投影直线的方程为
$$\begin{cases}x+2y-z=0,\\3x-y+z-1=0.\end{cases}$$

解法二　利用平面束方法.

过直线 l 的平面束方程为
$$\lambda(2x-y+z-1)+\mu(x+y-z+1)=0,$$
即
$$(2\lambda+\mu)x+(-\lambda+\mu)y+(\lambda-\mu)z+(-\lambda+\mu)=0. \qquad ①$$

在平面束中求与已知平面 π 垂直的平面π',即 π'的法矢量n'满足 $\boldsymbol{n}'\perp\boldsymbol{n}$,亦即
$$(2\lambda+\mu)+2(-\lambda+\mu)-(\lambda-\mu)=0,$$
得 $\lambda=4\mu$,代回平面束方程得 π'的方程
$$9x-3y+3z-3=0,\quad 即\ 3x-y+z-1=0.$$

则所求直线为 π 与 π' 的交线,其方程为

$$\begin{cases} x+2y-z=0, \\ 3x-y+z-1=0. \end{cases}$$

43. 求点 $P(-1,6,3)$ 到直线 $l:\dfrac{x}{1}=\dfrac{y-4}{-3}=\dfrac{z-3}{-2}$ 的距离 d.

解法一 求出垂足,利用两点间的距离公式.

过点 $P(-1,6,3)$ 作与已知直线垂直的平面 π,有

$$(x+1)-3(y-6)-2(z-3)=0,$$

即

$$x-3y-2z+25=0. \qquad ①$$

求 π 与 l 的交点 Q. 为此,将 l 化为参量式

$$x=t,y=4-3t,z=3-2t.$$

代入①,得 $t=-\dfrac{1}{2}$,故 $Q\left(-\dfrac{1}{2},\dfrac{11}{2},4\right)$. 于是,所求距离

$$d=|PQ|=\sqrt{\left(-\frac{1}{2}+1\right)^2+\left(\frac{11}{2}-6\right)^2+(4-3)^2}=\frac{\sqrt{6}}{2}.$$

解法二 利用二矢量的矢量积.

已知直线 l 上的点 $M_0(0,4,3)$ 及 l 的方向矢量 $\boldsymbol{s}=\{1,-3,-2\}$.

由图 4-11 易见,

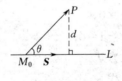

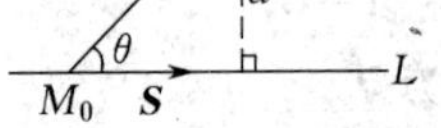

图 4-11

$$d=|\overrightarrow{M_0P}|\sin\theta=|\overrightarrow{M_0P}|\frac{|\overrightarrow{M_0P}\times\boldsymbol{s}|}{|\overrightarrow{M_0P}||\boldsymbol{s}|}=\frac{|\overrightarrow{M_0P}\times\boldsymbol{s}|}{|\boldsymbol{s}|}.$$

$$\overrightarrow{M_0P}\times\boldsymbol{s}=\begin{vmatrix} \boldsymbol{i} & \boldsymbol{j} & \boldsymbol{k} \\ -1-0 & 6-4 & 3-3 \\ 1 & -3 & -2 \end{vmatrix}=-\{4,2,-1\},$$

于是，$$d=\frac{\sqrt{4^2+2^2+1^2}}{\sqrt{1^2+3^2+2^2}}=\frac{\sqrt{6}}{2}.$$

44. 求异面直线 $l_1:\frac{x+1}{0}=\frac{y-1}{1}=\frac{z-2}{3}$ 及 $l_2:\frac{x-1}{1}=\frac{y}{2}=\frac{z+1}{2}$ 之间的距离 d.

解法一　利用点到平面的距离.

过 l_1 作平行于 l_2 的平面 π，则 l_2 上的点 $M_2(1,0,-1)$ 到平面 π 的距离即为二异面直线间的距离.

设平面 π 的法矢量为 $\boldsymbol{n}$.

因为 π 过 l_1，故 $\boldsymbol{n}\perp\boldsymbol{s}_1$；又因为 $\pi /\!/ l_2$，故 $\boldsymbol{n}\perp\boldsymbol{s}_2$. 取

$$\boldsymbol{n}=\boldsymbol{s}_1\times\boldsymbol{s}_2=\begin{vmatrix}\boldsymbol{i} & \boldsymbol{j} & \boldsymbol{k}\\ 0 & 1 & 3\\ 1 & 2 & 2\end{vmatrix}=-\{4,-3,1\}.$$

取点 $M_1(-1,1,2)\in l_1$，则平面 π 的方程为

$$4(x+1)-3(y-1)+(z-2)=0,\quad 即\ 4x-3y+z+5=0.$$

点 $M_2(1,0,-1)$ 到 π 的距离为

$$d=\frac{|4\times1-3\times0+1\times(-1)+5|}{\sqrt{4^2+3^2+1^2}}=\frac{8}{\sqrt{26}}=\frac{4}{13}\sqrt{26}.$$

解法二　利用矢量的投影.

先求 l_1 与 l_2 的公垂线的方向 $\boldsymbol{s}$.

因为 $\boldsymbol{s}\perp l_1$ 且 $\boldsymbol{s}\perp l_2$，故可取 $\boldsymbol{s}=\boldsymbol{s}_1\times\boldsymbol{s}_2=\{4,-3,1\}$.

然后分别在 l_1 及 l_2 上各取点 M_1、M_2，则

$$d=|\mathrm{Prj}_{\boldsymbol{s}}\overrightarrow{M_1M_2}|=|\overrightarrow{M_1M_2}|\,|\cos(\widehat{\overrightarrow{M_1M_2},\boldsymbol{s}})|=\frac{|\overrightarrow{M_1M_2}\cdot\boldsymbol{s}|}{|\boldsymbol{s}|},$$

即
$$d=\frac{|\overrightarrow{M_1M_2}\cdot(\boldsymbol{s}_1\times\boldsymbol{s}_2)|}{|\boldsymbol{s}_1\times\boldsymbol{s}_2|}$$

$$=\frac{|\{1+1,0-1,-1-2\}\cdot\{4,-3,1\}|}{\sqrt{4^2+3^2+1^2}}=\frac{4}{13}\sqrt{26}.$$

45. 已知直线 $l_1: \dfrac{x-9}{4}=\dfrac{y+2}{-3}=\dfrac{z}{1}$ 及 $l_2: \dfrac{x}{-2}=\dfrac{y+7}{9}=\dfrac{z-2}{2}$，求 l_1 与 l_2 的公垂线的方程.

解法一 利用直线的面交式方程.

先求 l_1 与 l_2 的公垂线的方向 $\boldsymbol{s}=\boldsymbol{s}_1\times\boldsymbol{s}_2$，然后分别作过 l_1 且平行于 $\boldsymbol{s}$ 的平面 π_1 及过 l_2 且平行于 $\boldsymbol{s}$ 的平面 π_2，则 π_1 与 π_2 的交线即为 l_1 与 l_2 的公垂线.

$$\boldsymbol{s}=\boldsymbol{s}_1\times\boldsymbol{s}_2=\begin{vmatrix}\boldsymbol{i} & \boldsymbol{j} & \boldsymbol{k}\\ 4 & -3 & 1\\ -2 & 9 & 2\end{vmatrix}=-5\{3,2,-6\}.$$

取 π_1 的法矢量

$$\boldsymbol{n}_1=\boldsymbol{s}_1\times\boldsymbol{s}=-5\begin{vmatrix}\boldsymbol{i} & \boldsymbol{j} & \boldsymbol{k}\\ 4 & -3 & 1\\ 3 & 2 & -6\end{vmatrix}=-5\{16,27,17\}.$$

取 π_2 的法矢量

$$\boldsymbol{n}_2=\boldsymbol{s}_2\times\boldsymbol{s}=-5\begin{vmatrix}\boldsymbol{i} & \boldsymbol{j} & \boldsymbol{k}\\ -2 & 9 & 2\\ 3 & 2 & -6\end{vmatrix}=5\{58,6,31\}.$$

于是得 π_1 的方程 $16(x-9)+27(y+2)+17z=0$；

π_2 的方程 $58x+6(y+7)+31(z-2)=0$.

故公垂线方程为 $\begin{cases}16x+27y+17z-90=0,\\ 58x+6y+31z-20=0.\end{cases}$

解法二 利用直线的标准式方程.

由解法一，已知公垂线的方向为 $\boldsymbol{s}=\boldsymbol{s}_1\times\boldsymbol{s}_2$，只需求出公垂线上的一点即可.

作过 l_1 且平行于 $\boldsymbol{s}$ 的平面 π_1，然后求 π_1 与 l_2 的交点 P，则点 P 即为公垂线上的一点. 为此，将 l_2 化为参量式方程

$$\begin{cases} x=-2t, \\ y=-7+9t, \\ z=2+2t, \end{cases}$$

并将其代入 π_1 的方程

$$16x+27y+17z-90=0,$$

解得 $t=1$. 故得 π_1 与 l_2 的交点 P 的坐标为$(-2,2,4)$. 因此,公垂线方程为

$$\frac{x+2}{3}=\frac{y-2}{2}=\frac{z-4}{-6}.$$

46. 已知点 $M_1(4,3,10)$和直线 l_0:$\begin{cases} 9x-2y-2z+1=0, \\ 4x-7y+4z-2=0, \end{cases}$ 又点 M_2 是点 M_1 关于直线 l_0 的对称点,试求过点 M_2 且与直线 l_0 平行的直线的方程.

解法一　利用中点公式及直线的标准式方程.

先求点 M_1 到直线 l_0 的垂足 M_0,则 M_0 为线段$\overline{M_1M_2}$的中点(见图 4-12). 从而由 M_0、M_1 的坐标,便可得到点 M_2 的坐标.

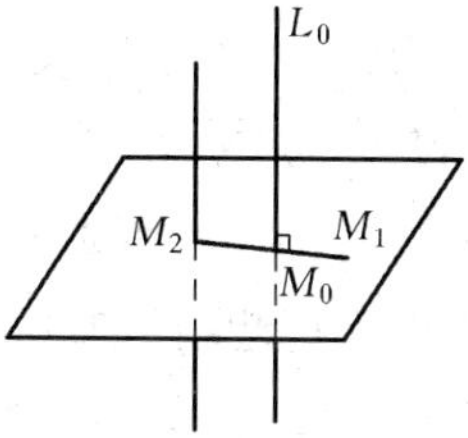

图 4-12

为此,过点 M_1 作垂直于 l_0 的平面 π,并取其法矢量

$$\boldsymbol{n}=\boldsymbol{s}_0=\begin{vmatrix} \boldsymbol{i} & \boldsymbol{j} & \boldsymbol{k} \\ 9 & -2 & -2 \\ 4 & -7 & 4 \end{vmatrix}=-11\{2,4,5\}.$$

所以平面 π 的方程为

$$2(x-4)+4(y-3)+5(z-10)=0,$$

即

$$2x+4y+5z-70=0.$$

取 l_0 上一点$\left(0,0,\frac{1}{2}\right)$,则 l_0 的参量方程为

$$x=2t,y=4t,z=\frac{1}{2}+5t.$$

将其代入平面 π 的方程得 $t=\frac{3}{2}$. 故交点 $M_0(3,6,8)$.

设 $M_2(x_2,y_2,z_2)$,则由 $\overrightarrow{M_1M_0}=\overrightarrow{M_0M_2}$ 可得

$$\{3-4,6-3,8-10\}=\{x_2-3,y_2-6,z_2-8\},$$

于是, $M_2(2,9,6)$.

因此,过点 M_2 且与直线 l_0 平行的直线方程为

$$\frac{x-2}{2}=\frac{y-9}{4}=\frac{z-6}{5}.$$

解法二 利用平行截割定理.

由题设易知,所求直线 l 与直线 l_0 及点 M_1 共面.

任取 l 上一点 $N_2(x,y,z)$,先求出点 N_2 满足的方程.

为此,过点 M_1 及 N_2 作线段 $\overline{M_1N_2}$,并设 $\overline{M_1N_2}$ 与 l_0 的交点为 $N_0(x_0,y_0,z_0)$. 如图 4-13 所示.

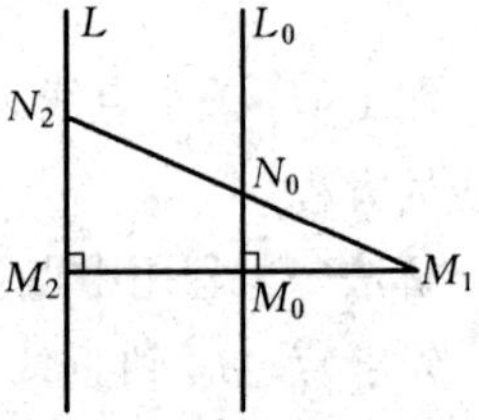

图 4-13

由平行截割定理知:

$$\frac{|N_2N_0|}{|N_0M_1|}=\frac{|M_2M_0|}{|M_0M_1|}=1,$$

即 $|N_2N_0|=|N_0M_1|$. 故 N_0 为 M_1N_2 的中点.

故 $\overrightarrow{N_2N_0}=\overrightarrow{N_0M_1}$,

即 $\{x_0-x,y_0-y,z_0-z\}=\{4-x_0,3-y_0,10-z_0\}$.

于是, $x_0=\frac{4+x}{2},y_0=\frac{3+y}{2},z_0=\frac{10+z}{2}$.

而点 N_0 在 l_0 上,因此满足

$$\begin{cases}9\left(\dfrac{x+4}{2}\right)-2\left(\dfrac{y+3}{2}\right)-2\left(\dfrac{z+10}{2}\right)+1=0,\\4\left(\dfrac{x+4}{2}\right)-7\left(\dfrac{y+3}{2}\right)+4\left(\dfrac{z+4}{2}\right)-2=0.\end{cases}$$

即 $\begin{cases}9x-2y-2z+12=0,\\4x-7y+4z+31=0\end{cases}$ 为所求.

47. 求与已知直线 $l_1:\dfrac{x+3}{2}=\dfrac{y-5}{3}=\dfrac{z}{1}$ 及 $l_2:\dfrac{x-10}{5}=\dfrac{y+7}{4}=\dfrac{z}{1}$ 相交,且与 $l_3:\dfrac{x+3}{8}=\dfrac{y-1}{7}=\dfrac{z-3}{1}$ 平行的直线的方程.

解　利用三矢量共面的充要条件及直线的标准式方程解之.

设所求直线 l 的方向矢量为 $\boldsymbol{s}$,则可取 $\boldsymbol{s}=\boldsymbol{s}_3=\{8,7,1\}$. 只需求 l 上的一点 M_0.

因 $\boldsymbol{s}\cdot\boldsymbol{i}\neq0$,故 $l\not\parallel yOz$ 坐标面,因此 l 与 yOz 坐标面相交,设其交点为 $M_0(o,b,c)$,其中 b、c 为待定常数.

因为 l 与 l_1 相交,故 l 与 l_1 共面,因而

$$(\boldsymbol{s}\times\boldsymbol{s}_1)\cdot\overrightarrow{M_0M_1}=0,$$

其中 $M_1(-3,5,0)$,即

$$\begin{vmatrix}8 & 7 & 1\\2 & 3 & 1\\-3 & 5-b & -c\end{vmatrix}=0,\text{亦即}\quad 3b-5c-21=0.\qquad ①$$

同理,l 与 l_2 相交,所以 $(\boldsymbol{s}\times\boldsymbol{s}_2)\cdot\overrightarrow{M_0M_2}=0$,即

$$\begin{vmatrix}8 & 7 & 1\\5 & 4 & 1\\10 & -7-b & -c\end{vmatrix}=0,\text{亦即}\quad 3b+3c+51=0.\qquad ②.$$

联立①②并解之,得　$b=-8,c=-9$. 于是 $M_0(0,-8,-9)$.

据直线的标准式方程,得 l 的方程为

$$\frac{x}{8}=\frac{y+8}{7}=\frac{z+9}{1}.$$

4.3 曲面与空间曲线

重要公式与结论

一、空间曲面

空间曲面的一般方程为

$$F(x,y,z)=0$$

或

$$z=f(x,y).$$

1.柱面

一般地,若曲面方程具有

$$F(x,y)=0(\text{缺变量 } z)$$

形式,则它表示空间中一张母线平行于 Oz 轴的柱面,其准线可取为 xOy 坐标面上的曲线

$$\begin{cases}F(x,y)=0,\\ z=0.\end{cases}$$

类似地,母线平行于 Ox 轴及 Oy 轴的柱面方程分别为

$G(y,z)=0$(缺变量 x)及 $H(x,z)=0$(缺变量 y).

2.旋转面

已知 yOz 坐标面上的已知曲线

$$\begin{cases}f(y,z)=0,\\ x=0,\end{cases}$$

将其绕 Oz 轴旋转一周,即得一旋转面.其方程只需将方程 $f(y,z)=0$ 中的变量 y(非旋转轴所对应的变量)改写为 $\pm\sqrt{x^2+y^2}$,即得该旋转面的方程

$$f(\pm\sqrt{x^2+y^2},z)=0.$$

类似地,可讨论其他情况.

3. 锥面

已给空间曲线 C,和 C 相交,且又经过一定点 A 的直线的轨迹称为锥面. C 称为锥面的准线,点 A 称为顶点,锥面的每条直线称为母线.

顶点在原点,准线为 $C:\begin{cases} f(x,y)=0, \\ z=k \end{cases}$ 的锥面方程为

$$f\left(\frac{kx}{z},\frac{ky}{z}\right)=0.$$

如 $C:\begin{cases} x^2+y^2=a^2, \\ z=k, \end{cases}$ 则顶点在原点的圆锥方程为

$$x^2+y^2=\left(\frac{a}{k}\right)^2 z^2.$$

4. 二次曲面的标准方程

①球面

$$(x-a)^2+(y-b)^2+(z-c)^2=R^2 \quad (R>0),$$

其中(a,b,c)为球心,R 为半径.

②椭球面

$$\frac{x^2}{a^2}+\frac{y^2}{b^2}+\frac{z^2}{c^2}=1 \quad (a、b、c>0).$$

③圆柱面

$$x^2+y^2=R^2 \quad (R>0).$$

④双曲柱面

$$\frac{x^2}{a^2}-\frac{y^2}{b^2}=1 \quad (a、b>0).$$

⑤抛物柱面

$$x^2-2py=0.$$

⑥椭圆抛物面

$$\frac{x^2}{2p}+\frac{y^2}{2q}-z=0 \quad (p、q>0).$$

⑦单叶双曲面

$$\frac{x^2}{a^2}+\frac{y^2}{b^2}-\frac{z^2}{c^2}=1 \quad (a、b、c>0).$$

⑧双叶双曲面

$$\frac{x^2}{a^2}+\frac{y^2}{b^2}-\frac{z^2}{c^2}=-1 \quad (a、b、c>0).$$

⑨双曲抛物面

$$z=\frac{y^2}{2p}-\frac{x^2}{2q} \quad (p、q\text{ 同号}).$$

二、空间曲线

①空间曲线的一般式方程(面交式方程)为

$$\begin{cases}F(x,y,z)=0,\\G(x,y,z)=0.\end{cases}$$

②空间曲线的参量方程为

$$\begin{cases}x=x(t),\\y=y(t),\ (t\text{ 为参量}).\\z=z(t)\end{cases}$$

三、空间曲线的投影曲线

已知空间曲线 Γ 的一般式方程

$$\begin{cases}F(x,y,z)=0,\\G(x,y,z)=0.\end{cases}$$

由该方程组消去变量 z,得方程

$$H(x,y)=0,$$

它表示以 Γ 为准线,母线平行于 Oz 轴的投影柱面.此柱面与 xOy 坐标面的交线即为空间曲线 Γ 在 xOy 面上的投影曲线,其方程为

$$\begin{cases}H(x,y)=0,\\z=0.\end{cases}$$

类似地,可推出 Γ 在 xOz 坐标面及 Γ 在 yOz 坐标面上的投影曲线.

例题选解

一、选择题

1.已知动点与 yOz 平面的距离为 4 个单位,且与定点 $A(5,2,-1)$的距离为 3 个单位,则动点的轨迹是

(A)圆柱面.　　(B)平面 $x=4$ 上的圆.

(C)平面 $x=4$ 上的椭圆.　　(D)椭圆柱面.

答(B)

2.方程$\frac{x^2}{a^2}+\frac{y^2}{b^2}-\frac{z^2}{c^2}=1(a>0,b>0,c>0)$所表示的曲面是

(A)椭园抛物面.　　(B)双叶双曲面.

(C)单叶双曲面.　　(D)椭球面.

答(C)

3.以曲线 $\Gamma:\begin{cases}f(y,z)=0,\\x=0\end{cases}$ 为母线,以 Oz 轴为旋转轴的旋转曲面的方程是

(A)$f(\pm\sqrt{y^2+z^2},x)=0$.　　(B)$f(\pm\sqrt{x^2+z^2},y)=0$.

(C)$f(\pm\sqrt{x^2+y^2},z)=0$.　　(D)$f(\pm\sqrt{x^2+y^2})=0$.

答(C)

4.若球面 $x^2+y^2+z^2+Dx+Ey+Fz+G=0$ 与 xOy 面相切,则其系数必满足关系式

(A)$D^2+F^2=4G$.　　(B)$D^2+E^2=4G$.

(C)$E^2+F^2=4G$.　　(D)$D^2+G^2=4F$.

答(B)

5.螺旋线 $x=a\cos\theta,y=a\sin\theta,z=b\theta$ 上任一点处的切线与 Oz 轴的夹角=

(A)$\arccos\frac{a+b}{\sqrt{a^2+b^2}}$.　　(B)$\arccos\frac{b}{\sqrt{a^2+b^2}}$.

(C) $\arctan\dfrac{b}{\sqrt{a^2+b^2}}$.　　(D) $\arccos\dfrac{a}{\sqrt{a^2+b^2}}$.

答(B)

6. 圆 $\begin{cases}(x-4)^2+(y-7)^2+(z+1)^2=36,\\3x+y-z-9=0\end{cases}$ 的中心 M 的坐标是

(A) $(6,1,0)$.　　(B) $(4,7,-1)$.

(C) $(1,6,0)$.　　(D) $(0,6,1)$.

答(C)

二、计算题

7. 一动点与 $(3,5,-4)$ 和 $(-7,1,6)$ 两点等距离，又与 $(4,-6,3)$ 和 $(-2,8,5)$ 两点等距离. 试求其轨迹方程.

解　设动点的坐标为 (x,y,z)，则

$$\begin{cases}(x-3)^2+(y-5)^2+(z+4)^2=(x+7)^2+(y-1)^2+(z-6)^2,\\(x-4)^2+(y+6)^2+(z-3)^2=(x+2)^2+(y-8)^2+(z-5)^2,\end{cases}$$

即

$$\begin{cases}5x+2y-5z+9=0,\\3x-7y-z+8=0,\end{cases}$$

故其轨迹为一条直线.

8. 求曲面 $4x^2+9y^2+36z^2=324$ 与直线 $\dfrac{x-3}{3}=\dfrac{y-4}{-6}=\dfrac{z+2}{4}$ 的交点.

解　将直线方程写为参量式方程

$$\begin{cases}x=3+3t,\\y=4-6t,\\z=-2+4t,\end{cases}$$

将其代入曲面方程，得

$$4(3+3t)^2+9(4-6t)^2+36(-2+4t)^2=324,$$

即　$t(t-1)=0$. 解出 $t=0$ 或 $t=1$. 于是交点为 $(3,4,-2)$ 或 $(6,-2,2)$.

9. 证明直线 $l:\begin{cases} x=a, \\ \dfrac{y}{b}-\dfrac{z}{c}=0 \end{cases}$ 在单叶双曲面 $S:\dfrac{x^2}{a^2}+\dfrac{y^2}{b^2}-\dfrac{z^2}{c^2}=1$ 上.

证法一　证明直线 l 上任一点的坐标均满足曲面 S 的方程即可.

利用直线的参量式方程.

为此,将 l 化为参量式

$$x=a, y=bt, z=ct.$$

代入 S 的方程,有

$$\frac{a^2}{a^2}+\frac{(bt)^2}{b^2}-\frac{(ct)^2}{c^2}\equiv 1,$$

对任意 t 均成立,故直线 l 在曲面 S 上.

证法二　利用直线的面交式方程.

将 l 改写为 $\begin{cases} x=a, \\ y=\dfrac{b}{c}z. \end{cases}$

代入 S 的方程,得

$$\frac{a^2}{a^2}+\frac{1}{b^2}\left(\frac{b}{c}z\right)^2-\frac{z^2}{c^2}\equiv 1,$$

对任意 z 均成立,故直线 l 在曲面 S 上.

10. 指出下列方程所表示的曲面及其几何特征.

(1) $x^2+y^2-2y=0$;　　(2) $9x^2-4z^2=36$;

(3) $z-4y=0$;　　(4) $z=e^{2x}$.

解　(1) 圆柱面. 母线平行于 Oz 轴,准线为 xOy 坐标面上的圆

$$\begin{cases} x^2+(y-1)^2=1, \\ z=0. \end{cases}$$

(2) 双曲柱面. 母线平行于 Oy 轴,准线为 xOz 坐标面上的双曲线

$$\begin{cases} \dfrac{x^2}{4}-\dfrac{z^2}{9}=1, \\ y=0. \end{cases}$$

(3) 平面(柱面的特殊情况). 母线平行于 Ox 轴,准线为 yOz 坐标

面上的直线

$$\begin{cases} z-4y=0, \\ x=0. \end{cases}$$

(4)非二次曲面,但是一柱面.母线平行于 Oy 轴,准线为 xOz 坐标面上的曲线

$$\begin{cases} z=\mathrm{e}^{2x}, \\ y=0. \end{cases}$$

11.写出适合下列条件的旋转曲面的方程.画出草图并写出曲面名称.

(1)$\begin{cases} x^2+z^2=1 \\ y=0 \end{cases}$ 绕 Oz 轴;　(2)$\begin{cases} z^2=5x \\ y=0 \end{cases}$ 绕 Ox 轴;

(3)$\begin{cases} y^2-z^2=1 \\ x=0 \end{cases}$ 绕 Oy 轴.

解　(1)$(\pm\sqrt{x^2+y^2})^2+z^2=1$,即 $x^2+y^2+z^2=1$.

球面.见图 4-14

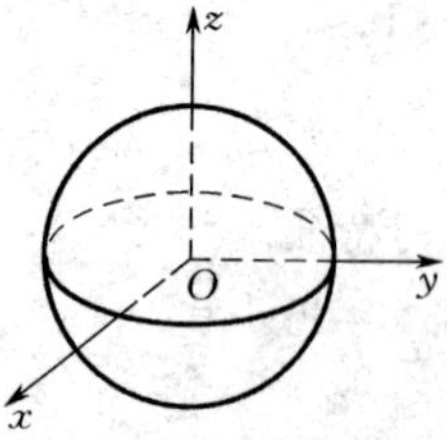

图 4-14

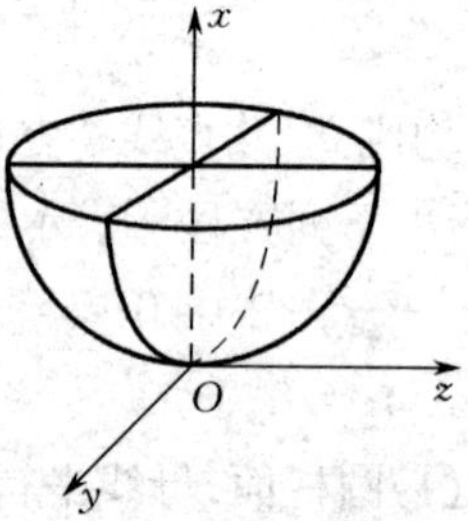

图 4-15

(2)$(\pm\sqrt{y^2+z^2})^2=5x$,即 $y^2+z^2=5x$.

旋转抛物面.见图 4-15.

(3)$y^2-(\pm\sqrt{x^2+z^2})^2=1$,即 $y^2-x^2-z^2=1$.

双叶双曲面,见图 4-16.

12. 指出下列方程所表示的曲面. 若是旋转面, 指出它们是什么曲线绕什么轴旋转而成的.

(1) $x^2-\frac{y^2}{4}+z^2=1$;

(2) $\frac{x^2}{9}+\frac{y^2}{9}+\frac{z^2}{4}=1$;

(3) $x^2-y^2=z$;

(4) $(x^2+y^2+z^2)^2=y$.

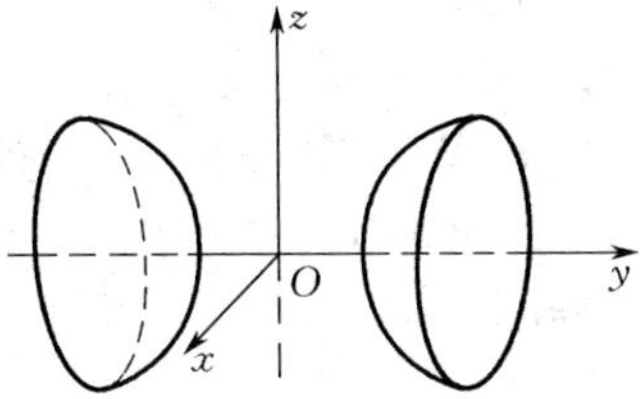

图 4-16

解　(1) 单叶双曲面. 由曲线 $\begin{cases}-\frac{y^2}{4}+z^2=1\\ x=0\end{cases}$ 或 $\begin{cases}x^2-\frac{y^2}{4}=1\\ z=0\end{cases}$ 绕 Oy 轴旋转而成.

(2) 椭球面. 由曲线 $\begin{cases}\frac{x^2}{9}+\frac{z^2}{4}=1\\ y=0\end{cases}$ 或 $\begin{cases}\frac{y^2}{9}+\frac{z^2}{4}=1\\ x=0\end{cases}$ 绕 Oz 轴旋转而成.

(3) 双曲抛物面. 非旋转曲面.

(4) 非二次曲面, 但是旋转面. 由曲线 $\begin{cases}(x^2+y^2)^2=y\\ z=0\end{cases}$ 或 $\begin{cases}(y^2+z^2)^2=y\\ x=0\end{cases}$ 绕 Oy 轴旋转而成.

13. 考察曲面 $\frac{x^2}{9}-\frac{y^2}{25}+\frac{z^2}{4}=1$.

(1) 在平面 $x=2$;　(2) 在平面 $y=0$;

(3) 在平面 $y=5$;　(4) 在平面 $z=2$

上的截痕形状, 并写出其方程.

解

(1) $\begin{cases}\frac{x^2}{9}-\frac{y^2}{25}+\frac{z^2}{4}=1,\\ x=2,\end{cases}$ 即 $\begin{cases}-\frac{y^2}{25}+\frac{z^2}{4}=\frac{5}{9},\\ x=2,\end{cases}$

双曲线;

(2) $\begin{cases}\dfrac{x^2}{9}-\dfrac{y^2}{25}+\dfrac{z^2}{4}=1,\\ y=0,\end{cases}$ 即 $\begin{cases}\dfrac{x^2}{9}+\dfrac{z^2}{4}=1,\\ y=0,\end{cases}$

椭圆;

(3) $\begin{cases}\dfrac{x^2}{9}-\dfrac{y^2}{25}+\dfrac{z^2}{4}=1,\\ y=5,\end{cases}$ 即 $\begin{cases}\dfrac{x^2}{9}+\dfrac{z^2}{4}=2,\\ y=5,\end{cases}$

椭圆;

(4) $\begin{cases}\dfrac{x^2}{9}-\dfrac{y^2}{25}+\dfrac{z^2}{4}=1,\\ z=2,\end{cases}$ 即 $\begin{cases}\dfrac{x^2}{9}-\dfrac{y^2}{25}=0,\\ z=2,\end{cases}$

亦即 $\begin{cases}\left(\dfrac{x}{3}-\dfrac{y}{5}\right)\left(\dfrac{x}{3}+\dfrac{y}{5}\right)=0,\\ z=2,\end{cases}$ 两条相交的直线.

14. 求椭球面方程,其对称轴与坐标轴重合,且通过曲线 $\begin{cases}\dfrac{x^2}{9}+\dfrac{y^2}{16}=1,\\ z=0\end{cases}$ 和点 $M_0(1,2,\sqrt{23})$.

解 由题设,可设椭球面方程为

$$\frac{x^2}{9}+\frac{y^2}{16}+\frac{z^2}{c^2}=1,\text{其中 } c>0 \text{ 为待定系数}.$$

因为曲面过点 M_0,故

$$\frac{1}{9}+\frac{2^2}{16}+\frac{(\sqrt{23})^2}{c^2}=1,\text{解得 } c=6.$$

因此, $\dfrac{x^2}{9}+\dfrac{y^2}{16}+\dfrac{z^2}{36}=1$ 即为所求.

15. 指出下面两个方程各表示什么曲面?它们的图形有何区别?

(1) $x^2+y^2=z^2$; (2) $x^2+y^2=z$.

解 (1) $x^2+y^2=z^2$ 表示顶点在坐标原点的圆锥面. 它们于 xOy 坐标面上方和下方部分的方程分别为

$z=\sqrt{x^2+y^2}$ 和 $z=-\sqrt{x^2+y^2}$；

(2) $x^2+y^2=z$ 表示旋转抛物面，其图形只位于 xOy 坐标面的上方.

16. 指出下列各方程所表示的曲面，并作出草图.

(1) $x^2+(y-1)^2+z^2=1$；　　(2) $y=1+x^2+z^2$；

(3) $y^2+z^2=y$；　　(4) $x^2-z+1=0$；

(5) $x-y=1$；　　(6) $x^2+\dfrac{y^2}{4}-\dfrac{z^2}{9}=0$.

解　(1) 球面，见图 4-17；

(2) 旋转抛物面，见图 4-18；

(3) 圆柱面 $\left(y-\dfrac{1}{2}\right)^2+z^2=\left(\dfrac{1}{2}\right)^2$，见图 4-19；

(4) 抛物柱面 $z=x^2+1$，见图 4-20；

(5) 平面(平行于 z 轴)，见图 4-21；

(6) 锥面，见图 4-22.

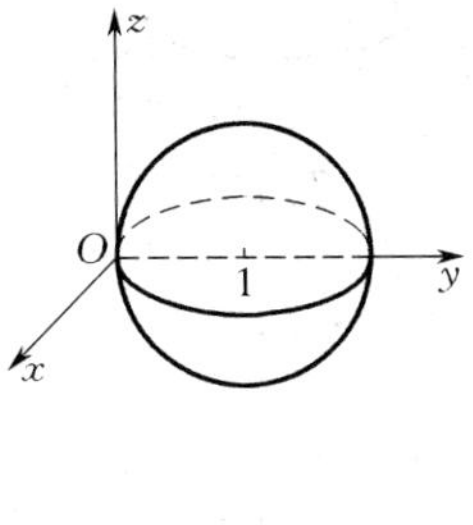

图 4-17

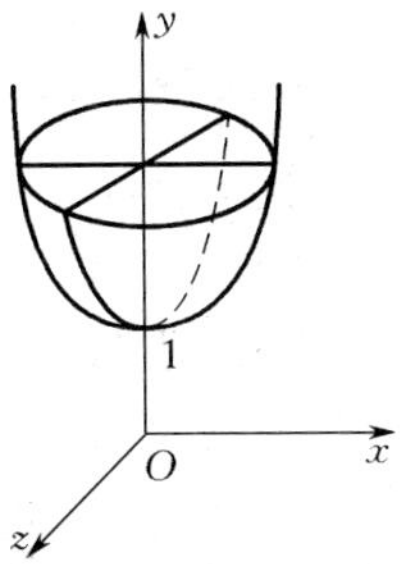

图 4-18

17. 一动点与定点(1,0,0)的距离为与平面 $x=4$ 距离的一半. 试求其轨迹，并说明它是哪类二次曲面.

解　设动点坐标为 (x,y,z)，则

$$\sqrt{(x-1)^2+y^2+z^2}=\frac{1}{2}|x-4|,$$

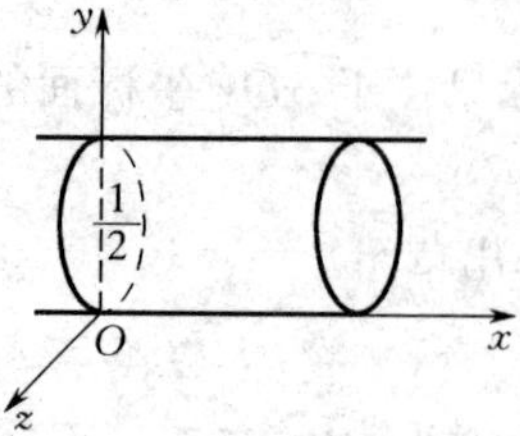

图 4-19

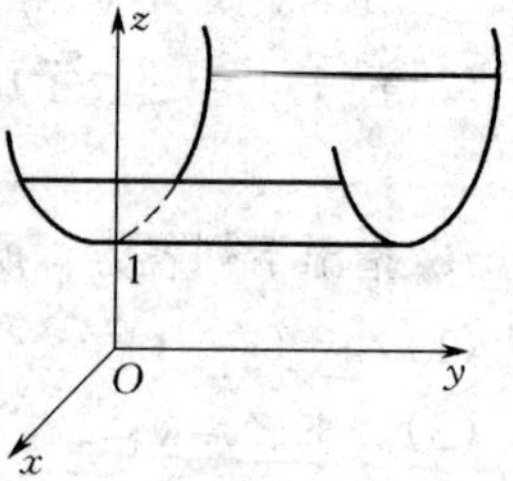

图 4-20

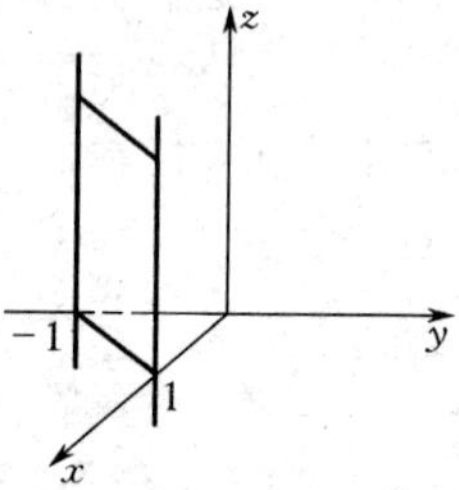

图 4-21

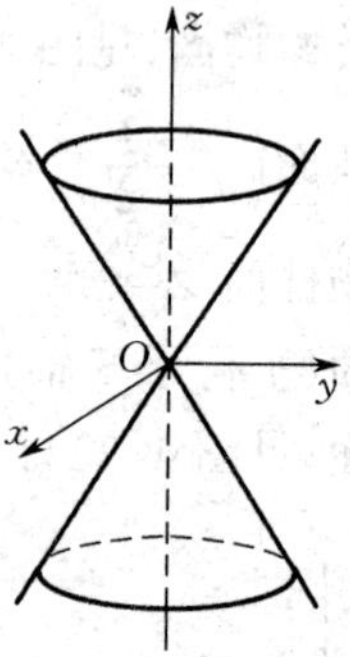

图 4-22

即 $$3x^2+4y^2+4z^2=12,\text{或}\frac{x^2}{4}+\frac{y^2}{3}+\frac{z^2}{3}=1,$$

为椭球面.

18. 通过空间曲线 $\Gamma:\begin{cases}x^2+y^2+z^2=8,\\x+y+z=0\end{cases}$ 作一柱面 Σ,使其母线垂直于 xOz 坐标面.求 Σ 的方程.

解 由题设,所求柱面的母线平行于 Oy 轴.因此,为求 Σ 的方程,只需在曲线 Γ 的方程中消去变量 y 即可.故所求方程为

$$x^2+(-x-z)^2+z^2=8,\text{即}\quad x^2+xz+z^2=4.$$

19. 求二相同半径的直交圆柱面 $x^2+z^2=a^2$, $y^2+z^2=a^2$ 的交线在各坐标面上的投影曲线.

解　(1)在交线$\begin{cases}x^2+z^2=a^2,\\ y^2+z^2=a^2\end{cases}$中消去 z,得 $x^2-y^2=0$,此即投影柱面方程.将其与 xOy 坐标面的方程 $z=0$ 联立,即得曲线在 xOy 坐标面上的投影曲线方程$\begin{cases}x^2-y^2=0,\\ z=0.\end{cases}$

即
$$\begin{cases}x-y=0\\ z=0\end{cases}\quad \text{或} \quad \begin{cases}x+y=0,\\ z=0.\end{cases}$$

(2)因该交线必在母线平行于 Oy 轴的圆柱面 $x^2+z^2=a^2$ 上,故曲线在 xOz 坐标面上的投影曲线方程为$\begin{cases}x^2+z^2=a^2,\\ y=0.\end{cases}$

(3)与(2)类似可得曲线在 yOz 坐标面上的投影曲线方程为
$$\begin{cases}y^2+z^2=a^2,\\ x=0.\end{cases}$$

20.试把曲线 Γ 的方程$\begin{cases}2y^2+z^2+4x=4z,\\ y^2+3z^2-8x=12z,\end{cases}$ 换成母线平行于 x 轴和 z 轴的投影柱面的交线的方程.

解　在曲线 Γ 的方程中消去 x,得母线平行于 x 轴的投影柱面方程
$$5y^2+5z^2=20z,\quad \text{即} \quad y^2+z^2=4z;$$
同理,消去 z,得母线平行于 z 轴的投影柱面方程
$$5y^2+20x=0,\quad \text{即} \quad y^2+4x=0.$$

因此所求交线方程为$\begin{cases}y^2+z^2-4z=0,\\ y^2+4x=0.\end{cases}$

21.指出下列方程表示的曲线.

(1)$\begin{cases}(x-1)^2+(y+4)^2+z^2=25,\\ y+1=0;\end{cases}$

(2)$\begin{cases}x^2-4y^2=3z^2,\\ z=2;\end{cases}$

(3) $\begin{cases} x^2-4y+z^2=0, \\ x-4=0; \end{cases}$

(4) $\begin{cases} x^2+y^2=z^2, \\ x=0. \end{cases}$

解　(1)原曲线方程等价于 $\begin{cases} (x-1)^2+z^2=16, \\ y=-1. \end{cases}$

它表示平面 $y=-1$ 上的圆周；

(2)化原方程为 $\begin{cases} x^2-4y^2=12, \\ z=2. \end{cases}$

它表示平面 $z=2$ 上的双曲线；

(3)化原方程为 $\begin{cases} 4y=z^2+16, \\ x=4. \end{cases}$

它表示平面 $x=4$ 上的抛物线；

(4)化原方程为 $\begin{cases} y^2-z^2=0, \\ x=0. \end{cases}$

它表示平面 $x=0$ 上的两条相交直线.

22.求由曲面 $z=\sqrt{a^2-x^2-y^2}$, $x^2+y^2-ax=0(a>0)$ 及平面 $z=0$ 所围立体 Ω 在 xOy 坐标面上的投影区域,并画出该立体的图形.

解　该立体的图形见图 4-23,它在 xOy 面上的投影域 D_{xy} 为曲面 $z=\sqrt{a^2-x^2-y^2}$ 与 $x^2+y^2-ax=0$ 的交线在 xOy 坐标面上的投影曲线所围区域.因其投影柱面就是

$$x^2+y^2-ax=0,$$

故所求投影域 D_{xy} 为

$$\begin{cases} x^2+y^2\leqslant ax, \\ z=0. \end{cases}$$

注意　我们特别谈谈立体 Ω 在 xOz 面上的投影域 D_{xz}. D_{xz} 应为 $z=\sqrt{a^2-x^2-y^2}$ 与 $y=0$ 的交线及 Ox 轴、Oz 轴所围区域,即

$$\begin{cases} z\leqslant\sqrt{a^2-x^2}, \\ y=0, \\ x\geqslant 0, \end{cases} \quad 或 \quad \begin{cases} x^2+z^2\leqslant a^2, \\ y=0, \\ x\geqslant 0, z\geqslant 0. \end{cases}$$

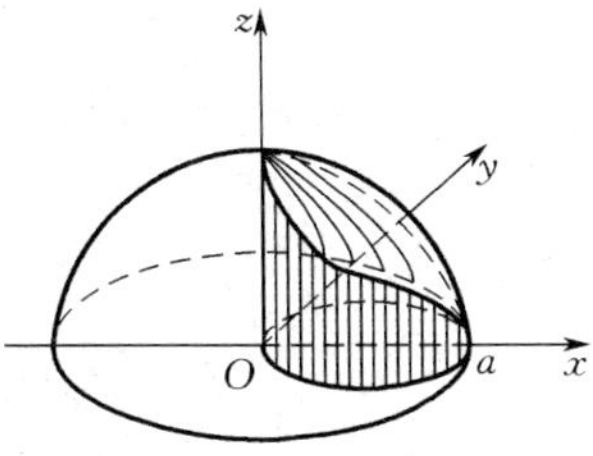

图 4-23

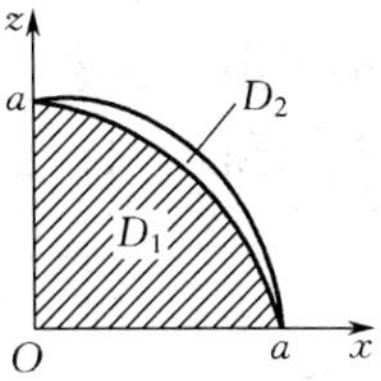

图 4-24

而交线$\begin{cases} z=\sqrt{a^2-x^2-y^2}, \\ x^2+y^2-ax=0 \end{cases}$ 在 xOz 面上的投影曲线$\begin{cases} z^2+ax=a^2, \\ y=0 \end{cases}$将 D_{xz} 分为两部分 D_1 和 D_2(见图 4-24),且 $D_{xz}=D_1+D_2$.

作平行于 Oy 轴(方向与 Oy 轴一致)且穿过域 D_{xz} 的直线 l. 若 l 穿过 D_1,则对立体 Ω 来讲,l 的穿进点和穿出点都在圆柱面 $x^2+y^2-ax=0$ 上;而当 l 穿过 D_2 时,对 Ω 来讲,l 的穿进点和穿出点均位于球面 $z=\sqrt{a^2-x^2-y^2}$ 上. 搞清这一点,对以后三重积分的学习是十分重要的.

23. 画出下列各曲面立体的图形.

(1) $4x^2+4y^2=z^2, z=2, z=4$;

(2) $y^2=2x, x=1, z=-1, z=1$;

(3) $z=x^2+y^2, z=\sqrt{1-x^2-y^2}$;

(4) $y=x, y=-x, y+z=1, z=0$;

(5) $z=\sqrt{a^2-x^2-y^2}, z=\sqrt{x^2+y^2}-a$;

(6) $z=x^2+y^2, y=x^2, y=1, z=0$;

(7) $z=1-\sqrt{x^2+y^2}, z=x, x=0$.

解　(1)见图 4-25;

(2)见图 4-26;

(3)见图 4-27;

(4)见图 4-28;

(5)见图 4-29;

(6)见图 4-30;

(7)见图 4-31.

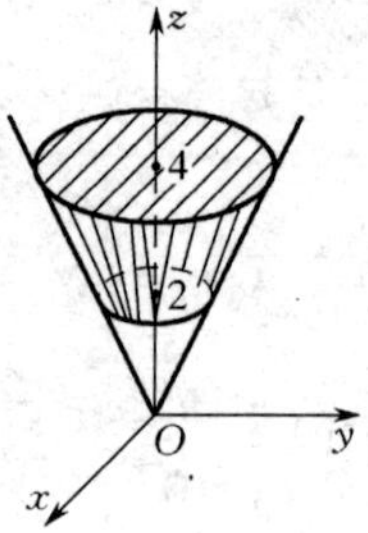

图 4-25

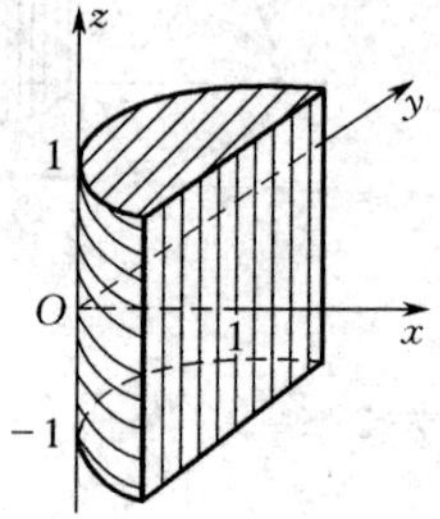

图 4-26

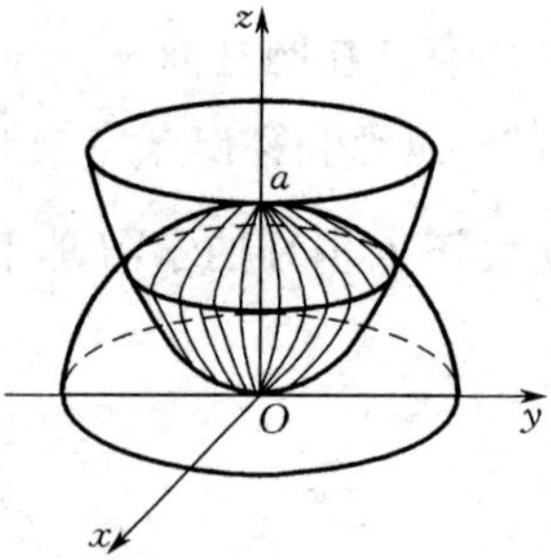

图 4-27

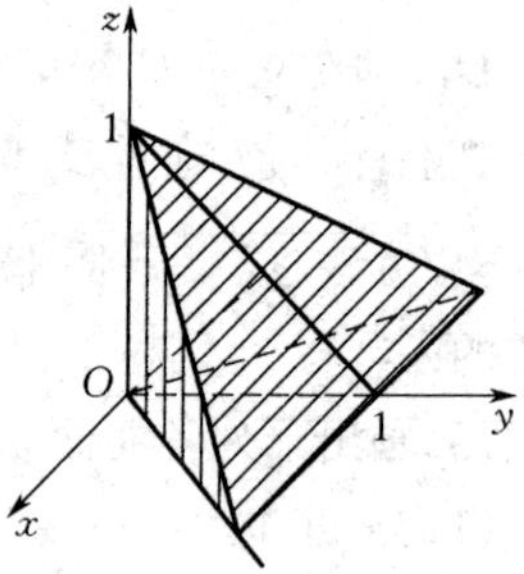

图 4-28

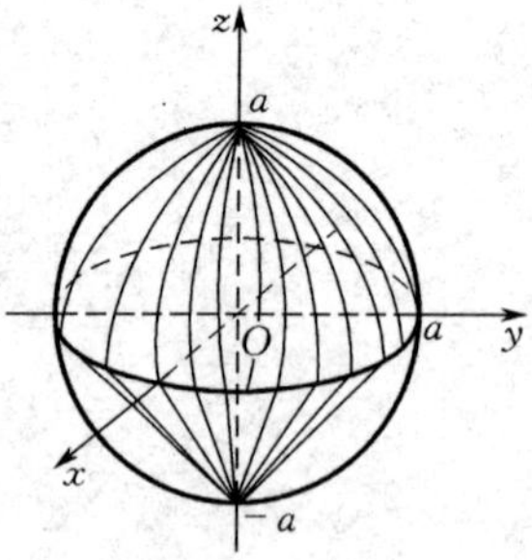

图 4-29

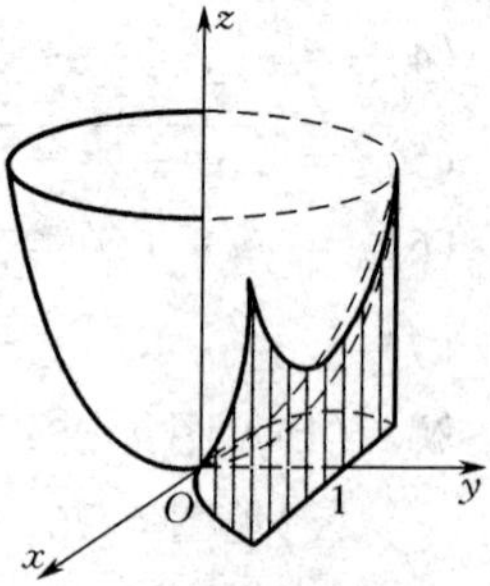

图 4-30

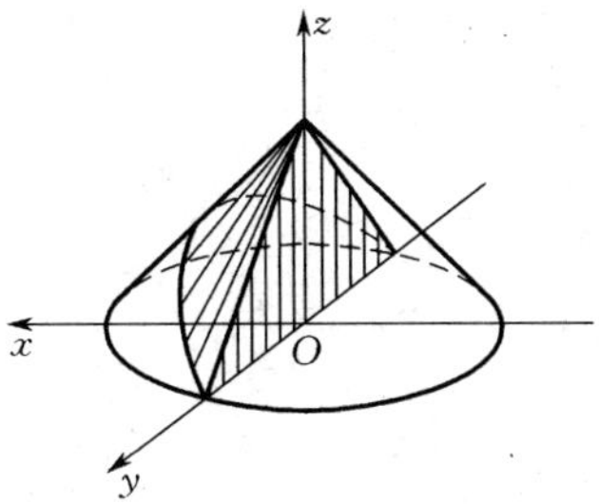

图 4-31